牛羊规模化生产与疫病防控

杨胜男　董秀菊　吕延飞　主编

中国农业科学技术出版社

图书在版编目（CIP）数据

牛羊规模化生产与疫病防控 / 杨胜男，董秀菊，吕延飞主编 . -- 北京：中国农业科学技术出版社，2025. 3. -- ISBN 978-7-5116-7267-4

Ⅰ. S823；S826；S858.2

中国国家版本馆 CIP 数据核字第 20256Z0J84 号

责任编辑　张国锋
责任校对　李向荣
责任印制　姜义伟　王思文

出 版 者	中国农业科学技术出版社
	北京市中关村南大街 12 号　邮编：100081
电　　话	（010）82109705（编辑室）（010）82106624（发行部）
	（010）82109709（读者服务部）
网　　址	https://castp.caas.cn
经 销 者	各地新华书店
印 刷 者	北京建宏印刷有限公司
开　　本	170 mm×240 mm　1/16
印　　张	15.25
字　　数	300 千字
版　　次	2025 年 3 月第 1 版　2025 年 3 月第 1 次印刷
定　　价	58.00 元

版权所有·侵权必究

《牛羊规模化生产与疫病防控》编委会

主　编　杨胜男　董秀菊　吕延飞

副主编　金艳寿　张承礼　代　广
　　　　　杨晓茹　王小月　赵维章

编　委　张　琪　张彦飞　高树军
　　　　　克孜丽努尔·买买提居马
　　　　　郭兴国　徐健春　王忠财
　　　　　池跃杰　林春红　李　景

近年来，随着牛羊规模化、标准化、生态化、智能化养殖技术的推广与普及，一些新技术、新方法不断涌现，给传统的牛羊生产带来了很大的冲击。因此，为了适应我国国情，普及牛羊规模化生产技术，改变传统的养殖模式、养殖方法，提高养殖技术水平和科技含量，我们结合多年的生产实践经验，参考了一些专家学者的科技文献，并根据读者的需求和市场需求情况的变化，对传统牛羊生产的品种与繁殖、养殖场建筑与设备、日粮配合与饲料加工等共性内容，进行了整合。本书文字精练，内容丰富，切合生产实际；对奶牛、肉牛和羊的规模化生产的新技术，特别是奶牛智能化养殖等先进技术，进行了深入浅出的介绍；书中插入了大量表格，引用了近年来国内外牛羊养殖行业较新的数据，内容更直观，可读性、实用性、理论性更强，更贴近生产实际。在规模化生产中，牛羊疫病防控方法积极推行生物安全措施，倡导预防为主、养防结合的疫病防控理念，所以本书对牛羊规模化生产中常见的重要疫病，尤其对口蹄疫、小反刍兽疫、布鲁氏菌病、棘球蚴病、牛结节性皮肤病、牛结核病等一些新发疫病、人畜共患传染病进行了重点介绍，内容更精准、更实用。

本书在编写过程中，得到了许多同仁的关心和支持，并且参考了一些专家、学者的相关文献及养殖户的实际经验，在此深表感谢。也感谢北京中惠农科文化发展有限公司为本书做的宣传推广工作！本书适合广大农村知识青年、打工返乡创业人员、中小型牛羊养殖场户和养殖企业、高校相关专业毕业学生，以及相关技术人员和管理人员等阅读。由于编者水平有限，资料掌握不全，书中疏漏在所难免，诚请广大读者和同仁批评指正并提出宝贵意见。

编者

2024 年 6 月

目 录

第一章　规模化生产牛羊品种与繁殖　001
　第一节　牛品种　001
　　一、肉牛品种　001
　　二、兼用牛品种　007
　　三、奶牛品种　009
　第二节　羊品种　011
　　一、羊品种的分类　011
　　二、绵羊品种　012
　　三、山羊品种　016
　第三节　牛羊良种繁殖　021
　　一、牛良种繁殖　021
　　二、羊良种繁殖　027
　　三、牛羊繁殖新技术　035

第二章　规模化牛羊场的建筑与设备　036
　第一节　选址与规划设计　036
　　一、规模化生产牛羊场的选址　036
　　二、规划布局及功能分区　038
　第二节　规模化牛场的建筑设计　040
　　一、牛舍的类型　040
　　二、牛舍的平面设计　043
　　三、牛场辅助建设　045
　第三节　规模化羊场的建筑设计　048
　　一、羊舍的类型　048
　　二、羊舍的建筑设计　049
　第四节　规模化牛羊场的主要设备　051
　　一、常规设备　051
　　二、规模化奶牛场智能饲喂设备　053

三、其他智能自动化设备 ································· 055

第三章　牛羊日粮配合与饲料加工 ································· **058**
第一节　牛羊的生活习性与消化生理特点 ·········· 058
　　一、牛羊的生活习性 ····································· 058
　　二、牛羊的消化生理特点 ······························ 059
第二节　牛羊的常用饲料原料及饲料添加剂 ······ 062
　　一、饲草、粗饲料及其加工产品 ···················· 062
　　二、块茎、块根及其加工产品 ······················· 063
　　三、谷物及其加工产品 ································· 064
　　四、牛羊常用的饲料添加剂 ··························· 066
　　五、奶牛常用的饲料添加剂 ··························· 068
第三节　牛羊饲料的加工调制 ····························· 072
　　一、青贮饲料的加工调制 ······························ 072
　　二、全株玉米青贮技术 ································· 077
　　三、秸秆饲料的加工调制 ······························ 084
　　四、青干草的加工调制 ································· 088
　　五、精饲料的加工调制 ································· 090
　　六、奶牛 TMR 日粮制作技术 ························ 091
第四节　牛羊的日粮配合 ···································· 092
　　一、牛羊日粮配合的基本原则 ······················· 092
　　二、奶牛日粮配合的方法和步骤 ···················· 095

第四章　奶牛规模化生产技术 ································· **099**
第一节　奶牛生产周期的划分 ····························· 099
　　一、奶牛的生产周期规律 ······························ 099
　　二、奶牛的泌乳规律 ····································· 099
　　三、奶牛的分群技术 ····································· 100
第二节　犊牛生产技术 ······································· 100
　　一、初生犊牛的护理 ····································· 101
　　二、哺乳期犊牛的饲养 ································· 103
　　三、断乳期犊牛的饲养 ································· 106
　　四、犊牛的管理要点 ····································· 109

第三节　育成牛和青年牛生产技术 …… 111
一、育成牛的饲养 …… 111
二、青年牛的饲养 …… 112
三、育成牛和青年牛的管理 …… 113

第四节　泌乳奶牛生产技术 …… 117
一、围产期奶牛饲养管理 …… 117
二、泌乳期奶牛阶段饲养管理 …… 118

第五节　干奶牛生产技术 …… 121
一、干奶的方法 …… 121
二、干奶牛的饲养管理 …… 122

第六节　规模化奶牛场机械挤奶流程 …… 123
一、机械挤奶操作规程 …… 123
二、挤奶的次数和间隔 …… 126
三、不能上机挤奶的奶牛 …… 126

第七节　物联网技术在奶牛养殖中的应用 …… 127
一、个体识别技术 …… 127
二、体重测定技术 …… 128
三、产奶性能测定技术 …… 129
四、奶牛发情揭发技术 …… 130
五、奶牛精准饲喂 …… 131

第五章　肉牛规模化生产技术 …… 132

第一节　肉牛的一般饲养管理 …… 132
一、肉牛饲养管理原则 …… 132
二、肉牛的一般饲养管理 …… 133

第二节　肉牛育肥 …… 134
一、肉牛育肥的方式 …… 134
二、犊牛育肥 …… 135
三、架子牛育肥 …… 137
四、成年牛的育肥 …… 140
五、提高肉牛育肥效果的综合措施 …… 141
六、高档牛肉生产 …… 143

第三节　肉牛质量安全管控 ······ 145
一、规范使用药物 ······ 145
二、肉牛质量安全技术防控措施 ······ 147

第六章　羊规模化生产技术 ······ 149
第一节　羊的规模化饲养方式 ······ 149
一、放牧饲养 ······ 149
二、规模化舍饲 ······ 153
三、放牧加补饲 ······ 155

第二节　羊的日常管理 ······ 156
一、绵羊的剪毛 ······ 156
二、山羊梳绒 ······ 159
三、奶山羊的挤奶 ······ 160
四、驱虫与药浴 ······ 161
五、编号 ······ 162
六、断尾 ······ 163
七、去势 ······ 163
八、去角 ······ 164
九、修蹄 ······ 165
十、防疫 ······ 165
十一、刷拭 ······ 166

第三节　不同生长阶段羊的养殖 ······ 166
一、羔羊饲养管理 ······ 166
二、育成羊的养殖 ······ 170
三、繁殖母羊的养殖 ······ 171
四、种公羊的养殖 ······ 173
五、育肥羊的养殖 ······ 174

第四节　奶山羊规模化生产 ······ 177
一、奶山羊的饲养 ······ 177
二、奶山羊的管理 ······ 180

第七章　牛羊疫病防控 ······ 182
第一节　牛羊场的生物安全措施 ······ 182

目 录

　　一、牛羊场的选址与建设要科学合理 …………… 182
　　二、加强场内投入品管理 …………………………… 184
　　三、重视输出品管理 ………………………………… 186
　　四、不可忽视的人、车辆、设备和野生动物管理 … 187
　　五、生产行为管理 …………………………………… 188
　　六、计划、培训、记录和评估 ……………………… 188

第二节　牛羊疫病的预防 ……………………………… 189
　　一、免疫接种类型 …………………………………… 190
　　二、疫苗种类及其保存和运输条件 ………………… 190
　　三、牛羊常用免疫程序 ……………………………… 190

第三节　牛常见传染病的防控 ………………………… 192
　　一、口蹄疫 …………………………………………… 192
　　二、牛流行热 ………………………………………… 194
　　三、牛病毒性腹泻 …………………………………… 195
　　四、牛传染性鼻气管炎 ……………………………… 196
　　五、牛结节性皮肤病 ………………………………… 197
　　六、牛传染性角膜结膜炎 …………………………… 198
　　七、牛炭疽 …………………………………………… 199
　　八、牛气肿疽 ………………………………………… 200
　　九、犊牛大肠杆菌病 ………………………………… 201
　　十、牛沙门氏菌病 …………………………………… 202
　　十一、布鲁氏菌病 …………………………………… 203
　　十二、牛结核病 ……………………………………… 206
　　十三、牛放线菌病 …………………………………… 207
　　十四、钱癣 …………………………………………… 208

第四节　羊常见传染病防控 …………………………… 209
　　一、小反刍兽疫 ……………………………………… 209
　　二、绵羊痘和山羊痘 ………………………………… 210
　　三、羊传染性脓疱皮炎 ……………………………… 212
　　四、羊蓝舌病 ………………………………………… 212
　　五、羔羊大肠杆菌病 ………………………………… 213
　　六、羊快疫 …………………………………………… 214
　　七、羊猝疽 …………………………………………… 215

八、羔羊痢疾 …………………………………………………… 215
　　九、羊黑疫 ……………………………………………………… 216
　　十、羊炭疽 ……………………………………………………… 217
第五节　牛羊常见寄生虫病的防控 ………………………………… 218
　　一、毛圆线虫病 ………………………………………………… 218
　　二、食道口线虫病（结节虫病）……………………………… 219
　　三、仰口线虫病（钩虫病）…………………………………… 219
　　四、毛尾线虫病（鞭虫病）…………………………………… 220
　　五、犊新蛔虫病 ………………………………………………… 221
　　六、脑多头蚴病 ………………………………………………… 221
　　七、棘球蚴病 …………………………………………………… 222
　　八、绦虫病 ……………………………………………………… 223
　　九、巴贝斯虫病 ………………………………………………… 224
　　十、牛泰勒虫病 ………………………………………………… 225
　　十一、羊泰勒虫病 ……………………………………………… 226
　　十二、牛球虫病 ………………………………………………… 226
　　十三、牛皮蝇蛆病 ……………………………………………… 227
　　十四、羊鼻蝇蛆病 ……………………………………………… 228
　　十五、牛、羊螨病 ……………………………………………… 229

主要参考文献 …………………………………………………………… **231**

第一章 规模化生产牛羊品种与繁殖

第一节 牛品种

一、肉牛品种

(一) 夏洛莱牛

1. 原产地及其分布

夏洛莱牛原产于法国中西部到东南部的夏洛莱地区和涅夫勒地区，是世界公认的大型肉牛品种，以其生长快、产肉量多、体型大、耐粗放管理的特点而受到各国的广泛欢迎，现已输出到世界各地，参与新型肉用牛品种的培育、杂交繁育或纯种繁育。

2. 外貌特征

夏洛莱牛最显著的特点是被毛白色或乳白色，皮肤常带有色斑；全身肌肉特别发达；骨骼结实，四肢强壮。夏洛莱牛头小而宽，嘴端宽、方，角圆而较长，并向前方伸展，角质蜡黄，颈粗短，胸宽深，肋骨方圆，背宽肉厚，体躯呈圆筒状，肌肉丰满，后臀肌肉发达，并向后方和侧面突出。公牛常见有双鬐甲和凹背者。成年公牛体重为1 100～1 200千克，母牛为700～800千克。夏洛莱牛成年牛体重和体尺见表1-1。

表1-1 夏洛莱牛成年牛体重和体尺

性别	体高（厘米）	体长（厘米）	胸围（厘米）	管围（厘米）	体重（千克）
公	142	180	244	26.5	1 140
母	132	165	203	21.0	735

3. 生产性能

夏洛莱牛生长速度快，瘦肉产量高。在良好的饲养条件下，6月龄公犊可达250千克，母犊210千克。日增重可达1.4千克，12月龄公犊可达378.8千克，母犊

321.8千克。在加拿大的良好饲养条件下，公牛周岁时体重可达511千克。屠宰率为60%～70%，胴体出肉率为80%～85%。

夏洛莱牛泌乳量较高，产奶量可达2 000千克，乳脂率为4%～4.7%。但夏洛莱牛纯繁时难产率（13.7%）也较高。

我国从法国引进的夏洛莱牛，主要分布在东北、西北和南方的部分地区，用于改良我国本地黄牛，取得了很明显的效果。

（二）利木赞牛

1. 原产地及其分布

利木赞牛原产于法国中部的利木赞高原地区，并因此而得名。目前世界上许多国家都有分布，属于专门化大型肉牛品种。

2. 外貌特征

利木赞牛被毛为红色或黄色，口、鼻、眼圈周围、四肢内侧及尾帚毛色较浅，角为白色，蹄为红褐色。头较短小，额宽，胸部宽深，体躯较长，后躯肌肉丰满，四肢粗短。公犊初生重36千克，母犊35千克。利木赞牛成年牛体重和体尺见表1-2。

表1-2 利木赞牛成年牛体重和体尺

性别	体高（厘米）	体长（厘米）	胸围（厘米）	管围（厘米）	体重（千克）
公	139.65	169.17	220	23.75	1 100
母	127.37	149.87	194.75	20.5	600

3. 生产性能

利木赞牛产肉性能高，胴体质量好，眼肌面积大，前后肢肌肉丰满，出肉率高，在肉牛市场上有较高的竞争力。集约化生产条件下犊牛断乳后生长很快，10月龄体重即达408千克，周岁时体重可达480千克左右，哺乳期平均日增重为0.86～1千克。该牛8月龄小牛就可生产出具有大理石纹的牛肉，因此是法国等一些欧洲国家生产牛肉的主要供应来源。

我国从法国引进利木赞牛后，在河南、山东、内蒙古等地改良当地黄牛，效果明显。利木赞牛有利于杂牛体型改善，肉用特征明显，生长强度增大，杂种优势显著。目前，黑龙江、山东、安徽、陕西为主要供种区。

（三）契安尼娜牛

1. 原产地及其分布

契安尼娜牛原产于意大利中西部地区契安尼娜山谷，为意大利古老的役用品种，1932年开始进行良种登记，后育成了世界上体型最大的肉牛品种。

2. 外貌特征

契安尼娜牛毛色为纯白色，尾毛黑色。除腹部外，皮肤上均有黑色斑。该品种是现在世界上最大的肉牛品种，体型高大，四肢较长，结构良好，但胸部深度稍显不够。成年公牛鬐甲高180厘米，骨骼粗壮而坚实，肌肉丰满。成年公牛平均体重为800～1 300千克，母牛为500～700千克，犊牛初生重为40～50千克。

3. 生产性能

该品种早熟。有资料表明，78头1周岁幼牛，平均活重409千克，平均日增重1.23千克。契安尼娜牛肉质好，具有大理石纹状结构，细嫩。契安尼娜牛产奶量不高，但足以哺育犊牛，有一定的役用性能，对环境的适应性较好，繁殖力强，很少难产。

（四）皮埃蒙特牛

1. 原产地及其分布

皮埃蒙特牛原产于意大利北部的皮埃蒙特地区，原为役用牛，经长期选育而成为生产性能优良的专门化大型肉用品种。因含有双肌基因，是目前国际公认的杂交终端父本，引进后常被用于杂交改良。

2. 外貌特征

体型较大，体躯呈圆筒状，肌肉高度发达。被毛为乳白色或浅灰色，犊牛幼龄时毛色为乳黄色，鼻镜为黑色；公牛肩胛毛色较深，黑眼圈，尾帚黑色。皮埃蒙特牛成年牛体重和体尺见表1-3。

表1-3 皮埃蒙特牛成年牛体重和体尺

性别	体高（厘米）	体长（厘米）	胸围（厘米）	管围（厘米）	体重（千克）
公	143	178	227	22	1 000～1 300
母	130	159	187	18	650～800

3. 生产性能

皮埃蒙特牛肉用性能十分突出，其在育肥期平均日增重1.5千克（1.36～1.66千克），生长速度为肉用品种之首。公牛屠宰时期活重为550～600千克，一般为15～18个月。母牛14～15个月体重可达400～450千克。肉质细嫩，瘦肉含量高，屠宰率为65%～70%，胴体瘦肉率84.13%，骨骼13.6%，脂肪1.5%。每100克肉中胆固醇含量只有48.5毫克，低于一般牛肉（73毫克）、猪肉（79毫克）、鸡肉（76毫克）。

我国于1987年和1992年先后从意大利引进皮埃蒙特牛的冷冻胚胎和冷冻精液，育成种公牛，并展开了皮埃蒙特牛的杂交改良，现已在全国12个省份推广应用，河南南阳地区用以改良南阳牛，已显示出良好的杂交效果。

（五）海福特牛

1. 原产地及其分布

海福特牛原产于英格兰西部的海福特郡，是世界上最古老的中型早熟肉牛品种，其培育已有 2 000 多年的历史，现已分布于许多国家。

2. 外貌特征

具有典型的肉用牛体型，分为有角和无角两种。颈粗短，体躯肌肉丰满，呈圆筒状，背腰宽平，臀部宽厚。肌肉发达，四肢短粗，侧望体躯呈矩形。全身被毛除头、颈垂、腹下、四肢下部及尾尖为白色外，其余为红色，皮肤为橙黄色，角为蜡黄或白色。海福特牛成年牛体重和体尺见表1-4。

表1-4　海福特牛成年牛体重和体尺

性别	体高（厘米）	体长（厘米）	胸围（厘米）	管围（厘米）	体重（千克）
公	134.4	196.3	211.6	24.1	850～1 100
母	126	152.9	192.2	20	600～700

3. 生产性能

海福特牛犊牛初生重为 28～34 千克。7～8 月龄的平均日增重为 0.8～1.3 千克，在良好条件下，7～12 月龄日增重可达 1.4 千克以上。据报道，加拿大一头海福特公牛，在育肥期日增重高达 2.27 千克。一般屠宰率为 60%～65%，18 月龄公牛活重可达 500 千克以上。

海福特牛适应性好，在干旱的高原牧场冬季 -50～-48℃ 的条件下，或夏季 38～40℃ 条件下都可放牧饲养和正常生活繁殖。我国引进该牛后与本地黄牛杂交，杂交一代表现为体格加大，体型改善，宽度提高明显，犊牛生长快，抗病耐寒，适应性好，体躯被毛为红色，但头、腹下和四肢部位多为白毛。

（六）短角牛

短角牛原产于英格兰的诺桑伯、德拉姆、约克和林肯等郡。因该品种由当地土种长角牛改良而来，角较短小，故称短角牛，是世界上闻名的肉牛良种。随着世界奶牛业的发展，短角牛的一部分向乳用方向选育，形成了近代短角牛的两种类型，即肉用型短角牛和乳肉兼用型短角牛。

1. 肉用短角牛

（1）外貌特征　肉用短角牛被毛以红色为主，有白色和红白杂交的沙毛个体（杂合子），部分个体腹下或乳房有白斑；鼻镜粉红色，眼圈色淡；皮肤细致柔软。体型为典型的肉用型，侧望呈矩形，背部宽平，腰平直，尻部宽广、丰满，腹部宽而多肉。体躯各部结合良好，头短、额宽平；角短细，向下稍弯，角尖部为黑色，颈部被毛较长且卷曲，额顶部有丛生的被毛。肉用短角牛成年牛体重和体尺见表1-5。

表1-5　肉用短角牛成年牛体重和体尺

性别	体高（厘米）	体长（厘米）	胸围（厘米）	管围（厘米）	体重（千克）
公	136.2	166	210	20	1 000
母	128	155.4	200	19.1	700

（2）生产性能　早熟性好，肉用性能突出，利用粗饲料能力强，增重快，产肉多，肉质细嫩，成年公牛体重为900～1 200千克，母牛600～700千克，体高分别为136.2厘米和128厘米。17月龄活重可达500千克，屠宰率为65%以上。大理石纹好，但脂肪沉积不够理想。

2. 乳肉兼用型短角牛

（1）外貌特征　基本与肉用短角牛一致，不同的是乳用特征较为明显，乳房发达，后躯较好，个体较大。

（2）生产性能　平均年产奶量为3 000～4 000千克，乳脂率为3.5%～3.7%，肉用性能接近于肉用短角牛。

我国曾多次引种，在东北、内蒙古等地改良当地黄牛，普遍表现为：杂种牛毛色紫红，体型改善，体型加大，产奶量提高，杂交优势明显。尤其是新中国成立后我国育成的乳肉兼用型新品种草原红牛，就是用兼用型短角牛与吉林、河北及内蒙古等地的土种黄牛杂交选育而成的。

（七）安格斯牛

1. 原产地及其分布

安格斯牛属于古老的小型肉牛品种，原产于英国的阿伯丁、安格斯和金卡丁等郡。目前世界大多数国家都有该品种牛。

2. 外貌特征

安格斯牛以被毛黑色和无角为其重要特征，故也称无角黑牛。该牛体躯低矮、结实，头小而方，额宽，体宽深，呈圆筒形，四肢短而直，前后裆较宽，全身肌肉丰满，具有现代肉牛的典型体型。安格斯牛初生重为25～32千克。安格斯牛成年牛体重和体尺见表1-6。

表1-6　安格斯牛成年牛体重和体尺

性别	体高（厘米）	体长（厘米）	胸围（厘米）	管围（厘米）	体重（千克）
公	122	168	—	—	800～900
母	122	166	203	18.7	500～600

3. 生产性能

具有良好的肉用性能，被认为是世界上专门化肉牛品种中的典型品种之一，表现

为早熟，胴体品质高，出肉多。一般屠宰率为60%～65%，哺乳期日增重0.9～1千克。育肥期平均日增重（1.5岁内）为0.7～0.9千克，肌肉大理石纹很好，适应性强，耐寒抗病。缺点是母牛稍具神经质。

（八）中国黄牛

中国黄牛的代表性品种有秦川牛、南阳牛、鲁西黄牛、晋南牛和延边牛等。

1. 秦川牛

秦川牛为中国地方优良品种，是中国体格高大的役用牛种之一。体格较高大，骨骼粗壮，肌肉丰满，体质强健。头部方正，肩长而斜。胸部宽深，肋长而开张。背腰平直宽长，长短适中，结合良好。荐骨部稍隆起，后躯发育稍差，四肢粗壮结实，两前肢相距较宽，蹄叉紧。公牛头较大，颈短粗，垂皮发达，鬐甲高而宽；母牛头清秀，颈厚薄适中，鬐甲低而窄。角短而钝，多向外下方或向后稍弯。毛色为紫红、红、黄色3种。角呈肉色，蹄壳分红、黑和红黑相间3种颜色。

2. 南阳牛

南阳牛体躯高大，肌肉发达，结构紧凑，皮薄毛细，体质结实，行动迅速。一般鼻镜宽，鼻孔大，口大方正平齐，眼大有神，鬐甲较高，肩部宽厚，胸骨突出，肋间紧密，背腰平直，荐尾略高，尾较细，四肢端正，筋腱明显，蹄大坚实，公牛头部雄壮方正，多微凹，颈短厚稍呈弓形，颈侧多皱纹，肩峰隆起8～9厘米，肩胛斜长，前躯比较发达，睾丸发育对称。母牛头清秀，较窄长，多凸起，颈薄，呈现水平状，长短适中，一般中后躯发育良好，但部分牛存在胸部深宽不够、尻部较斜和乳房发育较差的缺点。

3. 鲁西黄牛

鲁西黄牛是我国名贵牛种之一，其体躯高大，结构匀称，健壮威武，肉用价值高，闻名海内外。体型特征：被毛从浅黄到棕红，以黄色居多，鼻与皮肤均为肉红色，部分有黑色斑点。多数牛具有完全或不完全的三粉特征，即眼圈、口轮、腹下为粉白色；公牛角型多为"倒八字角"或"扁担角"，母牛角型以"龙门角"较多。公牛头短而宽，前躯发达，颈部短。

4. 晋南牛

晋南牛属大型役肉兼用品种。体躯高大结实，具有役用牛体型外貌特征。公牛头中等长，额宽，顺风角，颈较粗而短，垂皮比较发达，前胸宽阔，肩峰不明显，臀端较窄，蹄大而圆，质地致密；母牛头部清秀，乳房发育较差；毛色以枣红色为主，红色和黄色次之，富有光泽；鼻镜粉红色；胸部及背腰宽阔，成年牛前躯较后躯发达，具有较好的役用体型。

5. 延边牛

延边牛是东北地区优良地方牛种之一。延边牛属役肉兼用品种。胸部深宽，骨骼坚实，被毛长而密，皮厚而有弹力。公牛额宽，头方正，角基粗大，多向后方伸展，成"一"字形或"倒八"字角，颈厚而隆起，肌肉发达。母牛头大小适中，角细而长，多为龙门角。毛色多呈浓淡不同的黄色，其中浓黄色占 16.3%，黄色占 74.8%，淡黄色占 6.7%，其他占 2.2%，鼻镜一般呈淡褐色，带有黑点。

二、兼用牛品种

（一）西门塔尔牛

1. 原产地及其分布

西门塔尔牛原产于瑞士阿尔卑斯山区，并不是纯种肉用牛，而是乳肉兼用品种。但由于西门塔尔牛产乳量高，产肉性能也并不比专门化肉牛品种差，役用性能也很好，是乳、肉、役兼用的大型品种。

现已分布于欧洲、亚洲、北美、南美等地的很多国家，成为世界上分布最广、数量最多的乳、肉、役兼用品种之一。

2. 外貌特征

该牛毛色为黄白花或淡红白花，头、胸、腹下、四肢及尾帚多为白色，头较长，面宽；角较细而向外上方弯曲，尖端稍向上。颈长中等；体躯长，呈圆筒状，肌肉丰满；前躯较后躯发育好，胸深，尻宽平，四肢结实，大腿肌肉发达；乳房发育好，成年公牛体重平均为 800～1 200 千克，母牛 650～800 千克。

3. 生产性能

西门塔尔牛乳、肉用性能均较好，平均产奶量为 4 070 千克，乳脂率 3.9%。在欧洲良种登记牛中，年产奶 4 540 千克者约占 20%。该牛生长速度较快，平均日增重可达 1.35～1.45 千克以上，生长速度与其他大型肉用品种相近。胴体肉多，脂肪少而分布均匀，公牛育肥后屠宰率可达 65% 左右。

西门塔尔牛是我国黄牛改良的第一牛种，在改良各地黄牛中都取得了比较理想的效果。西门塔尔牛与本地牛的杂交试验结果见表 1-7。

表 1-7　西门塔尔牛与本地牛的杂交试验结果

品种	初生重（千克）	日增重（克）		体重（千克）	
		6 月龄	18 月龄	6 月龄	18 月龄
西杂一代	33	608.09	519.9	144.28	317.38
本地黄牛	23	368.85	343.24	90.13	210.75

（二）三河牛

1. 原产地及其分布

三河牛原产于内蒙古呼伦贝尔草原的三河（根河、得勒布尔河、哈布尔河）地区，并因此而得名。三河牛是我国培育的第一个乳肉兼用型品种，含有西门塔尔牛、雅罗斯拉夫牛等的血统。近年来三河牛已被引入其他省份，也曾输入蒙古国等国。

2. 外貌特征

被毛为界限分明的红白花片，头白色或有白斑，腹下、尾尖及四肢下部为白色；有角，角向上前方弯曲。体格较大，骨骼粗壮，结构匀称，肌肉发达，性情较温顺。三河牛成年牛体重和体尺见表1-8。

表1-8　三河牛成年牛体重和体尺

性别	体高（厘米）	体长（厘米）	胸围（厘米）	管围（厘米）	体重（千克）
公	156.8	205.5	240.1	25.7	1 050
母	131.3	167.7	192.5	19.4	547.9

3. 生产性能

三河牛平均年产奶量为2 000千克左右，在较好的饲养管理条件下可达4 000千克，三河牛产肉性能良好，初生重公牛35.8千克，母牛31.2千克；6月龄公牛体重178.9千克，母牛169.2千克。未经育肥的阉牛屠宰率一般为50%～55%，净肉率为44%～48%，而且肉质良好，瘦肉率高。

三河牛耐粗放管理，抗寒能力强。但由于群体中个体间差异较大，无论在外貌或是生产性能上，表现均很不一致，如毛色不够整齐，后躯发育较差，有待于进一步改良提高。

（三）中国草原红牛

1. 原产地及其分布

草原红牛是由吉林省白城地区，内蒙古赤峰市、锡林郭勒盟南部县和河北省张家口地区联合育成的一个兼用型新品种，1988年被正式命名为"中国草原红牛"，并制订了国家标准。目前产区有30多万头。

2. 外貌特征

草原红牛大部分有角，且角大多伸向外前方，呈"倒八"字形，略向内弯曲；全身被毛紫红或深红色，部分牛腹下、乳房部有白斑；鼻镜、眼圈粉红色，体格中等大小。中国草原红牛成年牛体重和体尺见表1-9。

表1-9　中国草原红牛成年牛体重和体尺

性别	体高（厘米）	体长（厘米）	胸围（厘米）	管围（厘米）	体重（千克）
公	137.3	177.5	213.3	—	760
母	121.2	147.4	181	20.6	450

3. 生产性能

草原红牛在以放牧为主条件下，第一胎平均产奶量为1 127.4千克，以后每胎则为 1 500～2 500 千克，泌乳期为 210 天左右，乳脂率为 4.03%；经短期育肥，屠宰率可达 50.8%～58.2%，净肉率为 41%～49.5%。

草原红牛适应性强，耐粗放管理，对严寒酷热的草场条件耐力强，发病率很低。草原红牛繁殖性能良好，繁殖成活率为 68.5%～84.7%。

（四）新疆褐牛

1. 原产地及其分布

新疆褐牛原产于新疆伊犁、塔城等地区。由瑞士褐牛及含有瑞士褐牛血统的阿拉塔乌牛与新疆当地黄牛杂交育成。

2. 外貌特征

新疆褐牛为被毛深浅不一的褐色，额顶、角基、口轮周围及背线为灰白色或黄白色。体躯健壮，肌肉丰满。头清秀，嘴宽，角中等大小，向侧前上方弯曲，呈半椭圆形；颈长适中，胸较宽深，背腰平直。新疆褐牛成年牛体重和体尺见表 1-10。

表 1-10 新疆褐牛成年牛体重和体尺

性别	体高（厘米）	体长（厘米）	胸围（厘米）	管围（厘米）	体重（千克）
公	144.3	202.3	229.5	—	950.8
母	121.8	150.9	176.5	16.6	430.7

3. 生产性能

新疆褐牛平均产乳量 2 100～3 500 千克，高的可达 5 162 千克，乳脂率为 4.03%～4.08%。产肉性能在天然草场放牧的条件下，于 9—11 月测定，1.5 岁、2.5 岁和阉牛的屠宰率分别为 47.4%、50.5% 和 53.1%，净肉率分别为 36.3%、38.4% 和 39.3%。

新疆褐牛适应性好，可在极端温度 -40℃和 47.5℃下放牧，抗病力强。但还存在体躯较小、胸窄、尻部尖斜、乳房发育较差等不足。

三、奶牛品种

荷斯坦牛

荷斯坦牛因其毛色为黑白相间、界线分明的花片，故普遍称作黑白花牛，荷兰的弗里生及德国的荷斯坦是该牛的原产地。荷斯坦牛以产奶量高而著称，现遍布世界各地。

1. 乳用型荷斯坦牛

加拿大、美国、日本和澳大利亚等国的荷斯坦牛都属于乳用型荷斯坦牛。

（1）外貌特征　该牛具有典型的乳用型牛的外貌特征，成年母牛体型呈三角形，后躯发达；乳静脉粗大而弯曲，乳房大而发达，且结构良好；体格高大，结构匀称，皮下脂肪少，毛细短；毛色特点为界线分明的黑白花片，额部多有白星（大或小的白流星或广流星），四肢下部、腹下和尾帚为白色毛。

乳用荷斯坦成年公牛体重为900～1 200千克，母牛为650～750千克；犊牛初生重为38～50千克；公牛平均体高为145厘米，平均体长为190厘米，平均胸围为206厘米，平均管围为23厘米；母牛依次为135厘米、170厘米、195厘米和19厘米。

（2）生产性能　乳用型荷斯坦牛的泌乳性能为各奶牛品种之冠。母牛平均年产奶量为6 000～7 000千克，乳脂率为3.5%～3.8%，乳蛋白率为3.3%。

加拿大的荷斯坦牛生产性能仅次于美国。目前，不少国家主要从美国和加拿大引进乳用型荷斯坦牛冷冻精液或购入公牛来改良本国的荷斯坦牛。

2. 兼用型荷斯坦牛

兼用型荷斯坦牛主要是以荷兰本土的荷斯坦牛为代表的许多欧洲国家的荷斯坦牛。

（1）外貌特征　与乳用型荷斯坦牛相比，兼用型荷斯坦牛体格较小，四肢较短，但体躯较宽深，略呈矩形，尻部方正且发育良好；乳房前伸后展，附着良好，毛色与乳用型荷斯坦牛相似。

兼用型荷斯坦牛的公牛体重为900～1 100千克，母牛为550～700千克；犊牛初生重为35～45千克。青年公牛全身肌肉较为丰满，背部也较宽。

（2）生产性能　该型牛平均泌乳量比乳用型荷斯坦牛低100～2 000千克，年产奶量一般为4 000～5 000千克，高产个体可达10 000千克，乳脂率为3.8%～4%。它的肉用性能较好，经肥育的该型公牛，500日龄平均活重为556千克，屠宰率为62.8%，第8～9肋眼肌面积为60厘米^2，据德国统计，其产肉性能接近西门塔尔牛的水平。该牛在肉用方面的一个显著特点是育肥期日增重高。

3. 中国荷斯坦牛

中国荷斯坦牛是由纯种荷兰牛与本地母牛的高代杂种，经100多年选育而形成的，是我国唯一的奶牛品种，现已遍布全国各地，而且有了国家标准。

（1）外貌特征　中国荷斯坦牛毛色同乳用型荷斯坦牛。由于各地开始进行杂交时的本地母牛体格大小不一，所引入的荷斯坦牛种公牛来源也不一致，各地培育条件又有差异，从而导致该品种出现大、中、小3种体格类型，其母牛的体高依次分别为136厘米以上、133～136厘米和133厘米以下。随着选育条件的不断改善，在同一地区的牛群逐渐趋于整齐，各类群之间的差异也在逐渐缩小，并趋于一致。中国荷斯坦牛成年牛体重和体尺见表1-11。

表1-11　中国荷斯坦牛成年牛体重和体尺

性别	体高（厘米）	体长（厘米）	胸围（厘米）	管围（厘米）	体重（千克）
公	150～175	190～210	220～235	22～23	900～1 200
母	135～155	165～175	180～200	18～20	550～750

（2）生产性能　在一般饲养情况下，通常母牛305天产奶量一胎为5 000千克以

上，二胎为 6 000 千克以上，三胎为 6 300 千克以上，乳脂率为 3.4%～3.7%，乳蛋白率为 2.8%～3.2%。随着近年来饲养管理条件不断得到改善，良种场的不少牛群，年平均产奶量达 6 000～7 000 千克的牛群已不少见，年产奶量 10 000 千克的个体也不罕见。

荷斯坦牛与本地黄牛杂交，效果一般良好，后代体型改良，体格增大，产奶性能大幅度提高。在正常的饲养管理条件下，一代杂种牛产奶量可达 1 500～2 000 千克，二代杂种牛可达 2 000～3 000 千克。

第二节　羊品种

一、羊品种的分类

（一）绵羊品种的分类

1. 根据绵羊所产羊毛类型的不同分类

根据绵羊所产羊毛类型的不同，可将绵羊品种分为细毛型品种（如澳洲美利奴羊等）、长毛型品种（如林肯羊、罗姆尼羊等）、中毛型品种（如萨福克羊等）、地毯毛型品种（如黑面高原羊等）、羔皮用型品种（如卡拉库尔羊等）、裘皮用型品种（如滩羊）等六大类。

2. 根据绵羊的生产方向不同分类

根据绵羊的生产方向不同，可将绵羊品种分为细毛羊（如澳洲美利奴羊等）、半细毛羊（如林肯羊、罗姆尼羊等）、肉用羊（如萨福克羊等）、裘皮羊（如滩羊等）、羔皮羊（如卡拉库尔羊等）、肉脂羊（如小尾寒羊等）、粗毛羊（如西藏羊、哈萨克羊等）、乳用羊（如东弗里生羊）等八大类。

（二）山羊品种的分类

世界上山羊品种有 150 多个，虽分类方法各有不同，但基本上都是按山羊的生产方向来分类的。一般可把山羊分为绒用型山羊（如辽宁绒山羊等）、毛皮用型山羊（如济宁青山羊、中卫山羊等）、肉用型山羊（如波尔山羊、南江黄羊等）、毛用型山羊（如安哥拉山羊等）、奶用型山羊（如萨能奶山羊、关中奶山羊等）、普通型山羊（如西藏山羊、新疆山羊等）等六大类。

二、绵羊品种

（一）国内主要品种

1. 中国美利奴羊

（1）原产地及其分布　中国美利奴羊是我国 1972—1985 年在新疆的巩乃斯羊场、紫泥泉种羊场、内蒙古的嘎达苏种畜场和吉林的查干花种畜场联合育成的。父本为澳洲美利奴羊，属细毛型，体型结构良好，体重 90 千克以上，净毛量为 8 千克以上，净毛率为 50% 以上，毛长 11 厘米以上。中国美利奴羊有 4 个类型，分别为新疆型、军垦型、吉林型和科尔沁型，主要分布在我国的新疆、内蒙古、吉林等羊毛主产区。

（2）外貌特征　体型呈长方形，头毛较长，着生至眼线，外形似帽状，前肢细毛至腕关节，后肢至飞节，公羊有螺旋形角，颈部有 1～2 个横皱褶，被毛密度大，毛长，白色，具明显的大中弯曲。

（3）生产性能　中国美利奴羊剪毛后母羊体重为 45.84 千克，剪毛量为 7.12 千克，净毛率为 60.87%，毛长 10.48 厘米，细度为 22 微米，单纤维强度为 8.4 克以上，伸度 46% 以上，卷曲弹性率为 92% 以上，接近进口的 56 型澳毛，遗传性能稳定，与各地细毛羊杂交改良的效果良好。

2. 新疆细毛羊

（1）原产地及其分布　新疆细毛羊是我国育成的第一个细毛羊品种。目前仅在新疆就有纯种羊 238 万多只。

（2）外貌特征　新疆细毛羊体质结实，结构匀称。公羊鼻梁微有隆起，有螺旋形角，颈部有 1～2 个皱褶；母羊鼻梁呈直线，无角或只有小角，颈部有一个横皱褶或发达的纵皱褶。羊体覆白色的同质毛，成年公羊体高 75.3 厘米，母羊体高 65.9 厘米，体长分别为 81.9 厘米、72.6 厘米，胸围分别为 101.7 厘米、86.7 厘米。

（3）生产性能　新疆细毛羊剪毛后体重：公羊 88.01 千克，母羊 48.6 千克。剪毛量：公羊 11.57 千克，母羊 5.24 千克。净毛率为 48.06%～51.53%，产羔率为 130% 左右，屠宰率为 49.47%～51.39%。新疆细毛羊耐粗放管理，增膘快，生命力强，适应严峻的气候条件，冬季扒雪采食，夏季可进行高山放牧。

3. 东北细毛羊

（1）原产地及其分布　东北细毛羊是我国育成的第二个细毛羊品种，是由兰布列羊与蒙古羊的杂种后代和苏联美利奴、斯塔夫罗波尔高加索、阿斯卡尼等品种的公羊进行杂交选育而成的。

（2）外貌特征　东北细毛羊体质结实，结构匀称，体躯长，后躯丰满，肢势端正。公羊有螺旋形角，颈部有 1～2 个横皱褶，母羊无角，颈部有发达的纵皱褶；被毛白色，毛丛结构良好；弯曲正常，油汗适中。成年公羊体高 74.3 厘米，母羊体高

67.5厘米；体长分别为80.6厘米和72.3厘米；胸围分别为105.3厘米和95.5厘米。

（3）生产性能　东北细毛羊剪毛后公羊体重为83.66千克，母羊为45.03千克。公羊剪毛量为13.44千克，母羊为6.10千克。净毛率为35%～40%；公羊毛长9.33厘米，母羊毛长7.37厘米。产羔率为125%，屠宰率为38.8%～52.4%。

4. 内蒙古细毛羊

（1）原产地及其分布　内蒙古细毛羊是在1976年8月，经内蒙古自治区人民政府批准命名的。

（2）外貌特征　内蒙古细毛羊体质结实，结构匀称，公羊多为螺旋角颈部有1～2个横皱褶；母羊无角，颈部有发达的纵皱褶。公羊体高77.7厘米，母羊65.2厘米；公羊体长79.5厘米，母羊70.3厘米；公羊胸围为112.4厘米，母羊92.1厘米。

（3）生产性能　内蒙古细毛羊剪毛后公羊体重为91.4千克，母羊45.9千克。公羊剪毛量为11千克，母羊5.5千克。净毛率为36%～45%。公羊毛长8～9厘米，母羊7.2厘米。产羔率为110%～125%，屠宰率为44.1%～48.4%。内蒙古细毛羊是典型的干旱寒冷草原地区大群放牧的品种，游牧力强，在-40℃和积雪20厘米的环境下仍能扒雪吃草。

5. 凉山半细毛羊

（1）原产地及其分布　凉山半细毛羊是在凉山彝族自治州原有细毛羊与本地山谷型藏羊杂交改良的基础上，引进国外良种半细毛羊——边区莱斯特羊和林肯羊与之进行复杂杂交培育成的。凉山半细毛羊具有较强的适应性，在我国南方中、高山，海拔2 000米的温暖湿润型农区和半农半牧区可进行放牧饲养或半放牧半舍饲饲养。本品种目前主要集中在四川省凉山彝族自治州昭觉县、金阳县、布拖县等种羊场和育种场以及广大农村。

（2）外貌特征　凉山半细毛羊公母羊均无角，前额有一小撮绺毛，体质结实，胸部宽深，四肢坚实，具有良好的肉用体型。被毛白色同质，毛光泽强，匀度好，羊毛呈较大波浪形辫形毛丛结构，腹毛着生良好。

（3）生产性能　凉山半细毛羊成年公羊体重可达80千克以上，母羊45千克以上。剪毛量公羊为6.5千克，母羊为4千克。羊毛长13～15厘米，羊毛细度48～50支，净毛率为66.7%。育肥性能好，6～8月龄肥羔胴体重可达30～33千克，屠宰率为50.7%。

6. 中国卡拉库尔羊

（1）原产地及其分布　中国卡拉库尔羊主要分布在新疆、内蒙古等地，是用卡拉库尔羊为父系，库车羊、哈萨克羊及蒙古羊为母系，采用级进杂交的方法培育而成。

（2）外貌特征　中国卡拉库尔羊头稍长，鼻梁隆起，耳大下垂，公羊多数有角，螺旋形向两侧伸出，母羊多数无角。颈中等长，胸深、体宽尻斜、四肢结实，尾基部宽大，尾尖呈"S"状弯曲，下垂至飞节，毛色主要呈黑色，灰色和彩色数量较少。黑色羊羔成年后由黑变褐最后变成灰白色；灰色羊羔，成年后变成白色；彩色羊羔成年后变成棕白色，但头、四肢腹部及尾尖的毛色终生不变。公羊体高74.3厘米，母羊66厘米；公羊体长79.2厘米，母羊73.5厘米；公羊胸围91.6厘米，母羊84.9厘米。

（3）生产性能　中国卡拉库尔羊公羊初生重 4.5 千克，母羊 3.9 千克；成年重：公羊 77.3 千克，母羊 46.3 千克。羔皮（生后 2 天以内屠宰剥皮）光泽正常或强丝光性，毛卷多以平轴卷、鬣形卷为主。99% 为黑色，极少数为灰色和苏尔色。羔皮低劣者可在生后 1 月龄剥皮（二毛皮），光泽好，毛穗清晰、耐磨、耐穿、美观，是制裘皮的好原料。产羔率为 105% ～ 115%。

7. 乌珠穆沁羊

（1）原产地及其分布　乌珠穆沁羊产于内蒙古乌珠穆沁草原，是我国古老的三大粗毛羊之一的蒙古羊的典型代表和优良类群，国家重点保种群体。

（2）外貌特征　耳大而下垂，体格高大，体躯长，背腰宽，肌肉丰满，后躯发育良好，肉用体型比较明显。白毛占 10% 左右，白毛黑头占 62% 左右，杂毛者占 11%。毛被由多种纤维类型组成。

（3）生产性能　裘皮、皮板厚而结实，保暖，羊毛柔软，多为半环形花卷，牧民称为"乌珠尔"皮，羔皮是制皮袍的好材料。公羊初生重 4.58 千克，母羊 3.82 千克；6 ～ 7 月龄公羊体重 39.6 千克，母羊 35.9 千克；成年公羊体重 74.43 千克，母羊 57.4 千克，羯羊 73 千克；屠宰率 58.4%，净肉率 37.8%，尾及内脏脂肪重 8.3 千克。产羔率 100.2%。

8. 欧拉型西藏羊

（1）原产地及其分布　欧拉羊是我国古老的三大粗毛羊之一的西藏羊的典型代表和优秀类群，主要分布在甘肃省甘南藏族自治州的欧拉乡及毗连的大部分地区，是国家重点保种类型。

（2）外貌特征　欧拉羊体格大，被毛杂色、白色和黑色，呈毛瓣结构。公母均有角，公羊角呈螺旋状向上向外弯曲；头呈三角形，鼻梁隆起，四肢高长，体躯呈矩形；尾为楔形小尾，长 12 ～ 15 厘米，被毛由混型毛组成。

（3）生产性能　欧拉羊公羊体重 75.85 千克，母羊 58.51 千克，成年羯羊屠宰率 49.14% ～ 52.77%。公羊剪毛量 1.11 千克，母羊 0.93 千克，净毛率 70%，毛瓣自然长度 11.77 厘米。耐寒、耐粗饲，善于游牧，合群性好。繁殖率较低，1 年 1 胎，1 胎 1 只。

9. 阿勒泰羊

（1）原产地及其分布　阿勒泰羊分布于新疆维吾尔自治区的哈萨克民族的聚居地区阿勒泰等地，是我国三大粗毛羊之一的哈萨克羊中的典型代表和优秀类群，是国家目前重点保种对象。

（2）外貌特征　阿勒泰羊鼻梁稍隆起，耳大下垂，公羊有较大的螺旋角，母羊多数有角。肌肉发育良好，后躯高，臀部丰满，四肢高大结实。沉积在尾椎附近的脂肪成方圆的"臀脂"。被毛以棕红为主，有纯黑、纯白或白体黄黑头者。成年公羊体高 76.32 厘米，母羊 71.56 厘米；公羊体长 77.65 厘米，母羊 74.18 厘米；公羊胸围 101.43 厘米，母羊 94.77 厘米。

（3）生产性能　阿勒泰羊体格大，肉脂生产性能良好。公羊初生重 5～5.4 千克，母羊 4.5～4.9 千克；成年公羊体重 85.6 千克，母羊 67.4 千克。被毛异质，剪毛量 1.63～2.04 千克，净毛率 71.24%，产羔率 110.3%，屠宰率 50.9%～53%，臀脂重 2.96～7.1 千克。适宜高度放牧。

10. 小尾寒羊

（1）原产地及其分布　小尾寒羊主要分布于河北南部、河南东部和北部、山东南部及皖北、苏北一带。现已被引种到全国 20 多个省份。小尾寒羊原属蒙古羊，是在中原农区长期选育而培育成的、繁殖力高、生长发育快的地方良种。

（2）外貌特征　小尾寒羊头略显长，鼻梁隆起，耳大下垂，公羊有角，三棱形螺旋状，母羊多数有小角或角根，颈较长，背腰平直，体躯高大，前后躯发育匀称，四肢粗壮，蹄质结实。尾略呈椭圆形，下端有纵沟，尾长在飞节以上。被毛白色，成年公羊体高 90.87 厘米，母羊 77.07 厘米；公羊体长 91.87 厘米，母羊 77.53 厘米；公羊胸围 107.05 厘米，母羊 87.55 厘米。

（3）生产性能　小尾寒羊被毛属混型毛，公羊剪毛量 3.5 千克，母羊 2.1 千克，净毛率 63%，毛长 11.5～13.3 厘米。生长发育快，成熟早，肉用性能好。公羊初生重 3.61 千克，母羊 3.84 千克；3 月龄公羊重 20.77 千克，母羊 17.24 千克；周岁公羊体重 60.83 千克，母羊 41.33 千克；成年公羊体重 94.15 千克，母羊 48.75 千克，据报道，最大的一只两岁公羊体重达 160 千克。屠宰率 55.6%。性成熟早，母羊四季发情，通常两年产 3 胎，优良条件下一年两胎，每胎产双羔者居多，三羔者屡见不鲜，产羔率为 270%，居我国地方绵羊品种之首。

小尾寒羊是中国著名的地方优良绵羊品种之一。具有生长发育快、性成熟早、常年发情、繁殖力高、产肉性能好等特点，适合农区舍饲或者小群放牧，羔皮还可制裘等优点。

（二）国外优良品种：澳洲美利奴羊

1. 原产地及其分布

澳洲美利奴羊是世界著名的细毛羊品种，原产于澳大利亚，现已输往世界许多国家，分细毛型、中毛型和强毛型 3 型。细毛型主要产地为新南威尔士高原区、维多利亚西部地区和塔斯马尼亚岛；中毛型产于新南威尔士州西部中央地区、昆士兰中部等；强毛型产于南澳及西北部干旱草原区。

2. 外貌特征

澳洲美利奴羊体型近似长方形，腿短，体宽，背部平直，后肢肌肉丰满。公羊颈部有 1～3 个发育完全或不完全的横皱褶，母羊有发达的纵皱褶，有角或无角。毛丛结构良好，密度大，细度均匀，油汗白色，弯曲弧度均匀整齐而明显，光泽良好。羊毛覆盖头部至两眼连线，前肢达腕关节，后肢达飞节。澳洲美利奴羊生产性能见表 1-12。

表1-12　不同类型澳洲美利奴羊生产性能

类型	成年羊体重（千克）		剪毛量（千克）		羊毛细度（支）	毛长（厘米）	净毛率（%）	纤维数（千纱支/厘米²）
	公羊	母羊	公羊	母羊				
细毛型	60～70	38～42	7.5～8.5	4～5	64～70	7～10	63～68	6.2～9.3
中毛型	65～90	40～44	8～12	5～6	60～64	9～13	62～65	5.4～9.3
强毛型	70～100	42～48	8.5～14	5～6.5	58～60	9～13	60～65	4.6～7.7

我国曾多次引进澳洲美利奴羊品种进行中国美利奴等品种的培育和改良，对我国细毛羊品种的培育和改良起到了重要作用。

三、山羊品种

（一）乳用山羊品种

1. 萨能山羊

（1）原产地及其分布　萨能山羊原产于瑞士柏龙县萨能山谷，现已遍及世界各国，引进后对我国乳用山羊品种的改良起了重要作用。

（2）外貌特征　萨能山羊具有乳用家畜的楔形体型。毛色纯白、毛细而短、皮薄而柔软、皮肤呈肉色，大多数无角、有须，有的有肉垂。体格高大，具"四长"（头长、颈长、背腰长、四肢长）特征，结构匀称，细致紧凑。公羊颈粗壮，姿势雄伟，胸部宽广，肋骨拱圆，背腰平直。母羊乳房基部附着宽广，向前延伸，向后突出，乳房质地松软，乳头附着良好。成年萨能山羊的体尺和体重见表1-13。

表1-13　成年萨能山羊的体尺和体重

性别	体高（厘米）	体长（厘米）	胸围（厘米）	管围（厘米）	体重（千克）
公	80～90	88～97	95～104	80～95	70～790
母	80～88	87～86	55～70	80～90	88～97

（3）生产性能　萨能山羊泌乳力强，泌乳期8～10个月，年平均产乳量600～1 200千克，乳脂率3.5%。发情周期20.4天，发情持续期38.12小时，怀孕期150.6天。利用年限8～10年，一胎产羔率160%，二胎以上200%～230%。抗病力强，适应性广，性情温驯。

2. 吐根堡山羊

（1）原产地及其分布　吐根堡山羊原产于瑞士东北部吐根堡山谷，分布于欧洲、美洲、亚洲、非洲的各个国家。与萨能山羊同享盛名，1982年引入我国四川，繁殖正常，生长良好。

第一章 规模化生产牛羊品种与繁殖

（2）外貌特征　吐根堡山羊乳用体型良好。毛色以浅褐色为主，部分羊只为深褐色，幼羊色较深，老龄羊色较浅。颜面两侧各有一条深灰色的条纹，公母羊均有须，多数无角而有肉垂，骨骼粗壮，四肢较长。成年吐根堡山羊的体尺和体重如表1-14所示。

表1-14　成年吐根堡山羊的体尺和体重

性别	体高（厘米）	体长（厘米）	胸围（厘米）	管围（厘米）	体重（千克）
公	84.6	89.3	102	11.4	85.4
母	71.9	80.6	90.6	9.5	57.6

（3）生产性能　吐根堡山羊产乳量600~1 200千克，乳脂率3.5%~4%。多在9—10月发情，怀孕期150.4~153.9天，一胎繁殖率为149.8%，二胎为201.9%。体格健壮，耐粗饲、耐炎热，遗传稳定，膻味小，但体型、平均产奶量略低于萨能山羊。

3. 崂山奶山羊

（1）原产地及其分布　崂山奶山羊原产于青岛的崂山及胶东等地，是萨能山羊与当地山羊杂交选育而培育成功的地方良种。

（2）外貌特征　崂山奶山羊毛色纯白，毛细短，皮肤呈粉红色，富弹性，大多无角，体质结实，结构紧凑而匀称，头长额宽，鼻直、眼大嘴齐，耳薄且向前外方伸展。公羊颈粗壮，母羊颈薄长，胸部宽广，肋骨开张良好，腹大而不下垂，具有良好的乳用体型。成年崂山奶山羊体尺和体重如表1-15所示。

表1-15　成年崂山奶山羊体尺和体重

性别	体高（厘米）	体长（厘米）	胸围（厘米）	管围（厘米）	体重（千克）
公	84.6	89.3	102	11.4	85.4
母	71.9	80.6	90.6	9.5	57.6

（3）生产性能　崂山奶山羊平均产奶量为497千克，一胎平均400千克，二胎平均550千克，三胎平均700千克，一般可利用5~7个胎次。发情季节9—10月，发情周期19.88天，怀孕期150.67天。产羔率：一胎130%，二胎160%，三胎200%以上。

4. 关中奶山羊

（1）原产地及其分布　关中奶山羊产于陕西渭河平原（又称关中盆地），以当地山羊为基础，主要是利用萨能山羊经过长期杂交选育而成的乳用品种。主要分布在关中的富平、蒲城、泾阳、三原等县。

（2）外貌特征　关中奶山羊体质结实，乳用型明显，头长额宽，眼大耳长，鼻直嘴齐。母羊颈长，胸宽，背腰平直，腹大不下垂，乳房大且质地柔软。公羊头大颈粗，胸部宽深，腹部紧凑，外形雄伟。毛短色白，皮肤粉红色，部分羊有角须和肉垂。公羊体高82厘米以上，体重不低于65千克；母羊体高69厘米以上，体重45千克。

（3）生产性能　关中奶山羊产奶量：一胎450千克，二胎520千克，三胎600千克，含脂率 3.8%。怀孕天数 149.5 天。关中奶山羊一胎产羔率 130%，二胎平均 174%。

（二）毛用山羊品种：安哥拉山羊

1. 原产地及其分布

安哥拉山羊原产于土耳其的安哥拉省，用于生产马海毛。

2. 外貌特征

安哥拉山羊全身白毛，被毛由波浪形或螺旋状的毛辫组成，毛辫可垂至地面，头、腿生有短刺毛。公羊、母羊均有角，耳大下垂。头较小，鼻梁平直，胸窄狭，肋骨扁平，尻斜，骨细，体质较弱。公羊体高 60～65 厘米，母羊体高 51～55 厘米。

3. 生产性能

安哥拉山羊公羊体重 50～55 千克，母羊体重 32～35 千克，产肉少。泌乳量 70～100 千克，仅够哺育羔羊。公羊剪毛量为 4.5～6.0 千克，母羊 3～4 千克，净毛率 65%～85%，细度 40～46 支，长度 30 厘米（全年）。生长发育慢，性成熟晚，1.5 岁后才能发情配种，繁殖力低，发情季节 10—11 月，发情周期 19～21 天，持续期 30 小时，妊娠期 149～152 天。

安哥拉山羊遗传性能稳定，改良效果良好。

（三）裘皮和羔皮山羊品种

1. 中卫山羊

（1）原产地及其分布　中卫山羊又称沙毛山羊，原产于宁夏回族自治区的中卫、中宁、同心、海源及甘肃省的景泰、靖远等地，现已分布宁夏南部及全国 10 余个省份。

（2）外貌特征　中卫山羊毛色纯白者占 75%，纯黑者较少，羔羊体躯短，全身生长着弯曲的毛辫，呈细小萝卜丝状，光泽良好，呈丝光。成年羊头清秀，额部丛生长毛一束，公、母羊均有长须。公羊角粗大向上、向后、向外方伸展呈半螺旋状，母羊角较细短，多呈小镰刀形。体型中等，体躯短深。成年公羊体高 61.4 厘米，体长 67.7 厘米，体重 30～40 千克，成年母羊体高 56.7 厘米，体长 59.2 厘米，体重 25～30 千克。

（3）生产性能　中卫山羊产羔率约 103%，初生羔毛长 4.4 厘米，毛股有 3～4 个弯曲，初生重 2.5～2.7 千克，35 日龄毛长 7～8 厘米时，就能达到二毛皮的标准。公羔重 4.5～8 千克，母羔重 4～6 千克时，剥取二毛皮。

2. 济宁青山羊

（1）原产地及其分布　济宁青山羊原产于山东省菏泽市和济宁市的 10 多个县，菏泽的郓城、巨野、曹县、济宁的嘉祥、金乡等县济宁青山羊品质优秀，现已推广到华南、西北、东北 10 余省份。

（2）外貌特征　济宁青山羊毛色为由黑、白二色毛混生而构成的青色，前膝为青黑色，故有"四青黑"的特征，由于黑白毛比例不同，分为正青（黑毛 30%～50%）、粉青（黑毛30%以下）、铁青（黑毛50%以上），因被毛的粗细和长短不同分4个类型：细长毛型、细短毛型、粗长毛型和粗短毛型。以细长毛型的猾子皮质量最好。

济宁青山羊头较小，额宽而凸，有角，有须。体小，俗称"狗羊"。公羊体高60.3厘米，母羊体高50.4厘米。公羊体长60.1厘米，母羊56.5厘米。公羊体重25.7千克，母羊20.9千克。

（3）生产性能　济宁青山羊羔羊出生后40～60天可初次发情，一般4个月可配种，1岁可产1胎，第一胎繁殖率203.6%，3～4岁时可达300%，孕期146天，产后第一个发情期在20～40天，一年两胎。初生重1.3～1.7千克，生后3天屠宰的羔皮称青猾子皮。

（四）绒用山羊品种

1. 辽宁绒山羊

（1）原产地及其分布　辽宁绒山羊原产于辽宁省东南部，中心产区在盖州市的东部。近年来被引入西北及内蒙古等8个省份，改良当地羊效果良好。

（2）外形特征　辽宁绒山羊体质结实，结构匀称，额上有长毛，公、母羊均有须、有角，公羊角粗长呈螺旋形向两侧伸展，母羊角向后向上伸展。毛色纯白，外层毛稀疏，长而无弯曲，有丝光，内层绒毛厚密。成年公羊体高63.35厘米，母羊61.04厘米。公羊体长75.69厘米，母羊68.08厘米。公羊胸围80.78厘米，母羊80.39厘米。公羊体重53.49千克，母羊43.39千克。

（3）生产性能　辽宁绒山羊成年公羊产毛0.5千克，毛长18.56厘米；产绒0.54千克，绒长5.6厘米，细度18.48微米。母羊产毛0.43千克，毛长14.4厘米；产绒0.47千克，绒长5.28厘米，细度17.3微米，绒具有丝光。产绒高，品质好，是世界白色绒用高产品种。

2. 内蒙古绒山羊

（1）原产地及其分布　内蒙古绒山羊主要分布于内蒙古西部。

（2）外貌特征　内蒙古绒山羊全身被毛白色者约占86%，其他为黑色或紫色；公母羊均有角，公羊角自上向后外方捻曲，母羊角软细小；有须，耳大向两侧半下垂，额部有软长的卷毛一束；背腰平直，后躯略高，尾上翘，外层粗毛较长，呈丝光，内层绒毛厚密。

（3）生产性能　内蒙古绒山羊以阿左旗的绒山羊性能最好，平均产绒量316.5克，最高达875克，绒长5.0～6.5厘米，绒细14.1～15.1微米，产毛量359克，最高达880克，毛长12～20厘米，繁殖率为101%～105%，屠宰率40%～50%。

（五）肉用山羊品种

1. 波尔山羊

（1）原产地及其分布　波尔山羊原产于南非共和国的好望角地区，改良型波尔山羊以初生重大、生长快、体型大、产肉多、肉质好、繁殖率高、适应性强而闻名世界。现已出口到澳大利亚、德国、新西兰等许多国家，我国1995年开始引进，受到各地普遍欢迎。

（2）外貌特征 波尔山羊被毛短密、白色，头颈棕色并带有白斑，耳大下垂，头平直。公羊鼻梁稍隆起，角向后向外弯曲呈镰刀状，母羊角小而直立。体质强壮，头颈部及前肢比较发达，体躯匀称且长宽深，胸部发达，背部结实宽厚，肋骨开张良好，臀部丰满，四肢粗壮，结实有力。公羊体高75～90厘米，母羊65～75厘米。公羊体长85～95厘米，母羊70～85厘米。

（3）生产性能 波尔山羊初生重4.15千克，日增重123.7克。强度肥育下，日增重204～291克。100日龄公羔体重为30千克，母羔29千克。150日龄公羔体重为42千克，母羔37千克。210日龄公羊体重为53千克，母羊45千克。屠宰率48%～60%，肥羔最佳上市体重为38～43千克，骨肉比为1∶4.71。瘦肉多，肉质细嫩，膻味小，味道鲜美。波尔山羊板皮质量好，可与牛皮相媲美。波尔山羊的繁殖无明显的季节性，6月龄性成熟，平均产羔率150%～220%，1年两胎或两年3胎。发情周期21天，发情持续时间37小时，一般于发情后32～38小时排卵，怀孕期147～149天，产奶量每天2.5千克。

波尔山羊性情温顺，适应性强，抗病力强。世界各地利用波尔山羊改良当地山羊的产肉性能均取得较为理想的效果，因此，波尔山羊被推荐为杂种肉山羊的终端杂交父本。

2. 南江黄羊

（1）原产地及其分布 南江黄羊原产于四川南江县，是以纽宾奶山羊、成都麻羊、金堂黑山羊为父本，南江本地山羊为母本，又导入吐根堡山羊血液，采用复杂杂交培育而成，南江黄羊是通过国家认定的第一个肉用山羊培育品种。

（2）外貌特征 南江黄羊的公、母羊大多有角，头型较大，颈部较粗，体型高大，背腰平直，后躯比较丰满，体躯近似圆筒形，四肢粗壮，皮毛呈黄褐色，面部多呈黑色。鼻梁两侧有一条浅黄色条纹，从头顶部至尾根沿背脊有一条黑色毛带，前胸、颈、肩和四肢上端着生黑而长的粗毛。

（3）生产性能 南江黄羊6个月龄公羔体重16.18～21.07千克，母羔14.96～19.13千克；成年公羊体重57.3～585千克，母羊38.3～45.1千克。在放牧条件下6月龄体重可达21.6千克，胴体重9.6千克，屠宰率45.12%，净肉率29.63%，产羔率187%～219%。

南江黄羊四季发情，泌乳性能好，抗病力强，耐粗放管理，适应性强，板皮品质好。

3. 建昌黑山羊

（1）原产地及其分布 建昌黑山羊中心产区为四川省会理县、米易县。产区地处云贵高原和青藏高原之间的横断山脉延伸地带，境内山峦起伏，沟壑纵横，大小凉山重叠，金沙江、雅砻江、安宁河及其支流贯穿全境，气候随海拔高度而变化，建昌黑山羊主要分布在海拔 2 500 米以下地区。

（2）外貌特征　建昌黑山羊体格中等，体躯匀称，略呈长方形。头呈三角形，鼻梁平直，两耳向前倾立，公、母羊绝大多数有角、有髯，公羊角粗大，呈镰刀状，略向后外侧扭转，母羊角较小，多向后上方弯曲，向外侧扭转。毛被光泽好，大多为黑色，少数为白色、黄色和杂色。毛被内层生长有短而稀的绒毛。

（3）生产性能　建昌黑山羊成年公羊平均体高、体长、胸围和体重分别为：（57.69±4.48）厘米、（60.58±4.61）厘米、（73.62±5.23）厘米、（31.05±6.00）千克，成年母羊分别为：（56.01±3.59）厘米、（58.93±3.97）厘米、（70.67±5.01）厘米、（28.91±5.54）千克。建昌黑山羊皮板张幅大，厚薄均匀，富有弹性。

建昌黑山羊具有生长发育快、产肉性能和板皮品质好的特点。

第三节　牛羊良种繁殖

一、牛良种繁殖

母牛性成熟后，每隔21天左右发情1次，每次发情持续时间，黄牛平均为20小时（6～36小时），水牛25～60小时。母牛出现第一次发情，尚不能配种，因刚达到性成熟，母牛个体较小，生长发育还在继续进行，必须待体重达到成年体重的70%时，才能进行第一次配种。

（一）母牛的发情

1. 发情特点

（1）发情持续时间短　家畜发情持续时间的长短与垂体前叶分泌的促性腺激素多少有关。母牛垂体前叶分泌的促卵泡素是家畜中最低的，它具有促进卵子发育和发情的作用，而母牛垂体前叶分泌的促黄体生成素又是家畜中最高的，它具有促进卵子成熟和排卵的作用。所以母牛发情持续时间短而排卵快，成年母牛一般发情持续时间平均为18小时。

（2）排卵在发情结束后　当母牛发情开始时，卵泡中只产生少量雌激素，性中枢兴奋，出现交配欲，当卵泡继续发育接近成熟时，产生大量雌激素，性中枢受到抑制，交配欲消失，但卵泡还在继续发育，最后在促黄体生成素的协同作用下排卵。大多数母牛排卵是在性欲结束后的4～16小时。

（3）子宫颈开张度小　母牛发情期子宫颈开张的程度和马、驴、猪等家畜相比较是非常小的，这是由于母牛的子宫颈肌肉层特别发达，加之子宫颈管道中有 2～3 圈环状皱褶，使得子宫颈管道窄细而弯曲，即使在母牛发情中期，子宫颈开张也只有 3～5 厘米，发情后期更小，这一特点给人工授精带来困难。因此，要求人工授精员要有熟练的操作技术。

（4）生殖道排出的黏液量大　发情母牛由生殖道排出大量黏液，潴留在子宫颈外口附近的阴道中，呈透明状，黏性强，如同蛋清样排出。发情后期黏液量减少，变成半透明，黏性降低并夹杂有少许乳白色黏液，最后黏液变成浓稠的乳白色糊状物。

（5）发情结束后生殖道排血　母牛发情结束后，由于雌二醇在血液中的含量急剧降低，于是子宫黏膜上皮中的微血管出现瘀血，血管壁变脆而破裂，血液流入子宫腔，通过子宫颈、阴道排出体外，母牛生殖道排出血液的时间大多出现在发情结束后 2～3 天。

发情后的出血现象，一般育成牛占 70%～80%，经产牛只占 30%～40%。

（6）爬跨行为　通常是以接受其他牛爬跨的行为作为母牛的发情表现，需要指出的是，爬跨牛不一定是发情牛。据观察，在爬跨母牛中，发情牛只占 56.7%，有 19.9% 的爬跨母牛正在妊娠期。而在所有接受爬跨的母牛中，发情牛高达 98.6%，有 64.3% 的母牛是在夜间开始接受爬跨，其中 46.4% 是集中在夜间 1:00 至翌日凌晨 7:00 出现。

（7）安静发情出现率高　在发情母牛中，特别是舍饲奶牛，有不少母牛卵巢上虽然有成熟卵泡，也能正常排卵受胎，但其外部的发情表现却很微弱，甚至观察不到，常常造成漏配。产生安静发情的原因是促卵泡素和雌激素分泌不足。因此，生产上应注意细心观察。

2. 发情征状

（1）外阴部变化　发情母牛阴户潮红肿胀，阴唇黏膜充血，从阴道流出黏液。最初流出的黏液比较清亮，可拉成丝，以后逐渐变白且浓厚。

（2）性兴奋　性兴奋是指母牛发情时引起全身精神状态的变化。母牛发情时鸣叫不安、举尾，放牧时通常不吃草而抬头游走，喜欢接近比它高大的母牛。

（3）性欲　发情前期，母牛的性欲不明显，以后随着卵泡的发育、雌激素含量增加而逐渐明显，在牛群中常表现为爬跨，发情母牛愿意接受其他牛的爬跨而不躲避。发情母牛如爬跨其他母牛时，常有滴尿，并发出低而短的呻吟，特别是青年母牛表现较明显。

（4）排卵　母牛排卵标志发情已结束。排卵一般发生在性欲结束后，母牛拒绝爬跨后 8～12 小时。多数牛在深夜至翌日凌晨排卵。

3. 发情鉴定

发情鉴定的目的是把发情的母牛找出来，适时配种，提高受胎率。常用的鉴定方法有以下 3 种。

（1）外部观察法　主要根据母牛的外部表现和精神状态来观察判断母牛的发情状

况。发情前期，母牛表现不安，从阴道中流出稀薄透明的黏液，但不接受公牛和其他母牛爬跨；发情中期，发情母牛愿意接受爬跨，表现站立不动，后肢叉开并举尾，阴道流出的黏液半透明，而且量多；发情后期接近排卵时，发情母牛不再接受爬跨，并逐渐变得安静，阴道流出的黏液量和透明度都比中期差。

（2）试情法　利用试情公牛，根据母牛的性欲表现来判断发情的状况。通常将结扎输精管的试情公牛按1:(20～30)的比例放入牛群中，用它来发现发情母牛。

（3）直肠检查法　将手伸入母牛直肠内，隔着直肠壁触摸卵巢和卵泡发育程度，以判断母牛发情的情况，母牛发情时，通过直肠检查，可摸到有黄豆大小的卵泡突出于卵巢表面。如卵泡表面光滑，且有波动感，表明卵泡已经发育成熟，即将排卵，是配种的最好时间。

以上方法，以直肠检查法最为可靠，是确定适时配种的最好依据。但母牛的发情期比较短，卵泡较小，如直肠检查的技术不够熟练，可结合外部观察法、试情法等方法进行判断。

（二）母牛的配种

1. 适宜配种时间

母牛的初配年龄，一般奶牛为14～16月龄，体重达340千克即可；其他黄牛为24月龄，水牛30月龄为宜。

母牛发情后最适宜的配种时间应在性欲结束时进行第一次输精，间隔8～12小时进行第二次输精。黄牛一般采用早上爬跨，下午配种，第二天上午视其情况再复配1次，下午爬跨，翌日早晨配种，下午视必要再复配1次。水牛一般是发现爬跨，隔日再配种。

2. 配种方法

（1）自然交配　指发情母牛直接与公牛交配，也称本交，有以下两种方式。

①自由交配。将公母牛合群放牧，某一母牛发情被公牛发现，随时配种。

②人工辅助交配。将发情母牛固定在配种架内，再牵公牛交配，在人工辅助下进行，配种后立即将公、母牛分开。采用辅助性交配应注意几点：为提高受胎率，公母比为1:(60～80)，每天只允许配种1～2次，连续使用4～5天应让公牛休息1～2天，青年公牛的配种量减半，以利于公牛健康，延长使用年限；在配种任务繁忙季节，提高公牛日粮中蛋白质营养水平，增加青绿饲料的喂量，并加强运动和增加刷拭次数，以保证良好的精液品质；种公牛不能与有生殖道疾病的母牛交配，以防扩大传染；注意观察，把发情征状微弱的母牛及时挑选出来，避免漏配；母牛配种结束后，应在背腰上捏一把，并立即进行驱赶运动，防止精液倒流。

（2）人工授精　随着我国奶牛业的发展，特别是黄牛改良工作的迅速开展，广大农牧区应用冷冻精液人工授精技术日益普及。实行人工授精，不仅能充分利用良种公

牛，加速牛群改良，而且能提高受胎率，减少疾病的传播，节省费用。

①冷冻精液的解冻和运输。现在供应的冷冻精液多为细管，可将其直接投入40℃温水中，见管内精液颜色改变，立即取出，剪去封口的一端，然后直接装在专用的细管金属输精器（凯苏枪）上，即可进行输精。

②直肠把握输精法。这是目前常采用的一种输精方法。输精前，先将母牛保定（奶牛可在牛床上直接输精），尾系于一侧固定。外阴部用清水或0.1%高锰酸钾溶液洗干净。输精员将指甲剪短磨光，左手及手臂洗净，涂上润滑剂（凡士林）或戴上长臂乳胶手套，外面用温肥皂水沾湿润滑。先用左手抚摸肛门，然后将左手指并拢成锥形，以缓慢的旋转动作伸入肛门，将粪便掏出。外阴部用清水或0.1%高锰酸钾溶液洗干净。再将左手插入直肠，把子宫颈后端轻轻固定在手内，手臂往下压，使阴门开张。右手持吸有精液的输精管自阴门斜向上方插入一段，以避开尿道口，再改为平插或斜向下方插。把输精管送到子宫颈口，然后两手配合，使输精管尖端插入子宫颈5~8厘米部位注入精液，最后撤出输精管和手。再次镜检管内剩余精子活力，如不合格应重新输精。

直肠把握输精法需要有较熟练的技术，但输精准确可靠，精液不易倒流，并能及时发现母牛生殖道疾病，准确掌握卵泡发育的程度，确定适宜的输精时间。

输精器械应按防疫卫生要求严格消毒，并注意使用器械的温度，防止冷刺激造成不良后果。每输完一头母牛后，输精器要重新洗涤和消毒。其方法是：输精器管内要用2.9%柠檬酸钠溶液冲洗3~4次，输精器的外面用生理盐水棉球擦净污物，再用75%酒精棉球擦拭消毒，待其酒精挥发后，用2.9%柠檬酸钠溶液棉球擦净，方可使用，最好一头牛使用一根消毒后的输精器。

全部输精结束后，输精器的外部，先用生理盐水棉球擦去污物，再用75%酒精棉球擦净消毒。输精器的管内用蒸馏水冲3~4次，再吸75%酒精消毒。然后把输精器放入盛有蒸馏水的容器内煮沸消毒10分钟，待其冷却后，取出输精器晾干，用清洁白纸包好，待下次输精时再用。有条件的可将擦洗干净的输精器放入电热干燥箱中，140℃保持0.5~1小时，即可达到消毒目的。

③直肠把握输精法的注意事项。在处理精液过程中，吸取精液或注入精液时动作要慢，以减少对精子的机械性刺激；输精时，精液的温度应保持在28~36℃，接触精液的输精器应与精液的温度相等或接近；在输精操作过程中，如母牛弓腰强烈努责时，应暂停操作，绝不能强行输精，可让助手捏母牛腰椎，缓和腰部紧张；输精器插入子宫时，动作要小心，慢慢旋转前进，遇阻力时，不能强行插入；在输精过程中，输精员应随牛的左右摆动而摆动，以免将输精器折断；发现大量精液倒流，应重新输精1次。

（三）母牛的妊娠

1. 妊娠征候

母牛配种后，如已妊娠，表现不再发情，行动谨慎，食欲增加，被毛光亮，膘情逐渐转好。经产牛妊娠5个月后腹围增大，泌乳量显著下降，脉搏、呼吸频率增加。妊娠6～7个月时，用听诊器可听到胎儿的心跳，一般母牛的心跳为75～85次/分钟，而胎儿的心跳为112～150次/分钟。初产母牛到妊娠4～5个月后，乳房、乳头逐渐增大，7～8个月后膨大更加明显。

2. 早期妊娠检查方法

早期妊娠是指配种后20～30天进行妊娠检查。它对减少空怀、做好保胎、提高繁殖率具有十分重要的意义。常用的方法有以下几种。

（1）阴道检查法　母牛配种后30天检查已妊娠的母牛，用开膣器插入阴道时阻力明显；打开阴道可见阴道黏膜干燥、苍白无光泽，子宫颈口偏向一侧，呈闭锁状态，有子宫颈塞。

（2）直肠检查法　这是早期妊娠检查最为准确可靠的方法，一般在母牛配种后30天进行检查，已妊娠的母牛，子宫角不对称，孕侧子宫角增粗，并有液体波动感。用手轻轻触摸子宫时，非孕侧子宫角收缩力较强，而孕侧子宫角无收缩反应。触摸孕侧卵巢，感觉到体积增大，黄体明显凸出卵巢表面，而非孕侧卵巢体积较小，无黄体。

（3）激素诊断法　母牛配种20天，用已烯雌酚10毫克，一次性肌内注射。已妊娠的母牛，无发情表现；未妊娠的母牛，第二天表现明显的发情。用此法进行早期妊娠检查的准确性达90%以上。

（4）巩膜血管诊断法　母牛配种后20天，在眼球瞳孔正上方巩膜表面，有明显纵向血管1～2条，细而清晰，呈直线状态，少数有分枝或弯曲，颜色鲜红，则可判断为妊娠，其准确性在90%以上。

（5）7%碘酒法　收取配种20～30天母牛鲜尿液10毫升，盛入试管中，然后滴入2毫升7%碘酒溶液，充分混合5～6分钟，在亮处观察试管中溶液的颜色，呈暗紫色为妊娠，不变色或稍带碘酒色为未妊娠。

除以上介绍的几种早期妊娠检查方法以外，还可采用超声波探测法、血液孕酮水平测定法等。

3. 妊娠期与预产期推算

从母牛配种受胎至胎儿产出的这段时间称为妊娠期。妊娠期的长短受品种、年龄、季节、饲养管理和胎儿性别等因素的影响。早熟品种比晚熟品种的妊娠期短；奶牛比肉牛、役牛短；青年母牛比成年母牛约短1天；冬春分娩的母牛比夏秋季分娩的母牛长2～3天；饲养管理条件差的母牛比饲养管理条件优越的母牛妊娠期长，怀母犊比怀公犊的妊娠期短1天；怀双胎比怀单胎短3～6天。黄牛妊娠期一般为275～285天，水牛为300～328天。

为了做好分娩前的准备工作，必须较准确地计算出母牛的预产期。最简单的方法是：黄牛将配种月减3，配种日加6。如果配种月为1月、2月、3月，需借1年（加12个月）

再减。若配种日期加6的天数超过1个月，则减去本月天数，余数移到下月计算。

（四）母牛的分娩

1. 临产征状

随着胎儿的逐步发育成熟，母牛在临产前会发生一系列的变化，根据这些变化，可以估计分娩时间，以便做好接产工作。

（1）乳房膨大　产前半个月左右，乳房开始膨大，到产前2~3天，乳房明显膨大，可从前两个乳头挤出淡黄色黏稠的液体，当能挤出乳白色的初乳时，分娩可在1~2天发生。

（2）外阴部肿胀　约在分娩前1周开始，阴唇逐渐肿胀、柔软、皱褶展平。由于封闭子宫颈口的黏液溶化，在分娩前1~2天呈透明的索状物从阴道流出，垂于阴门外。

（3）骨盆韧带松弛　临产前几天，由于骨盆腔内血管的血流量增多，毛细血管扩张，部分血浆渗出血管壁，浸润周围组织，因此骨盆部韧带软化，臀部有塌陷现象。在分娩前1~2天，骨盆韧带已完全软化，尾根两侧肌肉明显塌陷，使骨盆腔在分娩时增大。

（4）体温变化　母牛产前1周的体温比正常体温高0.5~1℃，但到分娩前12小时左右，体温又下降0.4~1.2℃。

（5）行为发生改变　临产前子宫颈开始扩张，腹部发生阵痛，引起母牛行为发生改变。当母牛表现不安，时起时卧，频频排尿，头向腹部回顾时，表明母牛即将分娩。

2. 分娩过程

分娩过程可分为以下3个时期。

（1）开口期　从子宫开始阵缩到子宫颈完全扩张这段时期称开口期。开口期内的母牛表现轻微不安，食欲减退或废绝，尾根抬起，常做排尿状、检查脉搏每分钟达80~90次。开口期内，分娩的动力是子宫呈波浪式的阵缩，平均3~5分钟1次。由于子宫的阵缩，迫使胎儿和胎膜内的羊水进入子宫颈，从而促使子宫颈逐渐开张。以后又由于收缩，胎儿的前置部分也开始进入子宫颈，这样使得子宫颈充分开张。母牛开口期平均为6小时（1~12小时），经产母牛较快，初产母牛较慢。

（2）胎儿产出期　从子宫颈完全开张到胎儿排出母体外称为胎儿产出期。胎儿的前置部分进入产道后，阵缩和努责同时进行，腹内压显著升高，使胎儿从子宫内经产道排出。在整个产出过程中，胎头的排出较为费力，所用的时间较长，每次阵缩和努责可使胎儿前进。间歇时期，胎儿又稍回缩，特别是骨盆入口狭小时，这种进退现象更为明显。在胎头露出阴门后，母牛往往稍微休息，然后将胎儿排出体外，产出期一般为1~4小时，初产母牛较经产母牛慢，产双胎时，两胎相隔1~2小时。

（3）胎衣排出期　胎儿产出到胎衣排出称胎衣排出期。胎衣能脱离母体胎盘排出来，主要是由于母体胎盘上的血液循环减弱，胎儿胎盘的血液循环停止，绒毛由腺窝内脱离出来,加上子宫的间歇性阵缩所导致。牛的胎衣正常排出期为 4～6 小时,最多不超过 12 小时。超过这一时间的,可视为胎衣不下。

3. 接产过程

见犊牛饲养管理部分。

二、羊良种繁殖

(一)羊的发情

发情是由母羊卵巢上的卵泡发育、成熟和雌激素作用而引起的外部行为及生殖道的一系列变化的生理现象。

1. 母羊的繁殖规律

(1)初情期 母羊出生以后,随着年龄的增大,身体生长发育到一定时期时,出现第一次发情和排卵,这一时期称为母羊的初情期。初情期是性成熟的初级阶段。初情期以前,母羊的生殖道和卵巢增长较慢,不表现性活动。初情期后,随着发情和排卵,生殖器官的大小和重量迅速增长,性机能也随之发育。

母羊的初情期一般为 4～8 月龄,初情期的早迟与羊的品种、气候、营养等因素有关。一般情况下个体小、早熟品种的羊初情期较早,南方的羊初情期早于北方,农区饲养的羊初情期早于牧区的羊,山羊早于绵羊,营养状况好的羊初情期早于营养不良的羊。母羊第一次发情,有外部表现不明显或无外部表现的现象。

(2)性成熟 母羊在初情期后,生殖器官发育成熟,表现出正常的发情征状,并能正常排卵,具有繁衍后代的能力。

虽然母羊到达性成熟年龄时生殖器官已发育完全,并具备了正常的繁殖能力,但身体其他系统的生长发育还未全部完成,故性成熟时的母羊一般不宜配种。过早配种怀孕将影响母羊自身的生长发育,也将影响胎儿的正常发育。

母羊的性成熟期一般在 5～10 月龄,性成熟时羊的体重约为成年母羊体重的 40%～60%。影响性成熟的因素有品种、气候、营养等。

(3)适宜初配年龄 适宜初配年龄是指母羊第一次配种的最佳年龄。母羊的初配年龄一般为 12～18 月龄,我国农区饲养的一些羊品种(如小尾寒羊、湖羊等)为早熟品种,生长发育较快,母羊初配年龄为 6～8 月龄。广大牧区饲养的绵羊,初次配种年龄往往较晚。一般在 18 月龄或体重达到正常成年母羊体重的 70% 时,开始第一次配种。

(4)发情表现

①外部行为特征。发情母羊一般精神兴奋不安,不时高声咩叫,食欲减退,反刍和采食时间明显减少,频频排尿,摇摆尾巴,母羊间相互爬跨,遇公羊时呆立安静,并接受公羊爬跨,放牧时有离群现象。

②生殖道变化。外阴部及阴道充血、肿胀，由苍白变为鲜红色或潮红色，阴唇黏膜红肿；阴道间断地排出黏液，发情前期，黏液清亮，发情晚期，黏液呈黏稠状；子宫颈松弛，子宫颈口开张。

③卵巢变化。母羊一般在发情开始前 3～4 天，卵巢上的卵泡开始生长，至发情前 2～3 天卵泡迅速发育，卵泡内膜增生，卵泡液分泌增多，卵泡体积增大，卵泡壁变薄而突出于卵巢表面。至发情征状快消失时卵泡已发育成熟，卵泡体积达到最大。在激素的作用下，卵泡壁破裂，卵子从卵泡内排出，即排卵。

绵羊和山羊的发情周期不同，在正常情况下，绵羊的发情周期是 16～17 天，山羊的发情周期为 21 天。不管是绵羊还是山羊，发情周期是 16～17 天，还是 21 天，其生殖器官发生着一系列变化，外部也表现出相应的规律性特点。

（5）发情持续期和排卵时间

①发情持续期。母羊从发情开始到发情结束所经历的时间称为发情持续期。绵羊的发情持续期为 24～36 小时，山羊为 24～48 小时。

②排卵时间。绵羊和山羊的排卵均属于自发性排卵，即卵巢上的卵泡生长发育成熟后自行破裂排出卵子。排卵时间，绵羊通常在发情开始后 24～27 小时，山羊在 24～36 小时。

2. 母羊的发情鉴定

发情鉴定就是将发情的母羊从羊群中辨认出来，以便准时配种。掌握母羊发情鉴定技术，确定准确的输精时间非常重要。常见的母羊发情鉴定方法主要有外部观察法、试情法和阴道检查法 3 种。

（1）外部观察法　观察母羊的行为特征和外部生殖器官的变化，这是鉴定母羊是否发情最基本、最常用的方法，小规模养殖常用此方法判断母羊是否发情。

发情母羊一般精神兴奋不安，不时高声咩叫，摇尾，遇公羊时呆立安静，并接受公羊爬跨。同时，食欲减退，放牧时有离群表现。发情母羊的外阴部及阴道充血、肿胀、松弛，并有黏液流出，发情前期，黏液清亮，发情晚期，黏液呈黏稠状。

（2）试情法　在配种期内，每日定时（一般是早、晚各 1 次）将试情公羊放入母羊群中，让公羊自由接触母羊，挑出发情母羊，但不能让试情公羊与母羊交配。

试情公羊应挑选 2～4 岁体质健壮、性欲强的公羊，试情期间适当添草补料，保证精力充沛。

①试情公羊的准备。为了防止试情公羊在试情中与发情母羊交配而造成发情母羊怀孕，常采取以下几种方法对试情公羊进行处理。

②试情布法。取长 60 厘米、宽 40 厘米的细软白布，四角缝上布带，拴在试情公羊腰部，将阴茎兜住，不影响公羊性行为和爬跨母羊，公羊能照常射精，但阴茎不能进入母羊阴道内，精液被试情布阻挡住，不能进入发情母羊的阴道和受精部位。采用

此法时，试情布要及时更换、清洗，以免试情布发硬，损伤公羊阴茎。试情时不能长时间使用同一只公羊，应轮换使用，保持试情公羊的旺盛精力。

③公羊输精管结扎法。公羊右侧躺卧保定，将左后肢向前牵引固定，以充分暴露术部。采用精索内神经传导麻醉法，每侧精索内注射2%～5%盐酸普鲁卡因各6毫升。阴囊后侧面、阴囊颈部稍上方中线两侧的凹陷处为手术切口部位。术前对术部进行剃毛、清水冲洗，用0.1%新洁尔灭清洗，在术部涂碘酊消毒，再用酒精棉球脱碘，然后盖上创巾即可手术。一般先做右侧输精管结扎，再以同样方法做左侧输精管结扎。助手握住睾丸将阴囊拉紧，在切口处做2厘米长的纵向切口，依次切开皮肤、筋膜、鞘膜，然后在精索内侧面找出输精管并分离。输精管呈灰白色，质地较硬，用缝线将输精管做双重结扎。两结扎点之间应有一定距离，在两结扎点间剪断输精管0.5～1厘米，然后用螺旋缝合法缝合精索鞘膜，用结节缝合法缝合皮肤。术后每天在切口上涂擦碘酊1次，7～10天拆线，20天即可投入使用。其性欲与未做输精管结扎的公羊相比无差异，睾丸和阴囊形态也无异常变化。

④试情公羊阴茎移位。通过手术将试情公羊的阴茎转向左侧或右侧，使公羊在爬跨母羊时阴茎不能进入母羊阴道内，待切口愈合后即可用于试情。

⑤试情方法。把试情公羊放入母羊群，如果母羊主动接近试情公羊，并接受试情公羊的爬跨，认为该母羊为发情羊。有时在试情公羊腹下佩戴一种专用的着色装置，当母羊接受爬跨时，母羊背上会留下着色标记，母羊背部有颜色的视为发情羊。发现发情羊后，要尽快将发情羊抓出放到另一圈内，否则试情公羊可能一直追逐该发情母羊，而耽误寻找其他发情母羊。

母羊群应放在试情圈内，试情圈地面要干燥，大小适中，圈大羊少，会加大试情公羊的活动量，圈小羊多，容易漏选、错选发情母羊。试情圈面积以每只羊1.2～1.5米^{2}为宜。试情公羊的头数应为母羊数的3%～5%，试情时可分批轮换使用试情公羊。试情结束后，试情公羊要与母羊分开。

（3）阴道检查法　用清洁、消好毒的开膣器插入母羊阴道内，借助光线观察生殖道内的变化，如果阴道黏膜的颜色潮红充血，黏液增多，子宫颈潮红，颈口张开，可判定母羊已发情。该方法常与人工授精技术结合使用，当用外部观察法、试情法发现母羊发情后，在人工授精的输精时通过观察阴道的变化确定母羊是否真正发情，是否应输精。

（二）母羊的配种

1. 配种时间的确定

主要依据羊场所在地区的产羔时间、年度生产计划以及年产羔胎次的安排决定。年产1胎的母羊，有冬季产羔和春季产羔两种，产冬羔配种时间为8—9月，翌年1—2月产羔；产春羔配种时间为11—12月，翌年4—5月产羔。一年两产的母羊，可于4月初配种，当年9月初产羔，10月初第二次配种，翌年3月初产第二胎。两年三产的母羊，第一年5月配种，10月产羔，第二年1月配种，6月产羔，9月配种，第三年2月产羔。

羊场要根据年出售羊的情况以及市场需求状况合理安排配种时间。为了进一步分析羊最适宜的配种时间，应把产冬羔和产春羔的优缺点作一比较。产冬羔的主要优点是：母羊在怀孕期，由于营养条件比较好，所以羔羊初生重大，在羔羊断乳以后就可以吃上青草，因而生长发育快，第一年的越冬度春能力强；由于产羔季节气候比较寒冷，因而肠炎和羔羊痢疾病的发病率比春羔低，故羔羊成活率比较高；绵羊冬羔的剪毛量比春羔的高。但是，在冬季产羔必须贮备足够的饲草饲料和准备保温良好的羊舍，同时，劳力的配备也要比产春羔的多，如果不具备上述条件，产冬羔则会给养羊业生产带来损失。产春羔时，气候已经开始转暖，因而对羊舍的要求不严格，同时，由于在哺乳前期已能吃上青草，能分泌较多的奶汁哺乳羔羊，但产春羔的主要缺点是母羊在整个怀孕期处在饲草饲料不足的冬季，由于母羊营养不良，因而胎儿的个体发育不好，初生重比较小，体质弱，这样的羔羊，虽经夏秋季节的放牧可以获得一些补偿，但是，紧接着冬季到来，这样的羔羊比较难以越冬度春；绵羊在翌年剪毛时，无论剪毛量，还是体重，都不如冬羔高；另外，由于春羔断乳时已是秋季，故对断乳后母羊的抓膘有影响，特别是在草场不好的地区，对于母羊的发情配种及当年的越冬度春都有不利的影响。

2. 发情期配种时机的确定

母羊发情后要适时配种才能提高受胎率和产羔率。绵羊排卵时间一般都在发情开始后20～30小时，山羊排卵时间在发情开始后24～36小时。成熟的卵子排出后，在输卵管中存活时间为4～8小时，公羊精子在母羊生殖道内受精作用最旺盛的时间约为24小时，为了使精子和卵子得到充分的结合机会，最好在排卵前数小时内配种，所以最适当的配种时间是发情后12～24小时（发情中期）。为准确地把握受孕时机和提高受胎率，可在第一次配种12小时后，再进行1次重复配种。

3. 配种的方法

（1）自然交配　自然交配是养羊业中最原始的配种方法，这种配种方法是在母羊的繁殖季节，将公、母羊混群放牧，任其自由交配。

（2）人工辅助交配　为了克服自然交配的缺点，但又不须进行人工授精时，可采用人工辅助交配法，即公母分群放牧，到配种季节每天对母羊进行试情，然后把挑选出来的发情母羊与指定的公羊进行交配。采用这种方法配种，可以准确登记公母羊的耳号及配种日期，从而能够预测分娩期，节省公羊精力，提高受配母羊头数，同时也比较有利于羊的选配工作进行。

（3）人工授精　人工授精是利用器械采集公羊的精液，经检查和处理后，再利用器械将精液输入发情母羊的生殖道内，以达到受精目的而繁殖后代的一种配种技术。生产中主要是输精技术，适时而准确地把一定量的优质精液输到发情母羊的子宫颈口

第一章 规模化生产牛羊品种与繁殖

内,这是保证母羊受胎、产羔的关键。

①输精前的准备。输精前所有的器材要消毒灭菌,输精器和开膣器最好蒸煮或在高温干燥箱内消毒。输精器以每只羊准备1支为宜,若输精器不足,可在每次使用完后用蒸馏水棉球擦净外壁,再以酒精棉球擦洗,待酒精挥发后再用生理盐水冲洗3~5次,才能使用。连续输精时,每输完1只羊后,输精器外壁用生理盐水棉球擦净,便可继续使用。输精人员应穿工作服,手指甲剪短磨光,手洗净擦干,用75%酒精消毒,再用生理盐水冲洗。

把待输精母羊赶入输精室,如没有输精室,可在一块平坦的地方进行。母羊的保定,正规操作应设输精架,若没有,可采用横杠式输精架。在地面上埋两根木桩,相距1米,绑上一根5~7厘米粗的圆木,距地面约70厘米,将待输精母羊的两后腿担在横杠上悬空,前肢着地,1次可同时放3~5只羊,输精时比较方便。另一种简便的方法是由一人保定母羊,使母羊自然站立在地面上,输精员蹲在输精坑内。还可以由两人抬起母羊后肢保定,高度以输精员能较方便找到子宫颈口为宜。

②适宜的输精时间。母羊的发情持续期为24~36小时,排卵时间是在发情终止时,卵子维持受精能力的时间为16~21小时,精子在母羊生殖道内可存活34~40小时,所以在母羊发情开始后10~36小时内输精为宜。一般根据试情制度,早、晚各输精1次。次日仍发情的母羊,应进行第3次输精。

③输精量。新鲜原精一般输入0.05~0.1毫升。稀释精液(2~3倍)一般输入0.1~0.3毫升。

④输精部位。由于母羊子宫颈细长,宫腔内有5~6个横向皱褶,因此要把精液直接输入子宫内是比较困难的,需要仔细操作,才有可能达到在较深部位输精的目的。一般输精应在子宫颈口内0.5~1.5厘米处。

对于初配母羊,可以采用倒立、阴道底部输精法或进行阴道输精法,输精量要加倍。

⑤输精方法。将待配母羊固定在输精架上,用高锰酸钾水消毒其外阴部及周围,输精员右手持输精器,左手持开膣器,先将开膣器慢慢插入阴道,再将开膣器轻轻打开,寻找子宫颈。子宫颈附近黏膜颜色较深,当阴道打开后,向颜色较深的方向寻找子宫颈口,一般可以顺利找到。找到子宫颈后,将输精器前端插入子宫颈口内0.5~1.0厘米深处,用拇指轻压活塞,注入精液。精液注入后,先将输精器抽出,后将开膣器取出。在取开膣器时,勿使其合拢太紧,以免夹破阴道黏膜。

初配母羊,阴道狭窄,开膣器插不进或打不开,无法找到子宫颈时,只能采用倒立、阴道底部输精法或进行阴道输精,输精量要加倍,即由保定人员把母羊后腿提起倒立,用两腿夹住羊的体躯进行固定,然后输精员进行输精操作。

输精后的母羊应保持2~3小时的安静状态,不要接近公羊或强行牵拉。

⑥输精记录。母羊输精后,要及时记录输精母羊号、年龄、输精日期、精液类型、与配公羊号、精液稀释倍数。

(三)母羊的妊娠

1. 母羊的妊娠诊断

妊娠诊断是家畜繁殖工作中的一项重要技术措施,无论是给母畜配种,还是胚胎移植,都需要尽早作出判断。这对于保胎、减少空怀、及时分群、合理饲养管理、提高移植妊娠成功率、缩短产仔间隔、实现多胎高产、提高繁殖率及经济效益,都具有极其重要的意义。

母羊常用的妊娠诊断方法主要有以下几种。

(1)外部观察法 母羊在妊娠后,一般表现为周期发情停止,食欲增加,营养状况改进,毛色光亮,性情变得温顺起来,行为也变得谨慎安稳,到妊娠3~4个月时,腹围增大,妊娠后期腹壁右侧较左侧更为突出,乳房胀大。这种方法不适用于早期妊娠诊断。

(2)触诊棒法 母羊在触诊前应停止喂料12小时。触诊时,母羊仰卧保定,用肥皂灌肠,排出直肠的宿粪,然后将涂有润滑剂的触诊棒(直径1.5厘米,长度为50厘米,前端弹头形,光滑的木棒或塑料棒)插入肛门,贴近脊柱,向直肠内插入39厘米左右,然后一手把棒的外端轻轻下压,使直肠的一端稍微挑起,以托起胚胎。同时另一只手在腹壁触摸,如能触摸到块状实体,则为妊娠;如果触到触诊棒,应再使棒回到脊柱处,反复挑动触摸,如仍然摸到触诊棒即为未怀孕。以此法检查怀孕60天的母羊,准确率可达95%,85天以后的母羊为100%。但要注意防止直肠损伤,配种超过100天的母羊应慎用。

(3)超声波诊断法 这种方法是利用超声波的物理特性,通过探测羊的胎动、心跳及子宫动脉的血流来判断母羊是否妊娠。目前使用的超声波诊断仪主要是B型超声诊断仪,同时发射多束超声波,在一个探测面上进行扫描,显示的是被检查部位的一个切面断层图像,诊断结果较准确。

2. 推算预产期

羊从开始怀孕到分娩的这段时期称为妊娠期,羊的妊娠期为150天左右,但随品种、个体、年龄、饲养管理条件的不同而异,如早熟的肉毛兼用或肉用绵羊品种的妊娠期较短,平均145天左右,细毛羊品种妊娠期150天左右。羊的预产期可用公式推算,即配种月加5,配种日期数减2。例如,如果一母羊在2024年6月19日配种,则该羊的产羔日期预计在2024年11月17日;如果在2024年10月16日配种,则该羊的预产期在2025年的3月14日。

(四)羊的分娩与接产

1. 分娩征兆

母羊产前1周左右乳房膨大,乳头直立,能挤出少量黄色乳汁。阴门肿胀潮红,有时流出浓的黏液。临产前骨盆韧带松弛，腹部下垂，行动迟缓，排尿次数增加，食欲减退，甚至停止反刍。起卧不安，不时回顾，有时用蹄刨地，喜卧墙角，咩叫。当发现母羊卧地，四肢伸直，努责，肋部下陷时就要产羔。

2. 产前准备

（1）接羔棚舍及用具的准备　我国地域辽阔，各地自然生态条件和经济发展水平差异很大，接羔棚舍（在较寒冷地区可用塑料暖棚）及用具的准备，应因地制宜，不能强求一致。如青海省规定：300只产羔母羊至少应有接羔室90米^2，有条件的单位面积还可更大一些，暂时没有条件修建接羔室者，应在羊舍内临时修建接羔棚；每个产羔母羊群至少要有10个分娩栏，50～80个护腹带，2～4个接羔袋。新疆要求冬产母羊每只应有产羔舍面积2米^{2}左右，分娩栏为产羔母羊数的10%～15%。

产羔工作开始前3～5天，必须对接羔棚舍、运动场、饲草架、饲槽、分娩栏等进行修理和清扫，并用3%～5%的碱水或10%～20%的石灰乳溶液或其他消毒药品进行比较彻底的消毒。消毒后的接羔棚舍，应做到地面干燥、空气新鲜、光线充足、挡风御寒。

接羔棚舍内可分大、小两处，大的一处放母子群，小的一处放初产母子。运动场内亦应分成两处，一处圈母子群，羔羊小时白天可留在这里，羔羊稍大时，供母子夜间停宿；另一处圈待产母羊群。

（2）饲草、饲料的准备　在牧区，在接羔棚舍附近，从牧草返青时开始，在避风、向阳、靠近水源的地方用土墙、草坯或铁丝网围起来，作为产羔用草地，其面积大小可根据产草量、牧草的植物学组成以及羊群的大小、羊群品质等因素决定，但至少应够产羔母羊1.5个月的放牧用为宜。

有条件的羊场及农、牧民饲养户，应为冬季产羔的母羊准备充足的青干草、质地优良的农作物秸秆、多汁饲料和适当的精饲料等；对春季产羔的母羊也应准备至少可以舍饲15天的饲草饲料。

（3）接羔人员的准备　接羔是一项繁重而细致的工作，因此，每群产羔母羊除主管牧工以外，还必须配备一定数量的辅助劳动力，才能确保接羔工作的顺利进行。

每群产羔母羊配备辅助劳力的多少，应根据羊群属于什么品种、羊群的质量、畜群的大小、营养状况、是经产母羊还是初产母羊，以及各接羔点当时的具体情况而定。

产羔母羊群的主管牧工及辅助接羔人员，必须分工明确，责任落实到个人。在接羔期间，要求坚守岗位，认真负责地完成自己的工作任务，杜绝一切责任事故发生。对所有参加接羔的工作人员，在接羔前组织学习有关接羔的知识和技术。

（4）兽医人员及药品的准备　在产羔母羊比较集中的乡村，应当设置兽医站（点），购足防治在产羔期间母羊和羔羊常见病的必需药品和器材。除平时值班兽医1人外，还应临时增加1人，以便巡回检查，做到及时诊治。此外，对一些常见病、多发病，可将预防药物按剂量包好，交给经过培训的放牧员，按规定及时投服。

3. 接产

（1）临产母羊的征状　母羊临近分娩时，乳房胀大，乳头竖立，手挤时可有少量浓稠的乳汁；骨盆韧带松弛，尾根两侧下陷，腹部下垂，肷窝凹陷，阴唇肿大潮红、有黏液流出；行动迟缓，排尿频繁，时而回头顾视腹部，常单独呆立墙角或趴卧，四肢伸直，不爱吃草，站立不安，有时咩叫，前肢挠地，临产前有努责现象。发现上述现象，应快速送入产房，用温水洗净外阴部、肛门、尾根、股内侧和乳房，用1%～2%来苏尔溶液消毒。

（2）正常接产　绵羊一般情况下都是顺产。羊膜破水后不久，羔羊的双蹄及嘴、角、头顶露出落地。胎羔脱离母体后，要及时把嘴鼻、耳中的黏液掏拭干净，以免呼吸时吞咽羊水。羔羊身上的黏液要让母羊舔干，以增加母爱和识别自己所生的羔羊，母性差的羊不舔羔身的黏液，要在羔羊身上撒些炒香的玉米面、豆面等料面，诱其舔食。如果寒冬季节露天或产房内温度过低时，要注意把羔羊用布或干草擦干，以免受凉感冒和冻死，但是要防止异味感染，引起母羊拒绝羔羊吮奶。产下的羔羊如有胎衣包被时，要及时撕破，使羔羊露出。羔羊出生后一般都是自己扯断脐带，等其扯断后用碘酒消毒。如其脐带不能自己扯断，则进行人工扯断或剪断，但剪刀必须是严格消过毒的。扯（剪）断处不能距羔羊腹部太近。要在4～5厘米处，然后立即用碘酒消毒。

（3）难产处理　初产母羊应及时助产。阴道狭窄、母羊体弱、胎儿过大等均可引起难产。助产的方法是拉出胎羔。在破水后30分钟，如母羊努责无力，羔羊仍未产出，即可助产，助产人员应将手指甲剪短、磨光，消毒手臂，涂上润滑油，先将羔羊两前肢反复拉出送入，然后一手拉前肢，一手扶头，随母羊努责，慢慢向下拉出。切忌用力过猛，或不配合努责节奏硬拉而拉伤阴道。助产应及时，过早不行，过迟母羊精力消耗太大，羊水流尽不易产出。

难产有时是由胎位不正引起的，常见的胎位不正有头出前肢不出，前肢出头不出，后肢先出，胎儿上仰，臀部先出，四肢先出等，此时要先弄清楚属于哪种不正胎位，然后用手将胎儿露出部分送回阴道，将胎儿轻轻摆正，转为正胎位，让母羊自然产出胎儿或随母羊有节奏努责，将胎儿拉出。

（4）假死羔羊的处理　羔羊出生后，如不呼吸，但发育正常，心脏仍跳动，称为假死。原因是羔羊吸入羊水，或分娩时间较长，子宫内缺氧等。处理方法：一是提起羔羊两后肢，悬空并不时拍击背和胸部；二是让羔羊平卧，用两手有节奏地推压胸部两侧，经过这些处理，短时假死羔羊多能复苏。

4. 产后护理

加强母羊产羔前及产羔后的饲养，保证足够的营养，满足泌乳需要，使羔羊吃到足够的奶水。如果羔羊产后无奶或缺奶，就要及时进行人工哺乳，以保证羔羊的正常生长发育。一般羔羊的损失主要在出生至产后的1个月以内,加强这一时期的管理对于提高羔羊总体成活率非常重要。对羔羊的护理应当做到"三防、四勤",即防冻、防饿、防潮和勤检查、勤配奶、勤治疗、勤消毒。另外,加强怀孕后期的母羊管理,防止不良刺激的影响,避免流产的发生也是提高羊产羔率的一个重要环节。

三、牛羊繁殖新技术

(一)发情控制技术

发情控制技术就是采用某些激素、药物或饲养管理等措施,人为地干预母畜个体或群体的发情排卵过程,以不断提高家畜繁殖力的一种应用技术。发情控制技术包括诱导发情、同期发情和超数排卵3项技术。

(二)胚胎移植技术

胚胎移植技术就是采用一定的方法将良种母畜(供体)的多枚早期胚胎从体内取出,移植到相同生理状态的另一头母畜(受体)的子宫内或输卵管内的过程。

供体:提供胚胎的雌性动物,一般为优良品种动物、稀有动物或具有特殊用途动物。

受体:接受胚胎的雌性动物,一般为数量多、价格便宜、价值低的动物。

供体决定仔畜的遗传特性,受体只影响其体质发育。

(三)体外受精技术

体外受精技术是指卵子的受精在体外进行。受精的关键在于精子能否穿过放射冠细胞和透明带而进入卵细胞,最终则视卵子是否继续发育而卵裂。

(四)性别控制技术

性别控制技术是指通过人为地干预并按人们的愿望使雌性动物繁殖出所需性别后代的一种繁殖新技术。

受精之前通过在体外对精子进行干预,使在受精之前便决定后代的性别。受精之后通过对胚胎性别进行鉴定,从而获得所需性别的后代。

(五)胚胎分割技术

胚胎分割技术就是利用机械分割的方法将一个胚胎分割为若干等份,使分割的胚胎都能发育成个体的过程。

第二章 规模化牛羊场的建筑与设备

第一节 选址与规划设计

一、规模化生产牛羊场的选址

规模化生产牛羊场选址的总原则是：符合当地土地利用发展规划，与农牧业发展规划、农田基本建设规划等相结合，科学选址，合理布局。

（一）选址的自然约束条件

1. 自然气候

我国各地气温、光照、风速、降水、极端气候条件不同，因此，因地制宜、按照牛羊的生理和生产要求选择适宜的建场地区是必要的。不管畜种及生产目标有何差异，建场地应是气候温和、四季分明、雨量充沛、无霜期长、春冬季温和稳定，适合多种牧草生长和牛羊养殖，有利于生长、繁殖、产奶、产毛。天然、绿色、安全的生产环境为有机牛羊生产提供基础。

2. 地势地形

（1）地势　应建在地势高燥、背风向阳、地下水位较低，具有一定缓坡而总体平坦的地方，不宜建在低凹、风口处。低洼潮湿的场地，不利于牛羊的体热调节和身体健康，而利于病原微生物和寄生虫的生存，并严重影响建筑物的使用寿命。在山区、谷地、山坳中建场，畜舍排出的污浊空气会长时间停留和笼罩该地区，造成空气污染。山区建场，应选择较为平坦、背风向阳的坡地，这种场地具有良好的排水性能，阳光充足并能减弱冬季寒风的侵害，坡度不宜太大，否则不利于生产管理与交通运输。在地形较平坦的地区建场，应需要1%～3%的坡度，既可避免山洪雨水的冲击与淹没，也便于场内污水排出，保持场内干燥；但如果坡度过大，建筑施工不便，也会因雨水长年冲刷而使场区坎坷不平。

（2）地形　开阔整齐，不要过于狭长或边角太多，场地狭长往往影响建筑物合理布局，拉长了生产作业线、生产联系不便，同时也增加场区卫生防疫的难度。此外，应留有余地，保证今后发展的需要。牛羊场不应建在山坡的北坡上，否则常年易遭北风侵袭。

3. 土质

土壤以砂壤土、沙土较为理想，透气性好，不利于病原微生物的繁殖，黏土不适宜。必须重视当地的土壤卫生状况，选择的地段应没有发生过大规模牛羊传染病，否则，需要对土壤进行卫生消毒处理。

4. 水源和水质

（1）水源　牲畜的饮水、圈舍和用具的洗涤、员工生活与绿化的需要等都要使用大量的水，必须有一个可靠的水源。总的要求是水量充足，能满足生产、生活各种用水，并应考虑贮草库防火和未来发展的需要；水源不受周围环境条件的污染，不经处理即能符合饮用标准的最为理想；取用方便，设备投资少，处理技术简便易行。

（2）水质　水质良好，符合中华人民共和国农业行业标准《无公害食品　畜禽饮用水水质》（NY 5027—2008）要求。水中无病原微生物和有害物质。一般来说，饮用自来水水质较可靠；地面水要调查附近工厂、农业生产、畜牧场污水与杂物的排入情况，最好在河、湖、塘库边设岸边砂滤井，对水源做一次渗透过滤处理。地下深井水应请卫生防疫站进行水质分析，以保证牲畜和场内职工的健康，保证畜产品安全。

（二）选址的社会因素

1. 地理位置

场址上游地区无严重排污厂矿，避开居民点排污水口，应距城镇10千米以上。按照规模牛羊场技术规范要求：应距村庄居民点、学校、医院、饲养场、牲畜市场、兽医诊疗、屠宰、制革、化工厂等单位不少于1千米以上（种牛羊场建设还应扩大距离），并且必须建设在城乡建设区常年主风向的下风口。禁止在自然风景保护区、城乡居民取水水源区、风景旅游区以及易发洪水、排洪、滑坡、泥石流等自然灾害威胁区建场；严禁在自然灾害频繁及寄生虫污染危害区建场。

2. 交通便利

所选场址宜建专用道路与主干公路相连，便于草料、产品、粪便、能源运输，但与主干道保持一定的距离：距离高速公路、铁路等主要交通干线和河流1千米以上，距离乡村公路不低于500米，交通便利。

3. 安全防疫

整个牧场的环境要便于执行各项卫生防疫制度。能够防火防盗，保证生产安全。种牛羊场的建设要求周边2千米无同类家畜。

4. 草料基地及能源供应

草食牲畜采食量大，多为放牧饲养，牧场建设要与草料供应相结合，就近使用当地草料资源和农作物秸秆，减少运输成本劳动生产率。同时考虑具有一定的越冬饲料生产基地。输电线短，电力供应有保证，有一定的能源供应条件。

5. 不占或少占用可耕地

尽可能利用非耕地，牧场场址的选择要有周密考虑、统筹安排和比较长远的规划，必须与当地农牧业发展规划、农田基本建设规划以及今后发展的需要相结合。所选场址要有发展的余地。奶牛场建设应靠近乳品加工厂。

6. 符合地方政府城建及土地利用规划

严禁在畜禽禁、限养殖区建场，同时考虑左邻右舍的社会关系，无土地征租用地矛盾。

7. 粪污消纳

应有一定的粪污消纳能力，按照生态牧场要求每个牲畜单位需 $650 \sim 1\,300$ 米^2 的农耕地消纳粪污，实现生态养殖。

二、规划布局及功能分区

应因地制宜和科学饲养的要求，合理布局，统筹安排。场地建筑物、构筑物的配置应做到紧凑整齐，提高土地利用率，缩短道路和供水管道，有利于生产和便于防火、防疫。

（一）牛羊场规划的原则

1. 适宜的畜牧生产环境

在修建畜舍时，必须符合牛羊对各种环境条件的要求，包括温度，湿度，通风，光照，空气中的二氧化碳、氨、硫化氢等，为牛羊创造适宜的气候环境，可以使其充分发挥生产潜力，提高饲料利用率。

2. 符合生产工艺要求

场地规划必须符合生产工艺、畜群的组成和周转方式的要求。科学的规划布局是保证生产顺利进行和畜牧兽医技术措施实施的前提。不按生产工艺流程建筑，必将给生产造成不便，甚至使生产无法进行。

3. 符合卫生防疫要求

修建牛羊舍时还应特别注意卫生要求，以利于兽医防疫制度的执行。要根据防疫要求合理进行场地规划和建筑物布局，确定畜舍的朝向、间距、设置消毒设施，合理安置污物处理设施。

4. 经济合理、技术可行

牛羊舍修建充分利用场区原有的地形地势；有效利用原有的水、电、路基础设施；

尽量利用自然光照、通风、粪污处理而调整牛羊舍朝向；采用当地建筑施工习惯，就地取材；适当减少附属用房面积，从而降低工程造价和设备投资，以降低生产成本。

5. 节约国土资源

既要满足生产需要，又要节约国土资源。北方草地可以根据"休牧还草"计划，建设可移动牧场。

（二）场区的规划

从地势、主导风向和人畜保健的角度出发，一般牛羊场按功能分为4个区，即生活管理区、生产辅助区、生产区、隔离粪污区。使区间建立最佳生产联系和环境卫生防疫条件。

1. 生活管理区

生活管理区包括居民点、住房、水塔、食堂、办公室、门卫、消毒室、卫浴室，应在全场上风和地势较高的地段，依次为生产辅助区、生产区、隔离粪污区。这样的配置使牛羊场产生的不良气味、噪声、粪便和污水等不致因风向与地表径流而污染居民生活环境，防止人畜共患疫病的相互影响，同时也为防止无关人员乱窜而影响防疫。

2. 生产辅助区

又称为生产管理区，包括饲料加工厂、青贮池、干草棚、水电、锅炉、运输及工具保管、场部经营活动等与社会有密切联系的建筑物。在规划时，这个区的位置应有效利用原有的道路和输电线路，充分考虑饲料和生产资料的供应、产品的销售等。生产管理区产供销的运输与社会联系频繁，为防止疫病传播，故场外运输车辆（包括牲畜）、人员只能在管理区活动，不得进入生产区，故此应加强消毒防疫设施的建设，严禁无关人员及车辆进入生产区。

在规模化牛场，奶、肉制品加工制作将成为牛场经营的组成部分，应独立组成加工生产区。

3. 生产区

生产区是牛羊场的核心，包括饲料加工调制、各种牛羊舍、运动场、挤奶厅、乳品处理、人工授精室、兽医室、药浴池、剪毛间等。对生产区的规划布局应给予全面细致的考虑。有的将草料供应及加工调制纳入生产区管理，其位置的确定必须同时兼顾饲料由场外运入，再运到牛羊舍进行分发这两个环节。

4. 隔离粪污区

包括病畜隔离治疗、粪污处理、无害化处理，沼气及污水应规划在远离畜舍地势较低处。

不同畜种、生产类型在规划布局平面上有差异，但都是围绕动物卫生防疫和生产工艺流程，需要建设种公畜舍及配种（人工授精）室、种母畜舍、产房或挤奶厅、育羔犊舍、待售或培（选）育舍、育肥舍，同时还有其他生产功能用房，如水塔、青贮塔、干草棚、精饲料仓库及加工、饲草饲料调制、兽医及技术服务、运动场，以及药浴池病畜隔离及治疗、粪污处理、锅炉、配电，有的还涉及产品初加工保管。不论哪种牛羊场布局功能区，总的要求是满足生产工艺和兽医防疫的基本要求。其综合性牛羊场的平面布局示意见图2-1。

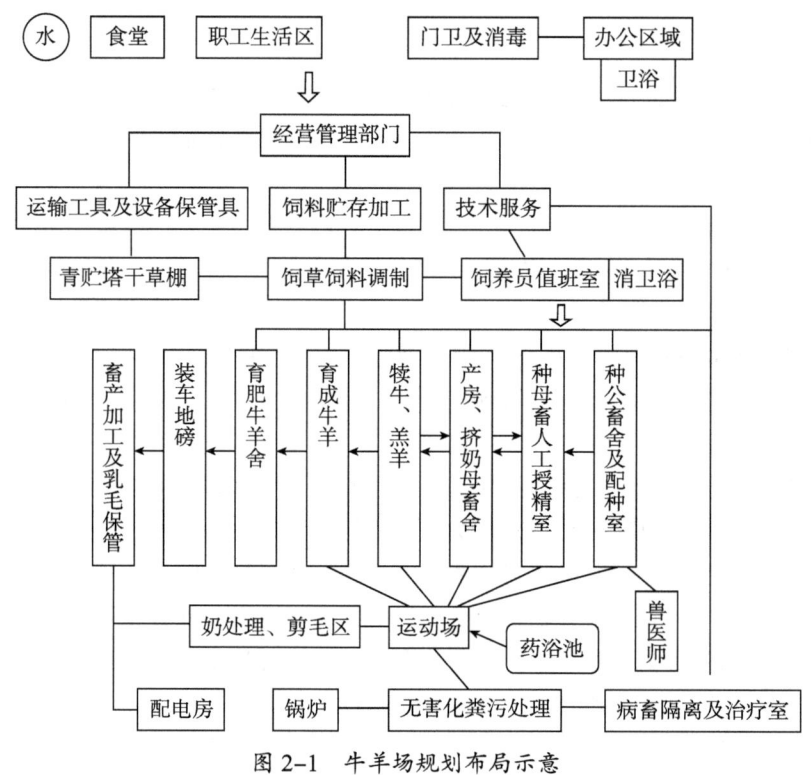

图2-1 牛羊场规划布局示意

第二节 规模化牛场的建筑设计

一、牛舍的类型

（一）肉牛舍

1. 封闭式牛舍（又称为标准牛舍）

封闭式牛舍四面有墙和窗户，顶棚全部覆盖，按外形常用的有钟楼式、半钟楼式、双坡式、平顶式 4 种牛舍；按内部母牛的排列方式分单列式、双列式和四列式等。

钟楼式：通风良好，但构造比较复杂，耗料多，造价高，不便于管理。

半钟楼式：通风较好，但夏天牛舍背侧较热，构造亦复杂。

双坡式：加大门窗面积可增强通风换气，冬季关闭门窗有利于保温，牛舍造价低，可利用面积大，易施工，适用性强。

单列封闭牛舍只有一排床，舍宽 6 米，高 2.6～2.8 米，平顶或脊形舍顶，牛舍跨度小、易建造、通风好，但散热面积相对较大。单列封闭牛舍适用于小型牛场。

双列封闭牛舍内设有两排牛床，两排牛床多为对头式饲养，中央为饲养通道。舍宽 10～12 米，高 2.7～2.9 米，脊形棚顶。双列式封闭牛舍适用于规模较大的肉牛场，以每栋牛舍饲养 100 头牛为宜。

现代牛场还有四列式、六列式牛舍，便于集中管理规模养殖。

2. 塑料暖棚牛舍

塑料暖棚牛舍是近年北方寒冷地区推出的一种较保温的半开放舍。牛舍三面全墙，向阳一面有半截墙，有 1/2～2/3 的顶棚。向阳的一面在温暖季节露天开放，寒季用钢筋、竹片支架上覆单层或双层塑料，两层膜间留有间隙，使牛舍呈封闭的状态，借助太阳能和牛体自身散发热量，使牛舍温度升高，防止热量散失。

3. 开放式牛舍

牛舍三面有墙，向阳一面敞开，有部分顶棚，在敞开一侧设有围栏，水槽、料槽设在栏内。国外开放式围栏肥育牛舍跨度较小，牛的休息场所与活动场所合为一体，牛可以自由进出，每头牛占有面积，包括舍内和舍外场地，为 4.1～4.7 米^2。

屋顶防水层可以用石棉瓦、油毡、瓦等。围栏一侧留有活动门，宽度以可以通过小型拖拉机为宜，以保证垫草的运输和清粪工作。后墙的一侧留有小门，主要方便人和牛的进出，保证日常管理工作的进行，门的宽度以能通过单个牛为宜，这种牛舍具有结构紧凑、造价低廉的特点，但冬季防寒性能差。

4. 棚舍式围栏肥育牛舍

多为东西走向双坡式，棚舍四周无围墙，仅有水泥柱作支撑结构，屋顶结构与常规牛舍近似，采用双列对头式槽位，中间为给料通道。如北京市房山区窦店镇望楚村的围栏肥育棚舍长 60 米、跨度 10 米，舍两侧分别设 5 米宽的运动场，设 12 个围栏，每栏面积 60 米^2，可养育肥牛 15 头。中间设给料通道宽 2 米，可行人、走车、拌饲料。近年来根据各地试用情况，棚舍跨度还可缩减到 8 米，围栏面积不变，可保证生产，进一步降低造价。

有些地区采用上述结构的棚舍，但棚舍跨度更小，只有 5～6 米，不足以遮盖两侧牛体的一半，但在雨雪条件下，起到保护饲槽、牛头部的作用，饲养人员也便于操作。在温暖地区仍不失为一种简单实用的围栏肥育棚舍。

（二）奶牛舍

1. 成年奶牛舍

成年奶牛舍是奶牛场的主要建筑，我国农业农村部已有《标准化奶牛场建设规范》（NY/T 1567—2007）、《标准化养殖场奶牛》（NY/T 2662—2014）等多项奶牛养殖场建设规范标准，建场时要具体参考。

（1）对尾式双列舍　对尾式双列纵向排列舍，中间为清粪尿通道，两侧边各有一条饲养通道，其优点因为牛头向窗，有利于通风采光；传染疾病的机会少；挤奶及清理粪便工作共用中间通道，操作方便，也有利于发情观察，缺点是饲养喂料不便，需增加1倍饲料运输线路。

（2）对头式双列舍　对头式双列纵向排列舍，中间为饲养通道，可节省50%饲料运输线路，有利于观察奶牛采食情况，但挤奶、清粪尿分散在两边，影响工作效率。

成年牛舍床位可以根据奶牛规模确定，但是一般每栋牛舍不超过100头，跨度12米，开间3.6～4米。两类牛舍各有优缺点，各地根据实际情况确定。目前，部分奶牛场设计挤奶厅，机械化集中挤奶，或者使用移动式挤奶机，对头式双列舍占有优势。

2. 育成牛舍

育成牛舍没有特殊要求，总的要求是通风、向阳、地面坚实、易于清扫洗刷、排水良好。可以通栏散养，在舍内设草料槽、自动饮水，如果牛群较大，为防止拥挤和互相顶撞，可设颈枷以避免饲喂时发生事故。在运动场上有饮水槽、遮阳雨棚，在寒冷地区要有"暖"圈，圈舍内温度最好保持在7～10℃，南方地区可以用棚舍饲养。

3. 产房及犊牛舍

规模化牛场要专建产房，数量占成年奶牛床位的10%，产房牛床较产奶牛大，长2～2.1米、宽1.2～1.5米，粪道较浅，一般为8厘米。一般产房与犊牛保育舍合建在一起，有利于犊牛哺喂初乳，便于管理，节省费用。有条件的应建设犊牛舍，配套特制的活动犊牛栏（保育栏），牛栏长1～1.4米、宽0.8～1米、高0.9～1米，栏底距地高0.15米，以防犊牛直接与地面接触造成感染，保育间要求干燥、阳光充足、空气对流无贼风。犊牛栏数按母牛量的35%设置，3月龄内犊牛单笼饲养，根据生长情况调整犊牛栏的空间大小，牛栏长1.3～1.5米、宽1.1～1.2米、高1.1～1.2米。3～6月龄以上犊牛通栏饲养，牛床长1.3～1.5米、宽0.7～0.8米，饲料道宽0.9～1.2米，粪道宽1.4米。

4. 种公牛舍

普通牛场采取人工授精，不建种公牛舍。公牛舍应远离普通牛舍和其他建筑单独建设，要求方便、安全、清洁卫生、空气新鲜，外联专用运动场。可建单列式与并列式种公牛舍。

牛舍由三面坚固墙体、牛床及饲草料槽、金属栅栏、活动金属栅栏、运动场组成。草料及人行道墙半敞，设置饲（水）槽和牢固牛栏颈枷，木质牛床长6.5米、宽1.5米，坡度2%，牛床可以通过移动式金属保护栅栏与墙、牛栏固定，随时控制公牛于栏内，保护饲养员，饲养员通过保护栏引导牛舍外运动、采精。

二、牛舍的平面设计

双列式牛舍（奶牛对尾、肉牛对头双列式）

每列50头，牛舍中央有1条通道，宽1.5～2米，为给饲道。两边依次为食槽、牛床、清粪道。两侧粪道设有排尿沟，宽30～40厘米，微向暗沟倾斜，倾斜度为1%～5%，以利于排水。

1. 牛床与牛栏

牛床是每头牛在牛舍的占地面积，而牛栏是两个牛床之间的隔离栏，牛床的设置有利于牛的健康和饲养管理操作，要求牛床长、宽适中，牛床过宽、过长，牛活动余地大，牛粪易排在牛床上，影响卫生；过短过窄会使牛体后躯卧入粪沟，影响挤奶操作。牛床还应有1.5%坡度，便于排水，坡度过大会发生子宫后垂脱出，牛床后半部应考虑防滑，目前广泛使用的是金属结构的牛床栏。

牛床的尺寸可根据牛的体重或生理阶段灵活掌握。对体重较大的牛，床长可设计2～2.5米，床宽1.2～1.8米，体重较小的牛则可适当缩小，床长1.8～2米，宽1.05～1.2米。围产期奶牛床长1.8～2米，宽1.2～1.3米；发育牛、育成牛和初奶牛可设计床长1.5～1.7米，宽0.7～1.2米；成年牛床长1.7～1.9米，宽1.1～1.2米。

牛床应高于地面5厘米，便于冲水时保持牛床干燥，冬季牛床后半部分应铺垫草，以防寒防滑，也可采用橡皮塑料垫，有的还在牛床水泥地面下层铺垫一层聚苯乙烯泡沫塑料等隔热材料，或者采用一种畜舍隔热地面材料，其构造为上层铺设类似导热性小的空心砖，中层为蓄热性大的混凝土，下层为普通土，并加铺一层沥青牛毛毡作防潮层，保持牛床温度。也有埋设蒸汽保温管来保持牛床干燥保暖的。近几年来，随着养殖行业的壮大及规范，"牛床橡胶垫板"产品已经在行业内开始普遍地应用，具有柔软、富有弹性、使用寿命长等特点，逐渐被养殖场认可。

随着动物福利的提出，有人提出舒适牛床的要求：有足够的地面垫料、足够的休息区域、足够的进出和起卧空间；前胸挡板不高于15～20厘米，边缘圆滑；牛床距地面低于20厘米。

2. 饲槽

在牛床前设置长水泥草料槽，表面光滑，便于清洁，经久耐用。不同牛饲槽尺寸设计可参考表2-1。

表 2-1　不同牛饲槽推荐设计尺寸　　　　　　　　　　单位：厘米

饲槽种类	槽顶上缘内宽	槽底部内宽	槽前（外）缘高	槽后（内）内缘高
成年奶牛饲槽	60～80	40～60	60	30～40
初乳成年牛饲槽	50～60	34～40	50～55	25
育成牛饲槽	40～50	30～35	40～50	20
犊牛饲槽	30	25～30	30	15

3. 自动饮水器

是由水碗、弹簧活门和开关活门的压板组成，可在距地高约 0.5 米的饲槽前缘处固定装置（刚好在饲槽前缘下 5 厘米处）。牛饮水时用鼻镜按下板即可饮水，饮毕活门自动关闭。饮水器与输水管自动连接，保证水源清洁卫生。每两头牛共用 1 个饮水器。在隔栏散养牛舍中，可将自动饮水器安装在饲槽上，每 6～8 头共用 1 个。

4. 喂料通道和清粪通道

喂料通道宽 1.2～1.5 米，便于两个手推车来回运输草料，清粪通道同时也是牛进出和挤奶的工作通道，其宽度能够满足粪尿运输工具的往返，同时要考虑挤奶工具停放而不被粪尿溅污，对尾式牛舍及通行清粪通道宽 1.8～2.0 米，对头式牛舍及通行清粪通道宽 1.5～1.8 米（清粪通道在牛舍两边），要有防滑菱形槽线防止牛、人滑跌，路面要向粪沟倾斜，坡度 1%。

5. 粪沟

设在牛床与清粪通道之间。一般为深 5～15 厘米、宽 30～35 厘米的明沟粪道。沟底应有一定的排水坡度。

6. 颈枷

颈枷的作用是将牛固定在饲槽位和牛床上，限制活动，互不干扰，便于饲喂和个体观察。颈枷设置要便于起卧、休息、采食饮水，又不能前后随便乱动，使前蹄不能踏入饲槽，后蹄不能掉入粪沟。但是饲养管理比较麻烦，上下槽时牛系放工作量大，有时也不太安全。肉牛育肥进厩以后不再出栏时常采用固定颈枷，围栏牛舍不要颈枷。颈枷要求坚固、轻便、光滑、操作方便，常见的颈枷有直链式颈枷、横链式颈枷和关节式颈枷等类型。

（1）直链式颈枷　由两根长短不一的两条铁链，长 1.3～1.5 米，下端固定在饲槽前缘，上端固定在牛栏架上，短铁链长 0.5 米，组成颈圈套在牛的颈部，两端用两个铁环穿在长链上，并且能够上下滑动。

（2）横链式颈枷　两根长 0.75 米的铁链穿在牛床两边支柱的铁棍上，能上下自由活动；两根长 0.5 米的短链组成颈圈，套在牛的颈部。结构简单，但须用较多的手工操作来完成拴系和释放奶牛的工作。

（3）关节颈枷　在欧美使用较多，有拴系式（释放1头），也有同时拴系或释放一批奶牛的。它由两根管子组成长形颈架，套在牛的颈部。颈架两端都有球形关节，使奶牛有一定的活动范围。组成部分主要有：牛颈枷活动杆、活动立杆、活动挡板、配套报卡、螺栓和销轴等，分为单开式、双开式、自锁式，有的与牛床配套，我国规模化牛场已广泛使用。

三、牛场辅助建设

（一）运动场

选择在背风向阳的地方，一般利用两牛舍间距或牛舍两侧的空地。面积一般为牛舍建筑面积的 2～3 倍以上或 15 米^2/头。地面为三合土夯实，要求平坦、干燥、有一定坡度，中央较高，向东、西、南倾斜排水良好。运动场周边固定钢筋混凝土立柱式铁管＋围栏，立柱间距 3 米、高 1.3～1.4 米，横梁 3～4 根。场外三面挖沟排水，场内设置固定饮水槽，按 20～30 头牛设置 1 个饮水槽，长 3～4 米，宽 50～60 厘米，深 20 厘米（两侧饮水），距地高 50～70 厘米。水槽两侧应为混凝土地面。为了夏季防暑，设置东西向凉棚，并采用隔热性能好的棚顶。运动场四周植树遮阴，凉棚内地面要用三合土夯实，地面经常保持 20～30 厘米沙土垫层。

（二）草料棚

设置在清洁卫生的下风向，相对远离其他建筑物，地面混凝土结构高于周边 0.5 米，并且斜坡与场区道路及牛舍相通，便于机车通行，四周埋置钢架及金属围栏网，高 5～6 米，屋顶彩钢瓦，屋檐较普通建筑长 0.5～1 倍。

（三）氨化青贮池（窖）

青贮池和氨化池两池合一便于节约成本，建造选址原则同饲料库，位置适中，地势较高，防止粪尿等污水渗入污染，同时要考虑出料时运输方便，减小劳动强度。一般按照 0.5 米^3/头设计，建筑要求内不漏水、外不泄气，窖池深不低于 2.5 米，小栏分格，规模场要考虑半机械化青贮。

（四）水塔、贮料塔

牛场供水应尽可能与自来水供水系统联网，同时在场部高处建设水塔，水塔容积按照 0.5 米^3/头建设，抽提供水、水塔贮存，管网输送到各牛舍。

场部除饲料仓库外，在牛舍一端外侧，用于临时贮存从饲料加工厂运来的干燥粉状或颗粒状配合饲料。塔身多为圆形，塔顶开有装料口，通过连杆机构从塔底能自动启闭顶盖。塔的下部呈圆锥形或斜锥形,以防饲料架空而影响排料。底部是一个长方形出料槽,通过运饲器把塔内的饲料运送到喂食机的饲料箱内,再由喂食机将饲料分送到食槽,供奶牛食用。

(五)挤奶厅

1. 挤奶厅大小

普通养殖户采用移动式机械挤乳;规模化养殖场采用管道式挤乳,其具体建设数量根据牛群规模、资金条件、经济效益等因素综合考虑,挤乳厅设备数量以每次挤乳在 2 小时内完成为宜。

2. 挤奶厅建设

应建在养殖场上风处或中部侧面,小型牛场靠近成年牛舍,距离牛舍 50～100 米处,有专用的运输通道,不可与污道交叉。既便于集中挤奶,又减少污染。奶牛在去挤奶厅的路上可以适当运动,避免运奶车直接进入生产区。挤奶厅奶牛密度大,牛均面积仅为 1.5～1.8 米^2。在夏季和冬季,通风、降温、采暖易于控制。

3. 组成与设备

挤奶厅包括挤奶台、待挤区、设备室、储奶间,挤奶厅应有牛奶收集、贮存、冷却和运输等的配套设备。经久耐用、易于清洁、安全、防滑、防积水。墙为带防水的绝缘材料或采用砖石墙,自动控制的电风扇通风系统,挤奶厅棚高不低于 2.5 米。挤奶厅类型分为串列式、鱼骨式、圆台式、并列式挤奶台,分别配置 2×6 栏位、2×24 栏位,适应小中大型牛场。如并列式挤奶台是两排吸奶器,中间是一道深槽,坑道深 0.85～1.24 米,坑宽 2.6 米;坑道长度与挤奶机栏位相同。

(六)防疫设施

为了加强防疫,在生产区周围应建筑围墙,生产区门口要设有消毒池、消毒间等消毒设施,车辆进入时,车轮须经消毒池,大门口消毒池要能承受通行车辆的重量,长≥4 米,深≥0.2 米。牛舍间距 8 米隔离带。人员进入要更衣换鞋,在消毒间经紫外线照射杀菌消毒。病死牛只处理及设施建设应符合 GB 16548 规定。

(七)人工授精室及兽医诊断室

人工授精室(也可作为普通配种室)包括采精及输精室、精液处理室、器具洗涤室。采精及输精室要卫生、光线充足;精液处理室的建筑结构应有利于保温隔热,并且与消毒药房分开,以防影响精子活力。兽医诊断室包括化验室、治疗室、药房、值班室,兽医诊断室一般与人工授精室共用设备建设在养殖场中心部位,便于及时了解发现畜群发病、发情情况。

（八）饲料加工厂

除需要普通饲料的粉碎及精饲料配合外，需要开展秸秆饲料的物理加工（如粉碎、揉搓、切短）和生物饲料生产（如将秸秆中的纤维素和半纤维素分解、糖化和转化），成为可消化利用的营养成分，改善秸秆的适口性和营养价值，在饲料厂建设时应提前规划土建及设备采购。

（九）乳品处理室

奶牛场还应建设乳品处理室，生产的乳品要经过初步处理方可出场，乳品处理室至少包括两部分：乳品冷却处理部分和贮存洗涤及器具消毒部分，有条件的奶牛场应开展乳品巴氏消毒。

（十）绿化与道路

牛场统一规划布局、因地制宜地植树造林、栽花种草是现代化牛场不可缺少的建设项目。

1. 场区林带的规划

在场界周边种植乔木和灌木混合林带，并栽乔木类及常绿针叶树等以起到防风阻沙安全等作用。

2. 隔离带的设置

主要用于分隔场内各区，如生产区、住宅区及管理区的四周，都应设置隔离林带，一般可用杨树、榆叶等，其两侧种灌木，以起到隔离作用。

3. 道路绿化

宜采用塔柏、冬青等四季常青树种进行绿化，并配置小叶女贞或小叶黄杨成绿化带。

4. 运动场遮阳林

在运动场的南、东、西三侧，应设1～2行遮阳林。一般可选择枝叶开阔，生长势强，冬季落叶后枝条稀少的树种，如杨树、槐树、法国梧桐等。

5. 道路

场内道路分净道和污道，两者严格分开，牛群周转、饲养员行走、场内运送饲料、奶车出入的专用道路应走净道。粪便等废弃物、淘汰牛出场的道路应走污道。牛场内主道宽大于4米，辅道宽大于3米，夯实，便于交通车辆运行，其他道路水泥硬化，宽度2米。集中挤奶道路交叉口设活动开关栏杆。

（十一）雨污分离及粪污处理

全场排水系统应实行雨水和污水分离、干法清粪，需要建设有粪污水输送管道、厌氧消化（沼气发酵）池、粪便贮存池、沼液输送设备设施、牛粪便干湿分离烘干设施、沼液曝气耗氧处理系统，具体将在牛羊生态养殖部分介绍。此外，还应建设有病死牛专用处理器械及污染物锅炉焚烧。粪便贮存池容积不低于 0.3 米^3/头，可贮 1 个月左右。

第三节　规模化羊场的建筑设计

羊舍是羊栖息的一个小环境，包括羊床、投料系统、管理通道、通风系统、运动系统、集污和污物处理系统。舍养羊全程饲养在舍内，若建筑设计不当，不仅会造成管理不便，影响生产力水平，还有可能造成羊只死亡。

一、羊舍的类型

根据羊舍四周墙壁封闭的严密程度，可划分为封闭舍、开放与半开放舍和棚舍 3 种类型。根据羊床的高低又分为普通羊舍、高床羊舍、楼圈式羊舍 3 类。封闭舍四周墙壁完整；开放与半开放舍，三面有墙，一面无长墙（开放舍）或有半截长墙（半开放舍），保温性能较差，通风采光好，适合于温暖地区，是我国较普遍采用的类型；棚舍只有屋顶而没有墙壁，防太阳辐射强，适合于炎热地区。近年来，新型高床羊舍在南方潮湿炎热的地区推广。

（一）封闭式羊舍

根据羊舍屋顶的形式可分为单坡式、双坡式、拱式、钟楼式、双折式等类型。单坡式羊舍跨度小，自然采光好，适用于小规模羊群和简易羊舍；双坡式羊舍跨度大，自然采光和通风都较差，适合于规模场、种羊场。

1. 双列双坡式封闭羊舍

四周墙壁完整，其设计模式与标准化奶牛舍类似而建筑尺寸有异，通过门、窗等调节小气候环境。中间为饲养通道，两边为分栏羊舍，地面向两边倾斜，开通小门与运动场联通，也可以建漏缝式室内高床舍。具体建设模式多样。奶山羊生产常用此类羊舍。

2. 单列半拱面暖棚羊舍

一般的羊舍坐北朝南，棚舍中梁高 2.5 米，后墙高 1.7 米，前沿墙高 1.1 米；后墙与中梁间用木椽或管材等材料搭棚，中梁和前沿墙间用竹片搭成拱形支架，上面覆盖塑膜；一般舍长 10 米、宽 6 米，门高 1.8 米、宽 1.2 米；在前沿墙基 5～10 厘米处设进气孔，棚顶设百叶窗式排气孔，一般排气孔是进气孔的 2 倍。舍内沿墙设补饲槽、产仔栏等设施。

（二）楼圈式羊舍

将羊舍修建成上下两层，夏秋季通过搭梯住楼上，粪尿通过漏缝地板落到楼下地圈。冬春季，清除楼下粪便污物，消毒后改住楼下，楼上堆放干草饲料。一般漏缝地板可用木条或水泥预制，板距地（楼高）2米左右，漏缝间隙是1.5～2厘米。视各地气温高低决定楼上、下窗户大小，也建造成半开放式。这类羊舍能很好满足肉羊生长需求，适宜多雨潮湿的地区，但造价高，普通农户不宜采用。

（三）高床羊舍

高床羊舍又称为吊脚楼羊舍。在距地1.8米处装置木条漏缝羊床，形成吊脚楼，木条漏缝间隙1.5厘米，便于羊粪尿漏到斜坡式水泥地面自然清粪，一般为双坡式屋顶封闭或南面开放，目前统称为"标准化高床羊舍"，通风好、采光好、羊床干净高燥、投料方便、粪污自动堆集、冬暖夏凉，使用维护成本极低，羊群管理容易。这类羊舍多使用于山区，重庆等地已广泛使用。

（四）开放式羊舍

开放式羊舍又称为棚舍，只需要固定支架搭彩钢板等遮阳防雨建筑物，四周设置围栏，羊床为漏缝式，地面为一定坡度的三合土，舍内设置料水槽。

二、羊舍的建筑设计

（一）羊舍建设的要求

羊舍应地势高燥、排水良好、向阳好、采光好、羊床干净高燥、投料方便、粪污自动堆集、冬暖夏凉，使用维护成本极低，南面应有广阔的运动场，羊场内部功能分区与其他牧场建设相同。

（二）建筑面积

因羊种、品种、性别、生理状况、年龄而异。奶山羊及种羊场应建设有羊舍面积1.5～2倍的运动场。

（三）羊舍长宽高

长依饲养数量而定。单列舍宽5～6米，双列舍宽11米。北方羊舍高2.5米（羊舍要高出地面0.2米以上），南方吊脚楼羊床不低于1.2米、舍高1.8米。双列式羊场舍高可达4～5米。

（四）建筑材料

要求坚固、保暖、易清洗。主要是土坯、石条、砖瓦、混凝土、木料等。现代羊场采用钢架材料、塑料等新材料。一般要求是经济实用、就地取材。

（五）门、窗、地面

舍门宽1.5米、高2米，太宽不便保暖，太窄进出拥挤，母羊易发生流产。

封闭型羊舍窗户面积占羊舍面积的1/15。窗台距地1.5米，以防羊出逃和寒风直吹羊体。南方可通过双层卷帘代替窗户调节通风光照。

条石、混凝土地基，砖混半墙（全墙）具有一定的承重能力，坚固耐用；地面用混凝土抹平并具有防滑铺成斜坡以便排水。南方楼式羊舍采用漏粪地板羊床，其底部地面不作要求，但为便于清粪，斜坡地面水泥应硬化，从而保持羊舍干燥和干净。羊床用3厘米×3厘米的木条铺成，间距不大于2厘米，便于排泄物自然漏下。

（六）分栏

为便于管理，减少疾病，可将羊舍分成若干小舍栏，每栏3～4米。隔栏可用宽15厘米、高120厘米的木板封装，间距5～8厘米。也可以用金属网、砖石建设。

（七）采食颈枷

在临人行通道面装置颈架或颈枷（羊可以自动采食或活动，不同于奶牛颈枷）。木板、金属颈枷（规模场）均可。木板颈枷要求板宽15厘米以上、高1.2米，在距底端70厘米处向上挖宽4厘米、高12厘米的半圆，两块颈枷板之间的距离为7～8厘米，颈枷板上下与横梁连接，两块木板封装后形成直径12～14厘米的椭圆圆口，便于羊头自由伸缩和在料槽采食饮水。

（八）草料架

草架、料槽一般固定或悬挂在颈枷板上，羊从颈枷圆口伸出栏外采食，避免舍内采食践踏和粪尿污染。草架、料槽可用木板、混凝土、金属制作，切面为梯形，底宽12厘米，上部宽18厘米，前缘（近羊缘）深10厘米，外缘25厘米，其设计如自动采食料槽。

（九）运动场

除放牧饲养外，根据需要设置运动场。运动场要求地势高燥，排水良好，四周建围墙（栏）、栽树，便于遮阴、避雨。围栏外设置固料水槽，场内设置移动草架、水料槽，移动水料槽宽30厘米，深25厘米，长度因羊而定，以可搬动、清洗和消毒方便为原则。运动场墙栏高度为130～160厘米（山羊）。

（十）药浴池

药浴池为长方形，是狭而深的水沟。用水泥、砖砌成，外面用水泥抹光，底部不渗漏。药浴池深1米、长8～10米、底宽30～60厘米、面宽60～100厘米，以1只羊能顺利通过而不能转身为标准。药浴池入口端成陡坡，出口端则筑成缓坡，并建有台阶，便于羊蹬走，不致滑倒。入口端设围栏，羊群在此等候入池，出口端设滴流台，让羊出浴后停留一段时间，将身上多余的药液流回池内。羊围栏、滴流台为水泥地面。

（十一）活动栅栏

为木条、钢筋、铁丝网等材料制成的高1米、可以折叠的活动栅栏。种类有母仔栏、羔羊补饲栏、分群栏、活动围栏等。

（十二）其他建筑设施

消毒防疫设施、人工授精室、兽医诊断室、饲料加工、草料棚、氨化青贮池、水塔、雨污分离设施、粪污处理室、挤奶厅、乳品处理间剪毛区、绿化与道路与牛场建设相似。

第四节　规模化牛羊场的主要设备

近年来，牛羊饲养已经由传统放牧转向集体规模化机械养殖，机械设备的广泛使用已经降低劳动强度，提高生产力，目前正在向智能化转变，自动化养殖指日可待。

一、常规设备

（一）草料加工机械

精饲料加工机组（粉碎机、混合机、搅拌机设备）、秸秆青贮粉碎机、铡草机、揉草机、粉碎机、青贮饲料取用机、牧草压块机、草料搅拌机、头式提升机制粒机设备、螺旋输送机等。

（二）人工授精及兽医诊断器械

冰箱、培养干燥箱、显微镜、恒温箱水浴锅、液氮储存设备、采精架、手术台、采精及输精器械、精液分装设备、怀孕探测仪、发情监测系统、兽医诊断器械、治疗设备、保定架等。

（三）消毒设备

高压冲洗机、机动（手动）喷雾消毒器、高压灭菌器、紫外线消毒灯等。

（四）粪污处理设备

自动清粪系统、冲水系统、切割泵、搅拌机、固液分离机、粪便脱水机、污水处理系统、沼气工程系统、粪便烘干机（含配套）、专用泵及提升系统、污水处理系统及管网、焚尸炉等。

（五）环境控制设备

负压通风电扇、湿帘冷风机、自动喷雾降温系统、卷帘系统等。

（六）挤奶设备

管道式挤奶系统、移动挤奶机、贮奶冷藏设备、冷藏运输车等。

（七）饲养管理设备

草料推车、自动喂食机、自动饮水管线及饮水器、清扫设备、地磅及各类度量仪、粪便推车、羊毛剪等。

（八）公用设备

抽水机及管道、运输车辆、发电机组、蒸汽锅炉及管道办公设施等。

（九）电视监控系统

服务器调制解调器、PC电脑、集线器、专用网络软件。

（十）牧草收贮

割草机、搂草机、牧草打捆机等。

二、规模化奶牛场智能饲喂设备

随着农业物联网、大数据、现代信息技术与先进畜牧养殖理念的融合，我国规模化奶牛场饲喂设备发展呈现出信息化、精细化、智能化的趋势。目前国内规模化奶牛场主要智能饲喂设备有全混合日粮（TMR）智能饲喂系统、奶牛个体精准饲喂设备、传送带式饲喂系统等。智能饲喂设备应用要与养殖模式、奶牛场畜舍布局和畜舍建筑结构相匹配，同时要综合考虑牛群对设备的协调适应性，对奶牛场饲喂工作人员进行专业系统培训，以达到智能饲喂设备的最佳使用效果，助推畜牧业的转型升级。

（一）TMR 智能饲喂管理系统

TMR 饲喂技术是根据不同类群或泌乳阶段奶牛的营养需求，按设计比例，将青贮、干草、精饲料以及各种矿物质、维生素等添加剂进行充分搅拌、混合而调制成的一种营养相对平衡的日粮。得益于其巨大的优势，TMR 饲喂车在我国规模化奶牛场中的应用已超过 95%。TMR 技术的关键点之一是奶牛采食到的饲料与饲料配方一致，即理论配方、搅拌配方和采食配方三者一致。但是，在 TMR 设备实际使用过程中发现，TMR 在制作过程中存在着配料和投料过程不易监管控制等问题，影响牛群营养均衡而造成牛奶产量、质量不稳定，人员操作过程和生产数据也模糊不清，使应用 TMR 提供均衡营养、提高饲喂效率、实现降本增效成为空谈。

为了解决此问题，国内外畜牧设备公司和科研院所进行了不同类型 TMR 智能饲喂系统的研发，一些成熟产品在国内规模化奶牛场得到了广泛应用。

比较有代表性的如司达特（北京）畜牧设备有限公司（简称"司达特"）的数据传输（有线和远程）可编程称重系统，除了具有常规的准确称量、报警功能外，还能够在系统中进行配方和卸料方案的录入和设定，进行配方生产，尤其是称重仪表中的流程数据，如加料配方、卸料方案、位置及实际物料增减情况等，能够通过数据传输软件与计算机之间进行数据上传和下载，并与奶牛场管理软件兼容，进而实现了远程调用生产数据、直接查看牛群的饲料配方、了解牛群的饲喂数据等高级功能。奶牛场管理者可基于这些数据，分析奶牛实际营养情况，结合挤奶厅提供的牛群生产数据，进一步调整牛群饲料配方，使生产更符合奶牛场实际需求，以获得更好的效益。

此外，美国 DIGI-STAR 公司开发的 DIGI-STAT TMR Tracker 精准饲喂管理系统基于现代信息技术，将铲车、TMR 饲喂车、管理系统通过无线网络连接在一起，能够为养殖场（户）提供管理饲料、提高效率和增加产量的整体解决方案。饲料组分、配方、生产群组和饲料搅拌器信息可由管理系统输入，并远程无线传输给驾驶室或饲料搅拌的指示器，同时饲喂过程信息回传给管理系统。因此，该系统能够实时跟踪 TMR 饲喂车的重量、饲料种类、不同圈舍奶牛的饲喂情况、人员操作准确度等信息，具有配方管理、配料管理、剩料回重管理、圈舍管理、饲料仓库信息管理和饲喂过程监管等功能，并生成相关报表，用于指导和监管奶牛饲喂过程，从而实现奶牛的精准化饲养。

南京丰顿科技股份有限公司（简称"南京丰顿"）开发的 TMR 智能管理系统也是类似工作原理，该系统采用了自建工业级 iWiNet 无线网络系统，由 TMR 饲喂车数据终端系统、装料车数据终端系统和数据管理系统三大部分组成，能够从投料过程、投料曲线、投喂误差、采食分析、饲喂成本、饲喂效率 6 个方面进行全面分析，实现饲喂工作实时监管，使饲喂更精准，成本更可控。目前，该系统在新疆、宁夏、甘肃等地区规模化奶牛场中已得到广泛应用。

以上 3 种智能饲喂管理系统，从不同牛群的编码与标识，到利用不同通信技术进行生产过程的数据采集和传输，再到云平台和服务器的应用，直至利用以上生产数据进行分析、挖掘、开发和利用，均代表了当前农业物联网技术在畜牧业的典型应用，也成为规模化奶牛场未来管理的发展方向。

（二）奶牛个体精准饲喂设备

奶牛个体精准饲喂设备主要包含两大类。一类为精饲料补饲设备，分为固定式和移动式，主要由奶牛个体身份识别系统、控制系统和投料系统组成，能够实现对奶牛个体身份的准确识别，并投喂对应奶牛所需的精饲料，实现了基于奶牛个体差异的精饲料投喂。目前国内一些科研院所结合国内具体使用条件，进行了相关设备的研发，但在实际使用中并未普及。另一类为 TMR 全混合饲料精准饲喂站，此种设备克服了前者无法控制和记录每头奶牛粗饲料采食量，进而无法获取每头牛每天完整的干物质采食量的问题，但缺点是需要在牛舍中成排安装，成本高昂，因此，便于开展比较不同饲料营养价值的科学试验，而鲜见应用于我国规模化奶牛场。

（三）传送带式饲喂系统

TMR 饲喂车通过粗饲料和精饲料的均匀混合，改善了饲料的适口性，更有利于牛体营养的均衡化，显著提高了牛群的生产性能；简化了工作步骤，降低了饲喂工作人员的劳动强度，大大提高了工作效率；实现了奶牛场运营在饲喂方面的机械化、自动化、专业化生产。但是，从不同规模和不同地区奶牛场的使用效果来看，TMR 饲喂车显然存在一些不足之处，如土地利用率低，油耗大，废气和噪声污染、冬季冷应激大等问题。

芬兰 PELLON 集团开发的传送带式饲喂系统在解决以上问题的同时，更以其显著的优势推动了 TMR 饲喂模式的技术革新。传送带式饲喂系统基于固定式 TMR 设备，通过集成高度自动化的模块化填料设备、精饲料塔和多种功能的传送带单元，并由饲喂管理软件系统进行智能化控制，可实现不同牛舍、不同牛群的多次饲喂，精确、自然的饲喂方式有效提高了奶牛的产奶量，也大大提高了饲料利用率，节省了饲料成本。该系统采用了电力驱动传送带输送饲料的方式，在避免常见自走式或牵引式 TMR 饲喂车造成的废气和噪声污染的同时，更明显降低了油耗成本，从而降低了奶牛场运营成本。另外，区别于国内广泛使用的移动式 TMR 饲喂车需要 4 米左右的饲喂通道宽度，传送带式饲喂系统的饲喂面宽可缩小至 1.5～1.8 米，因此，大大节省了建筑面积和土地，进而降低奶牛场建设初始投入资金。智能化的控制也使得奶牛场管理数据（如饲料配方、饲喂群组、饲喂时间、设备运行等信息）可以有效地采集、存储和利用，实现了信息化和数字化的奶牛场运营。目前，该系统已在我国内蒙古、西藏等地区得到了成功推广和应用。

从以上介绍的几种智能饲喂设备可以看出，随着感知技术的发展与成熟，物联网、现代信息、自动控制与畜牧养殖技术的结合，传统奶牛场饲喂设备正向着智能化、信息化的趋势发展，畜牧养殖业面临的人力资源紧缺问题，也助推了此进程的加速。纵观国内外先进智能饲喂设备在我国规模化奶牛场的应用情况，未来，智能饲喂设备的进一步发展，应着重考虑以下 4 点。

1. 匹配养殖模式

智能饲喂设备的应用要与养殖模式结合，如不同地区牛群的分群方式、饲料组分等对设备种类、性能的需求不同，不能一味追求智能化，照搬国外技术，而忽略了与养殖模式的匹配。

2. 考虑畜舍布局

智能饲喂设备的使用需要综合考虑奶牛场畜舍布局和畜舍建筑结构，如常规 TMR 饲喂车和传送带式饲喂系统对奶牛场建筑的要求是不同的。

3. 重视动物福利

智能饲喂设备的使用要综合考虑牛群对设备的协调适应性，减少奶牛应激，提高对动物福利的重视程度。

4. 注重人才培养

智能饲喂设备的使用效果深受操作人员的技术水平影响。目前，年轻人在奶牛场工作的意愿较低，而年长者对高科技的智能化设备操作困难，对设备运行的内在逻辑理解不足，既难以达到预期使用效果，也易造成设备故障。因此，改善奶牛场工作环境，选择具备一定文化水平和技术水平的人员，进行系统性的专业培训，依靠先进的智能化设备、科学化管理和先进生产工艺，变"饲养员"为"管理员"，是解决我国养殖业人力资源短缺问题的有效途径。

三、其他智能自动化设备

（一）自动除粪设备

有机械除粪和水冲除粪两种，机械除粪常用的有链杆刮板式、环形链刮板式和双翼形推粪板式等类型。链杆刮板式由链杆刮板、驱动装置、链条推粪杆等组成，适用于在单列牛舍的粪沟内除粪。环形链刮板式由环形链刮板式输送器、倾斜链刮板式升运器和驱动装置等组成，可以将粪升运器送入拖车，适用于在双列牛舍的粪沟内除粪。双翼形推粪板式除粪设备适用于宽粪沟的隔栏散养牛舍的除粪作业。不管哪种自动除粪设备，在选用时应与畜舍建筑配套。

（二）智能挤奶系统

智能挤奶系统是现代化养牛场中必不可少的智能化设备之一。该系统可以通过计算机软件控制挤奶过程，实现自动化挤奶和牛奶的收集、储存和运输。同时，该系统还可以实时监测牛奶的质量和产量，为饲养员提供更加精准的饲养管理方案。

（三）智能环境控制系统

养牛场的环境对于牛的健康和生产效益有着非常重要的影响。智能环境控制系统可以通过传感器、控制器和调节器等设备，对养牛场内的温度、湿度、空气质量、光照等环境因素进行监测和控制，确保牛能够在适宜的环境中生长。

1. 温室气体和氨气排放监测

在养殖场中，奶牛体内的肠胃消化物、粪便排泄物和有机物腐败分解会产生甲烷、二氧化碳、氨气等气体。甲烷和二氧化碳是引起温室效应导致气候变暖的主要成分，奶牛养殖场释放的甲烷和二氧化碳备受关注；氨气含量过多则会引起牛的呼吸道疾病等症状，同时也暗示着蛋白质的浪费，因此温室气体和氨气排放量通常被作为监测空气污染程度和安全性的可靠指标。对于甲烷、二氧化碳、氨气的监测也逐渐常规化，从人工气候仓研究试验牛只气体排放，到牛舍饲喂槽甲烷、二氧化碳、氨气传感器的推广应用，将为奶牛养殖可持续发展提供有力的工具。

2. 温湿度等环境指标的实时监控

在奶牛生产过程中，牛舍中的温度、湿度、风速等对奶牛的产奶量、采食量、乳品质都有较大的影响，甚至导致各种细菌滋生，易诱发乳房炎。有研究表明，环境中的$PM_{2.5}$会造成奶牛呼吸道疾病、损害奶牛的免疫系统、导致抵抗力下降，甚至导致妊娠奶牛妊娠异常、妊娠毒血症前期早产、死胎等现象。

当前，生产实践中应用的检测系统有多种，如，孙涛等设计的基于PLC（可编程控制器）的牛舍无线智能环境监控系统，主要是根据环境传感器收集信息传送至PLC并进行保存，当环境参数发生改变达到设定值时，能够自动发动相应的设备（喷雾降温、流风机等）进行维持畜舍环境的稳定。刘忠超等设计的基于ZigBee和Android的牛舍环境远程监测系统，把畜舍内的环境参数通过ZigBee网络传输到计算机上，并借助TCP/IP通信协议搭建TCP服务器，得到畜舍内的温湿度、氨气浓度等参数，进而能够对畜舍环境实行远程无线实时监测。此外还有基于无线传感器网络的调控系统、基于 LabVIEW 的养殖场环境监控系统等都能有效监测畜舍内的温湿度和有害气体并实时做出反应。

除了这些检测系统外，还有一种模拟环境设备——人工气候室，具备调温、调湿、调二氧化碳、调光照的功能。人工气候室主要包括上下机位两个系统，上位机用于对气候室系统的实时监控，下位机的作用在于复杂运算和逻辑控制，上下位机之间采用 Rs485 串口通信，通过传感器对环境因子进行检测控制，使各个因素都维持在一个稳定的范围。人工气候室实现了在实验室条件下对环境的智能监控。

（四）智能卫生消毒系统

卫生消毒是养牛场中非常重要的环节之一。智能卫生消毒系统可以通过计算机软件控制消毒液的配方、浓度和消毒时间等参数，实现自动化消毒和清洁。同时，该系统还可以实时监测养牛场内的卫生状况和细菌含量，为饲养员提供更加精准的卫生管理方案。

（五）智能监控系统

智能监控系统是现代化养牛场中必不可少的智能化设备之一。该系统可以通过视频监控、传感器等技术手段对养牛场内的情况进行实时监控和管理，实现自动化预警和报警。同时，该系统还可以通过数据分析等技术手段对饲养管理方案进行优化和改进，提高养牛的生产效益和管理水平。

第三章　牛羊日粮配合与饲料加工

第一节　牛羊的生活习性与消化生理特点

一、牛羊的生活习性

（一）牛羊有较强的合群性

牛羊的合群性很强，利用合群性，可以大群放牧，节省劳力。牛羊的这种本能与其模仿行为有关，当群体中有一头领头的牛（羊）做某一动作时，其他个体往往也跟着做同样的动作，大多数牛、羊群中存在着良好的群居等级，出牧、过河、过桥、饮水、换草地等，只要有"领头羊"先行，其他个体就尾随而来，管理起来十分方便。但是这个特性也有不利的一面，如少数个体混了群，其他个体也跟着而来；少数个体受到惊吓，其他个体也跟着狂奔，如绵羊胆小最易受惊炸群。

合群性一般来讲羊比牛强；绵羊比山羊强；粗毛羊最强，细毛羊次之；长毛羊和肉用羊较差。

（二）牛羊的性情较温驯

牛羊的性情总的来说还是较温驯的，但在群体中往往公畜比母畜好斗，有时母畜也喜欢角斗，去势的公畜性情温驯。肉用牛羊比其他用途的牛羊性情温驯。高产的奶牛、奶山羊也较温和，即使密切靠近也不至于相互抵斗，绵羊比山羊更为温驯。除此之外，牛羊的性情与人所施加的一切友善或粗暴行为有关，正确的调教与训练，能使牛羊与人建立良好的关系，但人的打骂等粗暴行为容易使牛羊养成踢人、顶人的恶癖。尤其是种用公牛、公羊，恶癖一旦养成，将很难得到纠正。

（三）牛羊均具草食特性

草食性是牛羊的共同特征，但羊的采食范围比牛更为广泛。放牧的牛羊喜欢采食含蛋白质多、粗纤维少的豆科牧草，能够依据牧草的外表和气味识别不同的植物；如果牧草青嫩，则采食时间长而反刍时间短，如果牧草粗纤维含量高或是青干草，则采食时间短，而反刍时间长。在牛羊混放的草场上，牛善于利用较大较高的牧草，而羊则可以利用牛所不能利用的小草。在半荒漠地区牧场上的各种植物，牛不能很好利用或完全不能利用的植物占66%，而绵羊和山羊仅为38%。牛羊除在白天采食外，夜间还需要一定的采食量，因此，不管是舍饲，还是放牧的牛羊，晚上必须加夜草，对于高产牛羊和正在肥育中的牛羊尤为重要。

（四）牛羊喜欢干燥清凉，耐寒冷，怕湿热

牛羊均喜欢干燥清凉的环境，都较耐寒冷，怕湿热。尤其绵羊最怕湿热，这就限制了绵羊在南方山区的分布，山羊次之，牛再次之。在抗寒性表现上绵羊最强，能在高原 -40℃下扒雪寻食。

（五）牛羊喜爱清洁

牛羊都喜爱清洁，对有异味的草料或者受粪尿污染的水源均拒采食和饮用，特别是羊，尤其是山羊表现得更为明显。要求不管是放牧，还是舍饲，都要搞好舍内外清洁卫生。

（六）牛羊的适应性和抗病力较强

牛羊的适应性很强，在我国各地都有分布，能够很好地利用农牧区各类型自然条件下提供的草料，发展前景很好。牛羊的抗病能力也很强，特别是一些古老的牛羊品种，在一些潮湿多寄生虫的地方，牛及山羊也能很好地生存，正是由于抗病力强，往往在发病初期不易被发现，没有经验的饲养员一旦发现病畜，多半病情已很严重。因此，必须时刻细致观察，尽早发现，及时采取治疗措施。

二、牛羊的消化生理特点

（一）牛羊的胃

牛羊均属反刍类家畜，具有复胃的特征。牛羊的胃由瘤胃、网胃、瓣胃和皱胃4个部分组成，占据腹腔的绝大部分空间，容纳着所进食的草料。每个部分在饲料的消化过程中都有特殊的功能。

1. 瘤胃

瘤胃俗称"草包",体积最大,是细菌发酵饲料的主要场所,有"发酵罐"之称。容积因牛羊体格大小各异,一般成年牛为94.6升,成年羊为23.4升。瘤胃的主要功能是饲料贮存和微生物进行发酵的场所。瘤胃是由肌肉囊组成,通过蠕动使食团按规律流动。

2. 网胃

网胃也称"蜂巢胃",靠近瘤胃,功能同瘤胃。而且还能帮助食团逆呕和排出胃内的发酵气体(嗳气),但当饲料中混入金属等异物时,易在网胃底沉积或刺入心包。

3. 瓣胃

瓣胃也称"百叶肚",位于瘤胃右侧面,占4个胃的7%,其功能主要是榨干食糜中的水分和吸收少量营养。

4. 皱胃

皱胃也称真胃,产生并容纳胃液和胃酸,也是菌体蛋白和过瘤胃蛋白被消化的部位。食糜经幽门进入小肠,消化后的营养物质通过肠壁吸入血液。它的功能与单胃家畜的胃相同,就是分泌消化液,使食糜变湿,呈水状到达小肠进行进一步消化,未被消化的食物经过大肠排出体外。

(二)牛羊的特殊消化生理现象

1. 反刍

反刍动物将采食的富含粗纤维的草料,在休息时逆呕到口腔,经过重新咀嚼,并混入唾液再吞咽下去的过程称为反刍。通过反刍,粗饲料被二次咀嚼,混入唾液,以增大瘤胃细菌的附着面积。

2. 唾液分泌

为适应消化粗饲料的需要,牛羊会分泌大量富含缓冲盐类的腮腺唾液。唾液中含有黏蛋白、尿素及无机盐等,能维持瘤胃内环境,浸泡粗饲料,对保持氮素循环起着非常重要的作用。

3. 食道沟及食道沟反射

食道沟始于贲门,延伸至网胃-瓣胃口,是食道的延续,收缩时呈管状(或沟状),使食物穿过瘤胃-网胃,直接进入瓣胃。在哺乳期的犊牛食道沟可以通过吸吮乳汁而出现闭合,称食道沟反射,使乳汁直接进入瓣胃和真胃,以防止乳进入瘤胃-网胃而引起细菌发酵及消化道疾病。

4. 瘤胃发酵及嗳气

瘤胃、网胃中寄生着大量的细菌和原虫。这些微生物不断发酵着进入瘤胃或网胃中的饲料营养物质,产生挥发性脂肪酸及各种气体(二氧化碳、甲烷、硫化氢、氨气等)。这些气体只有不断通过嗳气排出体外,才能防止胀气。当牛羊采食大量带露水的豆科牧草和富含淀粉的根茎类饲料时，瘤胃发酵作用急剧上升，所产气体来不及嗳出时，就会出现"胀气"，应及时采取机械放气和灌药止酵，否则会窒息死亡。

5. 瘤胃微生物

瘤胃微生物是共生在牛、羊、鹿和骆驼等反刍动物瘤胃中的细菌和原生动物等微生物的总称。反刍动物的瘤胃是一个复杂的微生态系统，瘤胃微生物与宿主之间、微生物与微生物之间处于一种既协同又制约的动态平衡关系。

瘤胃微生物数量极多，反刍动物可为它们提供纤维素等有机养料、无机养料和水分，并创造合适的温度和厌氧环境，而瘤胃微生物则可帮助反刍动物消化纤维素和合成大量菌体蛋白，最后进入皱胃（真胃）时，它们便被全部消化，又成为反刍动物的主要养料。

在瘤胃内容物中，通常每毫升约含 $4×10^{10}$ 个细菌和 $4×10^6$ 个原生动物。经统计，1头体重达300千克的肉用牛，它的瘤胃容积约为40升，可含 $4×10^{14}$ 个细菌和 $4×10^{10}$ 个原生动物。瘤胃微生物除了细菌和原生动物外，还能见到酵母样微生物和噬菌体。

常见到的细菌有纤维素消化菌（如白色瘤胃球菌）、半纤维素消化菌（如居瘤胃拟杆菌）、淀粉分解菌（如反刍月形单胞菌）、产甲烷菌（如反刍甲烷杆菌）等三四十种。

常见到的原生动物主要是纤毛虫，纤毛虫体的大小为40～200微米，数量一般为20万～200万个/毫升。种类可分为全毛虫和寡毛虫两大类。全毛虫有原口等毛虫、肠等毛虫、厚毛虫；寡毛虫有囊状类毛虫、贪食类毛虫、尖尾类毛虫、有齿双毛虫、多泡双毛虫、家牛双毛虫、细硬甲虫、无尾前毛虫和有尾头毛虫等。

（三）牛羊的营养特点

1. 碳水化合物营养特点

碳水化合物是自然界分布极广的一种有机物质，是植物性饲料的主要组成成分，含量可占其干物质的50%～80%。碳水化合物在牛羊消化道中分解的终产物，不像单胃动物那样以葡萄糖为主，而是以低级挥发性脂肪酸（VFA）为主，作为能源或构成体组织的原料。

2. 能够利用非蛋白氮（NPN）

瘤胃微生物的活动要求有一定浓度的氨，而氨的来源是通过分解食物中的蛋白质而产生的。因此，不论是奶牛、肉牛，还是山羊、绵羊，饲料中均应加入一定浓度的非蛋白氮，提高日粮蛋白质水平。如尿素、铵盐等，可增加瘤胃中氨的浓度，有利于蛋白质的合成，可节约蛋白质，降低饲料成本，提高经济效益。

3. 能有效地利用粗饲料

微生物能很好地消化吸收粗纤维而转化成牛体能利用的能源物质。饲料中的纤维素、木质素、半纤维素等难以被其他单胃动物消化的成分，在瘤胃微生物发酵作用

下，最终变成挥发性脂肪酸，成为畜体的最大能源。因此牛羊的日粮可以粗饲料为主，同时日粮中必须有一定数量的粗纤维以维持瘤胃微生物的正常活动。在一般情况下，在牛羊的饲料中必须有 40%～70% 的粗饲料，才能保证牛羊正常的消化生理需要，即使在高强度肥育条件下的颗粒饲料，也必须保证粗饲料的比例。这就是牛羊能够有效地利用价格低廉、来源广泛的粗饲料的原因。

4. 很少添加合成维生素

在青贮饲料、青草及胡萝卜等正常供应的情况下，日粮中不需要添加合成的维生素。

第二节 牛羊的常用饲料原料及饲料添加剂

一、饲草、粗饲料及其加工产品

《饲料原料目录》（2023 版）列出的饲草、粗饲料及其加工产品主要包括干草及其加工产品、秸秆及其加工产品、青绿和青贮饲料等。

（一）干草及其加工产品

牛羊常用的干草及其加工产品见表 3-1。

表 3-1 干草及其加工产品

原料名称	特征描述
____草颗粒（块）	收割的牧草经自然干燥或烘干脱水、粉碎及制粒或压块后获得的产品。不得含有有毒有害草。产品名称应标明草的品种，如：苜蓿草颗粒、苜蓿草块
____干草	收割的牧草经自然干燥或烘干脱水后获得的产品。不得含有有毒有害草。产品名称应标明草的品种，如：苜蓿干草
____干草粉	收割的牧草经自然干燥或烘干脱水、粉碎后获得的产品。不得含有有毒有害草。产品名称应标明草的品种，如：苜蓿干草粉
苜蓿渣	苜蓿干草粉用水提取苜蓿多糖等成分后获得的副产品。可经烘干、粉碎或挤压成颗粒状

（二）秸秆及其加工产品

牛羊常用的秸秆及其加工产品见表 3-2。

第三章 牛羊日粮配合与饲料加工

表 3-2　牛羊常用的秸秆及其加工产品

原料名称	特征描述
____氨化秸秆	以收获籽实后的玉米秸、麦秸、稻秸为原料，在密闭的条件下按一定比例喷洒液氨、尿素、碳铵等氨源，在适宜的温度下经一定时间的发酵而获得的产品。产品名称应标明作物的品种，如：玉米氨化秸秆。如果原料为多种秸秆，产品名称直接标注氨化秸秆
____碱化秸秆	用烧碱（氢氧化钠）或石灰水（氢氧化钙）浸泡或喷洒玉米秸、麦秸、稻秸等粗饲料而获得的产品。产品名称应标明作物的品种，如：玉米碱化秸秆。如原料为多种秸秆，产品名称直接标注碱化秸秆
____秸秆	成熟农作物干的茎叶（穗）。产品名称应标明作物的品种，如：玉米秸秆
____秸秆粉	成熟农作物的茎叶（穗）经自然或人工干燥、粉碎后获得的产品。产品名称应标明作物的品种，如：玉米秸秆粉
____秸秆颗粒（块）	成熟农作物的茎叶（穗）经自然或人工干燥、粉碎、制粒或压块后获得的产品。产品名称应标明作物的品种，如：玉米秸秆颗粒、玉米秸秆块

（三）青绿和青贮饲料

牛羊常用的青绿和青贮饲料见表 3-3。

表 3-3　牛羊常用的青绿和青贮饲料

原料名称	特征描述
____青绿粗饲料	指可饲用的植物新鲜茎叶，主要包括天然牧草、栽培牧草、田间杂草、菜叶类、水生植物。产品不得含有有毒有害草。产品名称应标明植物品种，如：苜蓿
____半干青贮饲料	又称低水分青贮饲料，是将青贮原料经过预干蒸发，使水分降低至 40%～50% 时进行青贮而获得的产品。有可能使用青贮添加剂。产品名称应标明青贮原料的品种，如：玉米半干青贮饲料
____黄贮饲料	以收获籽实后的农作物秸秆为原料，通过添加微生物菌剂、酸化剂、酶制剂等添加剂，有可能添加适量水，在密闭缺氧的条件下，通过厌氧乳酸菌的发酵作用而获得的一类粗饲料产品。包括压袋装产品。产品名称应标明农作物的品种，如：玉米黄贮饲料
____青贮饲料	将含水率 65%～75% 的青绿粗饲料切碎后，在密闭缺氧的条件下，通过厌氧乳酸菌的发酵作用而获得的一类粗饲料产品。产品名称应标明粗饲料的品种，如：玉米青贮饲料

二、块茎、块根及其加工产品

牛羊常用的块茎、块根及其加工产品见表 3-4。

表 3-4　牛羊常用的块茎、块根及其加工产品

原料名称	特征描述
萝卜干（片、块、粉、颗粒）	萝卜经切块、干燥、粉碎工艺获得的不同形态的产品。产品名称应注明产品形态，如：白萝卜干
甘薯（红薯、白番薯、山芋、地瓜、红苕）干（片、块、粉、颗粒）	旋花科番薯属甘薯植物的块根，经切块、干燥、粉碎工艺获得的不同形态的产品。产品名称应注明产品形态，如：甘薯干
胡萝卜干（片、块、粉、颗粒）	胡萝卜经切块、干燥、粉碎工艺获得的不同形态的产品。产品名称应注明产品形态，如：胡萝卜干
菊苣根干（片、块、粉、颗粒）	菊科菊苣属菊苣的块根，经干燥、粉碎工艺获得的不同形态的产品。产品名称应注明产品形态，如：菊苣根粉
马铃薯（土豆、洋芋、山药蛋）干（片、块、粉、颗粒）	马铃薯经切块、切片、干燥、粉碎等工艺获得的不同形态的产品。产品名称应注明产品形态，如：马铃薯干
甜菜粕（渣）	藜科甜菜属甜菜的块根制糖后的副产品，由浸提或压榨后的甜菜片组成

三、谷物及其加工产品

牛羊饲料中常用的谷物及其加工产品主要见表 3-5。

表 3-5　牛羊饲料中常用的谷物及其加工产品

	原料名称	特征描述
玉米及其加工产品	玉米	玉米籽实。可经瘤胃保护
	压片玉米	去皮玉米经汽蒸、碾压后的产品。其中可含有少部分种皮
	膨化玉米	玉米在一定温度和压力条件下，经膨化处理获得的产品
	玉米糁（玉米碴）	玉米经除杂、脱胚、碾磨和筛分等系列工序加工而成的颗粒状产品
大豆及其加工产品	大豆	豆科草本植物栽培大豆的种子
	膨化大豆（膨化大豆粉）	全脂大豆经清理、破碎（磨碎）、膨化处理获得的产品
	豆饼（大豆饼）	大豆籽粒经压榨取油后的副产品。可经瘤胃保护
	豆粕（大豆粕）	大豆经预压浸提或直接溶剂浸提取油后获得的副产品；或由大豆饼浸提取油后获得的副产品；或大豆胚片经膨胀浸提制油工艺提取油后获得的产品。可经瘤胃保护
	膨化豆粕	豆粕经膨化处理后获得的产品
大麦及其加工产品	大麦	包括皮大麦和裸大麦（青稞）籽实。可经瘤胃保护
	大麦麸	以大麦为原料碾磨制粉过程中所分离的麦皮层

第三章 牛羊日粮配合与饲料加工

续表

原料名称		特征描述
大麦及其加工产品	大麦纤维	从大麦籽实中提取的纤维,或者生产大麦淀粉过程中提取的纤维类产物
	大麦芽	大麦发芽后的产品
	膨化大麦	大麦在一定温度和压力条件下经膨化处理获得的产品
	压片大麦	去壳大麦经汽蒸、碾压后的产品。其中可含有少部分大麦壳。可经瘤胃保护
	烘烤大麦	大麦经适度烘烤形成的产品
酒糟类	____干酒精糟(DDG)1.大麦 2.大米 3.玉米 4.高粱 5.小麦 6.黑麦 7.谷物 8.薯类	谷物籽实或薯类经酵母发酵、蒸馏除去乙醇后,对剩余的釜溜物过滤获得的滤渣进行浓缩、干燥制成的产品。产品名称应标明具体的谷物来源。根据谷物种类不同,可分为大麦干酒精糟、大米干酒精糟、玉米干酒精糟、高粱干酒精糟、小麦干酒精糟、黑麦干酒精糟。以两种及两种以上谷物籽实获得的产品标称为谷物干酒精糟。可经瘤胃保护
	____干酒精糟可溶物(DDS) 1.大麦 2.大米 3.玉米 4.高粱 5.小麦 6.黑麦 7.谷物 8.薯类	谷物籽实或薯类经酵母发酵、蒸馏除去乙醇后,对剩余的釜溜物过滤获得的滤液进行浓缩、干燥制成的产品。产品名称应标明具体的谷物来源。根据谷物种类不同,可分为大麦干酒精糟可溶物、大米干酒精糟可溶物、玉米干酒精糟可溶物、高粱干酒精糟可溶物、小麦干酒精糟可溶物、黑麦干酒精糟可溶物。以两种及两种以上谷物籽实获得的产品标称为谷物干酒精糟可溶物。可经瘤胃保护
	干啤酒糟	以大麦为主要原料生产啤酒的过程中,经糖化工艺后过滤获得的残渣,再经干燥获得的产品
	含可溶物的____干酒精糟(____干全酒精糟)(DDGS) 1.大麦 2.大米 3.玉米 4.高粱 5.小麦 6.黑麦 7.谷物 8.薯类	谷物籽实或薯类经酵母发酵、蒸馏除去乙醇后,对剩余的全釜溜物(酒糟全液,至少含3/4固体成分)进行浓缩、干燥制成的产品。产品名称应标明具体的谷物来源。根据谷物种类不同,可分为含可溶物的大麦干酒精糟、含可溶物的大米干酒精糟、含可溶物的玉米干酒精糟、含可溶物的高粱干酒精糟、含可溶物的小麦干酒精糟、含可溶物的黑麦干酒精糟。以两种及两种以上谷物籽实获得的产品标称为含可溶物的干谷物酒精糟。可经瘤胃保护
	____湿酒精糟(DWG)1.大麦 2.大米 3.玉米 4.高粱 5.小麦 6.黑麦 7.谷物 8.薯类	谷物籽实或薯类经酵母发酵、蒸馏除去乙醇后,剩余的釜溜物经过滤后获得的滤渣。产品名称应标明具体的谷物来源。根据谷物种类不同,可分为大麦湿酒精糟、大米湿酒精糟、玉米湿酒精糟、高粱湿酒精糟、小麦湿酒精糟、黑麦湿酒精糟。以两种及两种以上谷物籽实获得的产品标称为谷物湿酒精糟

续表

原料名称		特征描述
酒糟类	湿酒精糟可溶物（DWS）1.大麦 2.大米 3.玉米 4.高粱 5.小麦 6.黑麦 7.谷物 8.薯类	谷物籽实或薯类经酵母发酵、蒸馏除去乙醇后，剩余的釜馏物经过滤后获得的滤液。产品名称应标明具体的谷物来源。根据谷物种类不同，可分为大麦湿酒精糟可溶物、大米湿酒精糟可溶物、玉米湿酒精糟可溶物、高粱湿酒精糟可溶物、小麦湿酒精糟可溶物、黑麦湿酒精糟可溶物。以两种及两种以上谷物籽实获得的产品标称为谷物湿酒精糟可溶物
矿物质	滑石粉	天然硅酸镁盐类矿物滑石经精选、净化、粉碎、干燥获得的产品
	蒙脱石	由颗粒极细的水合铝硅酸盐构成的矿物，一般为块状或土状。蒙脱石是膨润土的功能成分，需要从膨润土中提纯获得
	膨润土（斑脱岩、膨土岩）	以蒙脱石为主要成分的黏土岩——蒙脱石黏土岩
	食盐	

四、牛羊常用的饲料添加剂

（一）矿物元素添加剂

牛的日常生产中常用的矿物质饲料有以下几种。

1. 食盐

大多数以植物性饲料为主的家畜，摄入的钠和氯远远不能满足需要，须补充食盐，相反，摄入的钾相当多。补充食盐，既可满足钠和氯的需要，又可满足机体对矿物质平衡的要求。在缺碘地区，以碘盐补给。

2. 含钙、磷的矿物质

钙和磷是一对相辅相成的矿物质元素，缺少其任何一个，对机体健康都不利，比例不适，也会影响机体健康。牛常用钙、磷饲料种类见表3-6。

表3-6 牛常用钙、磷饲料种类　　　　单位：%

名称	钙	磷	备注
石粉	32.7	0.1	89%以磷酸钙存在
贝壳粉	37	0	—
碳酸钙	40	0	—
磷酸钙	33	14	—
磷酸氢钙	23	20	—

续表

名称	钙	磷	备注
磷酸氢二钠	0	21.98	—
磷酸	0	31.9	—

3. 混合矿物质饲料

这类饲料是人们根据家畜不同生理状态对各种矿物质元素的需要，按一定比例配制而成的。目前，这类饲料名目繁多，多以添加剂形式供给。

（二）非蛋白氮饲料添加剂

非蛋白氮饲料添加剂，一般是指简单的含氮化合物，如尿素、碳酸氢铵、硫酸铵、液氨、磷酸二氢铵、磷酸氢二铵、异丁叉二脲、磷酸脲、氯化铵、氨水等，可代替蛋白质饲料，饲喂反刍动物以提供合成菌体蛋白所需要的氨氮，节省动植物性蛋白质饲料。以尿素为例，其含氮量为42%～46%，与大豆饼蛋白质含量43%相比，1千克尿素约相当于6千克大豆饼。充分发挥牛羊利用尿素类非蛋白质含氮化合物合成菌体蛋白的生物学特性，是节约天然动植物性饲料蛋白质的重要途径。

一般来说，尿素进入瘤胃后不超过2小时即可被微生物尿素酶水解生成氨，以致瘤胃细菌来不及充分利用。如果氨量过大，超过微生物利用的能力，不仅造成浪费，甚至会引起氨中毒。当日粮蛋白质含量较高时，不需要补充；而当日粮蛋白质含量较低时，补充适量的非蛋白质含氮物（如尿素等），就能获得更好的经济效益。

尿素虽是一种很好的蛋白质补充饲料，可以为牛羊提供氮素，却不能提供其他营养。因此，利用尿素补充蛋白质时，必须同时补充能量、矿物质和维生素，才能收到应有的效果。同时，为提高牛羊对其利用率、避免氨中毒，应用时要注意以下问题。

1. 延缓尿素类饲料在瘤胃中的分解速度

使微生物有充分的时间利用其分解产物——氨，通常采用以下方法。

（1）选择分解较慢的非蛋白质含氮物作饲料，如缩二脲、缩三脲、异丁叉二脲等。

（2）用保护剂处理尿素，如制作成凝胶淀粉尿素（将15%尿素、85%淀粉质饲料混匀，在一定的温度、湿度和压力下加工成凝胶颗粒）。

（3）利用金属离子（Na^+、K^+、Zn^{2+}、Cu^{2+}、Fe^{2+}、Co^{2+}）或尿素衍生物（如羟基酸、苯脲、羟基苯脲）抑制脲酶的活性。

2. 增加微生物的合成作用

在日粮中补充适量的淀粉饲料，特别是糊化淀粉，以满足微生物合成菌体蛋白质对能量和碳价的需要。适量添加蛋白质、钴和硫（氮硫比应不少于15∶1）等均可促进微生物的生长繁殖。

3. 正确使用尿素类饲料

（1）尿素用量一般不应超过总氮需要量的 1/3。高产牛日粮蛋白质已足够，就不要再加喂尿素。

（2）尿素安全用量不要超过日粮干物质的 1%。500 千克左右的成年牛的喂量，每天 150 克左右（100 千克体重 20~30 克），50 千克的成年羊每天 10~15 克。

（3）因尿素吸湿性强，易分解为氨，因此，不能单喂或溶于水中喂。喂后 2 小时内不能饮水，以免尿素直接流入皱胃，引起中毒。

（4）尿素适口性差，最好加在混合精饲料内饲喂或与淀粉类饲料、食盐等矿物质饲料制成尿素矿物质饲料砖，供牛羊舔食，或制成含尿素 0.5% 左右的青贮玉米料饲喂。

（5）精饲料中添加尿素饲喂时，不能同时喂生豆饼，因豆饼中含有脲酶，在有水的情况下使尿素分解，造成损失。

（6）每天饲用的尿素应分多次饲喂，以稳定瘤胃中氨的浓度，避免造成浪费或中毒。

五、奶牛常用的饲料添加剂

（一）营养性添加剂

1. 微量元素添加剂

目前已知在奶牛饲料中缺乏、配合饲料中常需要补充的微量元素有铜、锰、锌、铁、钴、硒、碘等。添加的形式有无机微量元素添加剂和有机微量元素添加剂两种。无机微量元素添加剂配合饲料中最常用的为氧化物与硫酸盐，在动物体内的利用率较有机微量元素添加剂要低，但价格便宜。口服或注射微量元素以预防矿物质缺乏的方法见表 3-7。

表 3-7 口服或注射微量元素以预防矿物质缺乏的方法

矿物质	方式	动物种类	口服或注射物质	时间
钴	注射	犊牛	2 毫克维生素 B_{12}	每 18~36 周注射 1 次
铜	皮下注射	牛	120~240 毫克	每 3~6 个月注射 1 次
	口服	牛	20~30 毫克	每 6~12 个月口服 1 次
硒	口服或皮下注射	牛	硒酸钠或亚硒酸钠 +680 国际单位维生素 E	产犊前（预防胎衣不下）
		犊牛	20~30 毫克硒酸钠或亚硒酸钠	2~3 个月

2. 氨基酸添加剂

研究证实，在以豆粕为基础日粮的条件下添加过瘤胃蛋氨酸可提高荷斯坦牛的产奶量、标准乳中的固形物含量和采食量；改善围产期奶牛的健康状况和生产性能。添加过瘤胃氨基酸的最好时期是从分娩前 2~3 周至泌乳后大约 150 天。此外，在以青贮饲料为基础的混合日粮中，青贮饲料 pH 过低（低于 3.6）会使过瘤胃氨基酸的稳定性下降而在瘤胃内就被降解，影响实际饲用效果。

也有研究证实，奶牛饲喂 N-羟甲基蛋氨酸钙，可提高产奶量；如果同时饲喂适量 L-赖氨酸，还可提高产奶量和乳脂率。

3. 瘤胃保护性脂肪添加剂

（1）反刍动物日粮中应用过瘤胃保护油脂的必要性　目前，能量的摄入不足是生产中限制高产奶牛生产性能发挥的一个重要因素。对奶牛来讲，在泌乳最初的 2～3 个月，产奶量迅速上升，而采食量的增加相对减少，能量代谢处于负平衡，从而限制了奶牛生产性能的发挥。在这一时期，奶牛的体重下降较快。生产中为了减少能量负平衡的发生，通常采用提高日粮的能量浓度，增加精饲料饲喂量的办法来弥补。但是增加精饲料的饲喂量会引起瘤胃功能紊乱、酸中毒、膨胀症及酮病等代谢病的发生，还会使纤维消化率降低、乳脂率下降。而脂肪的含能值比精饲料高两倍以上，因而只有依靠脂肪的使用才能够解决高产奶牛能量负平衡的发生，在精饲料中添加脂肪可避免饲喂精饲料过多而造成的不良影响。

油脂直接加入奶牛日粮中时，可引起饲料采食量和纤维消化率下降；使用瘤胃保护性脂肪可以避免直接添加油脂的不良影响。

（2）瘤胃保护性脂肪在奶牛营养代谢中的特殊作用

①脂肪的能值较高。相同重量脂肪的能量含量是相同重量碳水化合物能量含量的 2.25 倍。因此，在奶牛日粮中添加脂肪，对日粮的精、粗比例影响很小，也不会像碳水化合物那样导致奶牛瘤胃 pH 的降低，因而可在没有任何副作用的情况下提高日粮的能量浓度，使奶牛在不增加干物质进食量的情况下满足对能量的需要，避免一切由能量不足所导致的不良后果。

②提高乳脂率。日粮中的脂肪被消化吸收后，以脂肪酸的形式直接进入乳腺合成乳脂，这就比在乳腺内先从乙酸、β-羟丁酸等原料合成长链脂肪酸后再合成乳脂的能量利用效率高。

③有利于母牛繁殖机能。脂肪酸可使血液中孕酮水平升高，促进卵泡和子宫内膜的发育和成熟，有利于母牛的正常排卵和妊娠，因而可提高奶牛的受胎率。

④降低食后体增热、节省饲料。采食脂肪后体增热较低（几乎为零），因而添加脂肪可降低奶牛的食后体增热，减小热应激对奶牛的不利影响。

4. 高不饱和脂肪酸饲料添加剂（共轭亚油酸）

（1）共轭亚油酸概况　共轭亚油酸（CLA）是一组亚油酸的异构体。在 20 世纪 80 年代中期由 Pariza 等从研磨的牛肉中发现，以后相继在不同的牛肉和牛奶制品中发现。人工合成和天然存在的 CLA 异构体主要有 8 种，但主要以 t11-c9、t10-c12、t9-c11 和 t10-t12 4 种形式存在。动物中只有反刍动物能够利用其自身的瘤胃微生物（溶纤维丁酸弧菌）合成 CLA，因此在牛奶中共轭亚油酸的含量最高，每克乳脂中含有

4.2～30毫克，但受牧草种类的影响而变动范围较大。牛肉中共轭亚油酸含量相对于牛奶来说较低，每克脂肪中为1～4.5毫克，人和其他动物自身基本不能合成，需要由食物和饲料供给。

由于共轭亚油酸与癌症、糖尿病、心血管疾病以及肥胖症有密切的联系，共轭亚油酸成为近年来人类营养和动物营养研究的热点之一。

（2）共轭亚油酸的生物学功能

①共轭亚油酸的营养再分配作用。营养再分配作用是共轭亚油酸的重要生物学效应之一，大量研究表明，饲料中添加共轭亚油酸可以降低动物机体脂肪沉积，提高胴体瘦肉率。

②共轭亚油酸对动物生产性能的影响。共轭亚油酸不仅具有营养再分配的功能，而且还具有促进动物生产性能、提高饲料转化率、增加经济效益的作用。

③共轭亚油酸的免疫作用。饲料中营养素的缺乏或过量对动物免疫能力的影响是动物营养学研究的重点领域。饲料中添加一定剂量的共轭亚油酸，可以有效地降低免疫刺激导致的生长抑制，而对免疫指标没有影响。此外，共轭亚油酸还能够促进细胞分裂，阻止肌肉退化，延缓机体免疫能力的衰退。

共轭亚油酸除具有以上几种生物学功能外，还具有抗氧化特性、降低肥胖病人和试验动物体脂肪含量、提高动物免疫力等功能。

④共轭亚油酸产品的生产。现在世界上已经有很多大型的、专门化的公司能够合成CLA，但这种化工合成的CLA都含有1%～6%的未知不可皂化物，因而限制了其在食品和饲料添加剂中的应用。国家海洋局第一海洋研究所通过低沸点溶剂萃取技术在碱蓬籽中提取油脂，再从油脂中提取CLA，纯度约为70%，并已经开始批量生产。

⑤共轭亚油酸的活性形式。由于CLA是一组亚油酸的异构体复合物，理论上共有56种，在众多异构体中，CLA究竟以哪一种异构体形式发挥其生理作用，引起了人们的普遍关注。研究表明，CLA的抗癌作用及其抗氧化作用的活性形式为t11-c9CLA，而且这种形式的异构体在奶制品上含量最高。而t10-c12形式CLA能够改变机体组成，调控脂肪代谢。奶牛试验中发现，t10-c12形式的CLA可以抑制肥胖，支持了这一结论。

（二）非营养性添加剂

1. 缓冲剂饲料添加剂

科学研究和生产实践表明，要发挥奶牛，特别是高产奶牛的生产潜力，必须提供充足的高精饲料日粮，选用酸度大的青贮饲料，如果粗纤维采食不足，在瘤胃势必会形成过多的酸性产物，瘤胃pH值降低，瘤胃微生物生长被抑制（pH值为6.7～7.1时，粗纤维消化率最高），奶牛无法发挥应有的生产潜力，甚至引起一些疾病，如厌食、胃炎、酸中毒、蹄叶炎、肺脓肿、酮血病、脂肪肝、皱胃变位等，严重影响奶牛生产力的发挥。为此，随着奶牛生产性能的提高，在饲粮中添加一些缓冲剂有重要的实际意义。

缓冲剂在奶牛上的应用主要表现在以下几个方面。

（1）对奶牛采食量的影响　据报道，缓冲剂可能会影响奶牛的采食量，这种效应取决于日粮的成分、物理状态和饲喂制度。缓冲剂常常会使以苜蓿为基础日粮的奶牛采食量降低，特别是在饲喂少量苜蓿干草和精饲料自由采食的情况下。但是，加缓冲剂常可提高青贮基础日粮的采食量，与喂颗粒饲料的效果相同。

（2）对奶牛乳脂率的影响　据报道，在精饲料中添加缓冲剂可克服或部分矫正因高水平精饲料引起的乳脂率下降，但对乳蛋白的含量、无脂固形物没有影响。如在玉米青贮饲料和谷物日粮比例为50∶50或75∶25的泌乳奶牛日粮中，添加1.2%的碳酸氢钠，能显著提高乳脂率和校正乳产量。从产犊开始给泌乳奶牛添加碳酸氢钠和氯化镁，并逐渐增加到正常量，使产乳量、乳蛋白量、乳脂率、乳糖量和无脂干物质均有较大的提高。

（3）对奶牛瘤胃发酵形式的影响　在多数情况下，乳成分的酸度也反映在瘤胃发酵形式上。瘤胃中丙酸含量的下降伴随着乙酸，偶尔还有丁酸含量的增加。据报道，饲喂碳酸氢盐的奶牛总挥发性脂肪酸含量升高，特别是乙酸、丁酸、异戊酸的数量增加，而丙酸和戊酸比例较低。

（4）对奶牛消化与氮代谢的影响　加入缓冲剂后，可使瘤胃pH值保持在6.0以上，对纤维分解菌的生长十分有利，可提高酸性洗涤纤维的消化率。缓冲剂可以促进小肠中碳水化合物的酶解，增强淀粉的消化。据报道，在犊牛食料中加入3%的碳酸氢钠时，虽不影响氮的消化率，却提高了高蛋白日粮氮的利用率。这说明对蛋白质不足的高精饲料日粮，碳酸氢钠具有节省蛋白质的作用。

（5）对犊牛生长发育的影响　通常认为，由粗饲料转换为高精饲料的刚开始两周，对犊牛补饲缓冲剂最为有效，此时，犊牛对碳酸氢钠较为敏感。用补加2%～3%的碳酸氢钠的高精饲料日粮饲喂犊牛，平均日增重提高10%～17%。这是因为幼年家畜的唾液分泌量比成年家畜少得多。

2. 阴离子饲料添加剂

（1）阴离子饲料添加剂概述　日粮中所含矿物质，根据其所带电荷可区分为阴离子及阳离子。阴离子包含氯离子、硫离子、磷离子等，阳离子包含钠离子、钾离子、钙离子、镁离子等。阴-阳离子平衡值可以用阳离子和阴离子之差（CAD）来表示。所谓日粮阴阳离子之差是指饲粮总阳离子与总阴离子毫克当量的差值。阴阳离子之差以1千克干物质中毫克当量（mEq）表示。通过CAD预测奶牛所用日粮是酸性还是碱性：高阴离子水平为酸性日粮；高阳离子水平为碱性日粮。酸性和碱性日粮所造成的动物反应不同。碱性日粮可导致奶牛乳热症的发生，酸性日粮则有预防奶牛乳热症发生的作用。为此，必须使用专门的阴离子饲料添加剂。

（2）阴离子饲料添加剂作用与用途　奶牛产奶过渡期，即分娩前3周（干奶后期）到分娩后 2 周（初产期）的健康状况对发挥生产性能至关重要。这一阶段的奶牛最易患乳热症。乳热症的特征和结果都是严重的低血钙，而发生乳热症的奶牛非常容易患酮病、乳房炎、难产、胎衣不下、子宫内膜炎和真胃移位等奶牛常见性疾病。在一般情况下，在产犊后的 1～3 周耗费 70%～80% 的兽医费用。大量的研究资料和生产实践表明，在产犊前奶牛日粮中添加阴离子添加剂，可以减少乳热症的发生，而且可以减少由于低血钙引起的一系列代谢紊乱性疾病，如胎衣滞留和真胃移位等，改善瘤胃的收缩，从而提高奶牛在泌乳早期的采食量。从而大幅度减少患乳热症的奶牛治疗费用，以及由于瘫痪引起的其他疾病的费用。

3. 抗热应激饲料添加剂

夏季高温是影响畜禽生产性能的重要因素，对奶牛的直接影响表现为产奶量的下降。我国的乳用牛多为荷斯坦牛，具有耐寒怕热的特性，10～15℃为产乳的最适宜温度，27～40℃时奶牛体温上升，产乳量明显下降，乳汁变稀，超过 40℃时，奶牛食欲几乎停止，并出现虚脱和休克。夏季高温对于奶牛的影响，除了表现在产奶量的下降之外，还会诱发各种疾病，越是高产的奶牛，受热应激的影响越大。我国夏季气温较高，特别是南方平均气温都在 30℃以上，并且持续时间长。所以当今国内外许多专家都在致力于抗热应激饲料添加剂的研究。目前常用的抗热应激饲料添加剂主要有电解质添加剂、中草药饲料添加剂等。抗热应激饲料添加剂主要是以碳酸氢钠和维生素 C 为主的缓解剂，除此之外，还有解热镇静剂、电解质和部分微量元素等。

第三节　牛羊饲料的加工调制

牛羊的饲料虽然种类较多，来源较广，但在未加工前普遍存在利用率不高和适口性差的问题，尤以粗饲料为甚。以干草和秸秆为代表的粗饲料来源丰富，是养牛羊的主要饲料，特别是在目前我国大力发展节粮型畜牧业、玉米豆粕减量替代的情况下，研究如何充分利用饲草资源，通过加工处理，以增强饲草的适口性和提高其利用率，更具重要的实际意义。

一、青贮饲料的加工调制

青贮饲料是保证常年均衡供应青绿多汁饲料的有效措施，青贮饲料气味酸香，柔软多汁，颜色黄绿，适口性好，是牛羊四季，特别是冬春季节的优良饲料。农区青贮玉米秸秆对于提高牛羊生产的经济效益具有重要意义。

（一）青贮饲料加工原理

青贮是利用微生物的乳酸发酵作用，达到长期保存青绿多汁饲料营养特性的一种方法。青贮过程的实质是将新鲜植物紧实地堆积在不透气的容器中，通过微生物（主要是乳酸菌）的厌氧发酵，使原料中所含的糖分转化为有机酸（主要是乳酸）。当乳酸在青贮原料中积累到一定浓度时，就能抑制其他微生物的活动，并制止原料中的养分被微生物分解破坏，从而将原料中的养分很好地保存下来，即由乳酸菌发酵产生的乳酸起到了防腐剂的作用。乳酸发酵过程中产生大量热能，当青贮原料温度上升到50℃时，乳酸菌也就停止了活动，发酵结束。由于青贮原料是在密闭并停止微生物活动的条件下贮存的，因此可以长期保存不变质。

（二）秸秆青贮技术要点

秸秆青贮的成功关键在于乳酸的发酵程度。乳酸菌的发酵对温度环境、水分及糖等有一定的要求。其技术要点如下。

1. 排出空气，形成厌氧环境

乳酸菌是厌氧菌，乳酸菌的繁殖与生长必须具备厌氧的环境条件。缺氧环境对青贮饲料中乳酸含量的增加，较有氧环境具有显著的促进作用。造成青贮饲料厌氧的环境首先是青贮原料必须切碎，因为细碎便于压实。其次在青贮过程中，必须注意踩紧压实、封严，原料切得越短，踩得越实，密封得越严越好。否则将滞留过多的空气，会使呼吸作用延长、糖分被消耗，形成高温发酵，产生较多的丁酸，并使pH值升高，导致发霉变质或腐烂。

2. 创造适宜的温度环境

原料温度控制在25～35℃，乳酸菌会大量繁殖，很快占主导地位，致使其他一切杂菌都无法活动繁殖，若原料温度在50℃以上时，丁酸菌就会生长繁殖，使青贮饲料出现臭味，以致腐败。

3. 掌握好水分含量

青贮饲料要有一定的湿度，这是促进乳酸菌发酵的一个重要条件。发酵延长，并且青贮原料的汁液易被压挤出来，使养分渗漏流失，而且易引起丁酸发酵。不能达到乳酸菌发酵时所要求的浓度，乳酸菌含量不能增加，青贮原料会发生腐烂现象。如果水分过少，便不易压实，窖内空气难以排出，导致青贮原料腐败霉烂。适于乳酸菌繁殖的含水量为70%左右，70%的含水量相当于玉米植株下边有3～5片干叶；如果全株青绿，砍后可以晾半天；青黄叶比例各半，只要设法踏实，不加水同样可获成功。

4. 选择合适的原料

调制青贮饲料的关键是必须造成乳酸菌迅速繁殖的条件，这个前提条件就是必须使青饲料中具有足够的糖。每形成1克乳酸，就需要1.7克葡萄糖。青贮原料中含糖量不宜少于1%～1.5%，否则会影响乳酸菌的正常繁殖，青贮饲料的品质难以保证。原料含糖多的易贮存，如玉米秸、瓜秧、青草等。含糖少的难贮，如花生秸、大豆秸等。对于含糖少的原料，可以与含糖多的原料混合青贮，也可添加3%～5%的玉米面或麦麸单独青贮。

5. 确定适宜的时间

利用农作物秸秆青贮，要掌握好时机。将收获果穗后的青玉米秸秆切成2厘米长，加水10%～15%，然后按比例掺入尿素，可调制成品质良好的玉米秸青贮饲料。几种常用青贮原料适宜收割期见表3-8。

表3-8　几种常用青贮原料适宜收割期

原料种类	收割适宜期
收穗后的玉米秸	玉米果穗成熟，有一半以上叶子为绿色时立即收割，或玉米成熟时收割（削尖青贮，削尖时果穗上都应保留1片叶）
高粱	蜡熟期
豆科牧草及野草	始花期
禾本科牧草及麦类	抽穗初期
甘薯藤	霜前或收薯前1～2天

（三）青贮方法

1. 青贮的准备

制作青贮饲料需要有一定的容器，如青贮窖（坑）、青贮塔、青贮缸和青贮饲料袋等。这些都要提前选择、购置和建造。青贮窖（坑）最好是用砖砌、水泥抹面，并选择地势高、地下水位低和土质坚硬、向阳的地方，以防渗水倒塌。挖好窖后，应晾晒1～2天，以减少窖壁水分，增加窖壁硬度。窖的四周应有排水沟，以防雨水流入窖内。

2. 青贮的步骤及要求

首先将青贮原料切短，长度为2～5厘米；然后装窖，每次填入窖内约20厘米厚，用人力或机械充分压紧踏实，以后每填一次压紧一遍，直至装到超过窖口0.5米以上；最后封顶，先盖一层切短的秸秆或软草（厚20～30厘米），或铺盖塑料薄膜，再覆盖厚约0.5米的泥土。北方寒冷地区可覆盖1米，将顶做成半圆形，以利排水。以后经常检查有无裂缝，随时加土覆盖，以防空气进入或雨水渗入。

青贮饲料装窖密封，经1.5个月后，乳酸菌的发酵过程完成，青贮饲料也就制作完成了。

（四）青贮饲料的利用

喂青贮饲料之前应检查质量——色、香、味和质地。优质青贮饲料应为：颜色黄绿，柔软多汁，气味酸香，适口性好。玉米秸秆青贮带有很浓的酒香味。

我国农业农村部制订的部分不同原料青贮饲料质量评定标准，见表3-9、表3-10和表3-11。

表3-9 玉米秸秆青贮质量评定标准

项目	配制（分）	优等	良好	一般	劣等
pH值	25	3.4～3.8（25）	3.9～4.1（17）	4.2～4.7（8）	4.8以下（0）
水分	20	70%～75%（20）	76%～80%（13）	81%～85%（7）	86%以上
气味	25	甘酸味舒适感（25）	淡酸味（17）	刺鼻酸味（8）	腐败味霉烂味（0）
色泽	20	亮黄色（20）	褐黄色（13）	中间（7）	暗褐色（0）
质地	10	松散柔软不粘手（10）	中间（7）	略带黏性（3）	发黏结块（0）
合计（分）	100	76～100	51～75	26～50	25以下

注：（ ）中为分数，下同。

表3-10 青贮紫云英、青贮苜蓿质量评定标准

项目	配制（分）	优等	良好	一般	劣等
pH值	25	3.6～4.0（25）	4.1～4.3（17）	4.4～5.0（8）	5.0以下（0）
水分	20	70%～75%（20）	76%～80%（13）	81%～85%（7）	86%以上
气味	25	酸香味舒适感（25）	酸臭带酒酸味（17）	刺鼻酸味不舒服感（8）	腐败味霉烂味（0）
色泽	20	亮黄色（20）	金黄色（13）	淡黄褐色（7）	暗褐色（0）
质地	10	松散柔软不粘手（10）	中间（7）	略带黏性（3）	腐烂发黏结块（0）
合计（分）	100	76～100	51～75	26～50	25以下

表3-11 青贮红薯藤质量评定标准

项目	配制（分）	优等	良好	一般	劣等
pH值	25	3.6～3.8（25）	3.9～4.1（17）	4.2～4.7（8）	4.8以下（0）
水分	20	70%～75%（20）	76%～80%（13）	81%～85%（7）	86%以上
气味	25	甘酸味舒适感（25）	淡酸味（17）	刺鼻酒酸味（8）	腐败味霉烂味（0）
色泽	20	棕褐色（20）	中间（13）	暗褐色（7）	黑色（0）
质地	10	松散柔软不粘手（10）	中间（7）	略带黏性（3）	腐烂发黏结块（0）
合计（分）	100	76～100	51～75	26～50	25以下

饲喂时，青贮窖只能打开一头，要分段开窖，分层取，取后要盖好，防止日晒、雨淋和二次发酵，避免养分流失、质量下降或发霉变质。发霉、发黏、发黑、结块的不能用。

开始饲喂青贮饲料时，要由少到多，逐渐增加，停止饲喂时，也应由多到少逐步减喂。使牛羊有一个适应过程，防止暴食和食欲突然下降。

青贮饲料的用量,应视牛羊的品种、年龄、用途和青贮饲料的质量而定,除高产奶牛外,一般情况可以作为唯一的粗饲料使用。通常喂量,奶牛 20~30 千克/天,役牛 10~15 千克/天,种公牛、肉牛 5~12 千克/天,羊 1.5~2 千克/天。

(五)特种青贮

青贮原料因植物种类不同,本身含可溶性碳水化合物和水分不同,青贮难易程度也不同。采用普通青贮方法难以青贮的饲料,必须进行适当处理,或添加某些添加物,这种青贮方法称为特种青贮法。特种青贮所进行的各种处理,对青贮发酵的作用,主要有 3 个方面:一是促进乳酸发酵,如添加各种可溶性碳水化合物,接种乳酸菌,加酶制剂等青贮,可迅速产生大量乳酸,使 pH 值很快达到 3.8~4.2;二是抑制不良发酵,如添加各种酸类抑菌剂、凋萎或半干青贮,可防止腐败菌和丁酸菌的生长;三是提高青贮饲料的营养物质,如添加尿素、氨化物等,可增加粗蛋白质含量。

1. 低水分青贮法

低水分青贮也称半干青贮。青贮原料中的微生物不仅受空气和酸的影响,也受植物细胞质的渗透压的影响。低水分青贮饲料制作的基本原理是:青饲料刈割后,经风干,水分含量达 45%~50%,植物细胞的渗透压达 5.5×10^6~6×10^6 帕。在这种情况下,腐败菌、丁酸菌的含量增加导致乳酸菌的生命活动接近于生理干燥状态,生长繁殖受到限制。因此,在青贮过程中,青贮原料中糖分的多少,最终的 pH 值的高低已不起主要作用,微生物发酵微弱,有机酸形成数量少,碳水化合物保存良好,蛋白质不被分解。虽然霉菌在风干植物体上仍可大量繁殖,但在切短压实和青贮厌氧条件下,其活动也很快停止。

低水分青贮法近十几年来在国外盛行,我国也开始在生产上采用。它具有干草和青贮饲料两者的优点。任何一种牧草或饲料作物,不论其含糖量多少,均可低水分青贮,难以青贮的豆科牧草(如苜蓿、豌豆等)尤其适合调制成低水分青贮饲料,从而为扩大豆科牧草或作物的加工调制范围开辟了新途径。

根据低水分青贮的基本原理和特点,制作时青贮原料应迅速风干,要求在刈割后 24~30 小时,豆科牧草含水量应达 50%,禾本科达 45%。原料必须短于一般青贮,装填必须更紧实,才能造成厌氧环境,以提高青贮品质。

2. 加酸青贮法

难贮的原料加酸之后,很快使 pH 值下降至 4.2 以下,抑制了腐败菌和霉菌的活动,达到长期保存的目的。加酸青贮常用无机酸和有机酸。

(1)加无机酸 对难贮的原料可以加盐酸、硫酸、磷酸等无机酸。盐酸和硫酸腐蚀性强,对窖壁和用具有腐蚀作用,使用时应小心。用法是 1 份盐酸(或硫酸)加 5 份水,配成稀酸,100 千克青贮原料中加 5~6 千克稀酸。青贮原料加酸后,很快下沉，遂停止呼吸作用，杀死细菌，降低 pH 值，使青贮质地变软。

国外常用的无机酸混合液由 30% 盐酸 192 份和 40% 硫酸 48 份配制而成，使用时 4 倍稀释，青贮时每 100 千克原料加稀释液 5～6 千克；或 8%～10% 盐酸 170 份，8%～10% 硫酸 43 份混合制成，青贮时按原料质量的 5%～6% 添加。

强酸易溶解钙盐，对家畜骨骼发育有影响，注意家畜日粮中钙的补充。使用磷酸价格高，腐蚀性强，能补充磷，但饲喂家畜时应补钙，使其钙磷平衡。

（2）加有机酸　添加在青贮饲料中的有机酸有甲酸（蚁酸）和丙酸等。甲酸是很好的发酵抑制剂，一般用量为每吨青贮原料加纯甲酸 2.4～2.8 千克。添加甲酸可减少青贮中乳酸、乙酸含量，降低蛋白质分解，抑制植物细胞呼吸，增加可溶性碳水化合物与真蛋白含量。

丙酸是防霉剂和抗真菌剂，能够抑制青贮中的好气性菌，作为好气性破坏抑制剂很有效，但作为发酵剂不如甲酸，其用量为青贮原料的 0.5%～1%。添加丙酸可控制青贮的发酵，减少氨氮的形成，降低青贮原料的温度，促进乳酸菌生长。

加酸制成的青贮饲料，颜色鲜绿，具香味，品质好，蛋白质分解损失仅 0.3%～0.5%，而在一般青贮中则达 1%～2%。首蓿和红三叶加酸青贮，结果粗纤维减少 5.2%～6.4%，且减少的这部分纤维水解变成低级糖，可被动物吸收利用。而一般青贮的粗纤维仅减少 1% 左右，胡萝卜素、维生素 C 等加酸青贮时损失少。

3. 加尿素青贮法

青贮原料中添加尿素，通过青贮微生物的作用，形成菌体蛋白，以提高青贮饲料中的蛋白质含量。尿素的添加量为原料重量的 0.5%，青贮后每千克青贮饲料中增加可消化蛋白质 8～11 克。

添加尿素后的青贮原料可使 pH 值、乳酸含量和乙酸含量以及粗蛋白质含量、真蛋白含量、游离氨基酸含量提高。氨的增多增加了青贮缓冲能力，导致 pH 值略为上升，但仍低于 4.2，尿素还可以抑制开窖后的二次发酵。饲喂尿素青贮饲料可以提高干物质的采食量。

4. 其他青贮法

其他青贮法有加甲醛青贮法、加乳酸菌青贮法、加酶制剂青贮法、湿谷物青贮法。

二、全株玉米青贮技术

（一）玉米品种的选择

调制全株玉米青贮，要求玉米品种籽粒产量；植株高大，生物产量高；干物质含量高；抗倒性好。目前市售的专用青贮玉米品种，大部分的生物产量鲜重都可达到

5 000～6 000 千克/亩[①]，但普遍存在收获时籽粒产量低、成熟度差、干物质含量少等问题，极大地影响了青贮饲料的能量值。

一个品质优良的全株青贮玉米品种，首先是一个好的粮食作物品种，其籽粒的产量要高。全株玉米青贮能量的 65% 来自于玉米籽粒，一定范围内，玉米籽粒产量越高，全株玉米青贮的干物质含量和能量值就越高。玉米穗轴的粗细、籽粒的长短等会影响玉米籽粒的产量和干物质含量，并由此影响全株玉米青贮饲料的能量值。如果一个玉米品种的穗轴粗、籽粒短，玉米籽粒的产量低，用其全株做青贮，能量值低，而且生长后期因脱水慢，穗轴有时还会发生霉变（图 3-1-a），进而影响饲料安全；而穗轴细、籽粒长（图 3-1-b）的玉米品种，其籽粒产量高、脱水快，用其制作全株青贮饲料能量值高，这样的玉米品种则更受牧场的青睐。

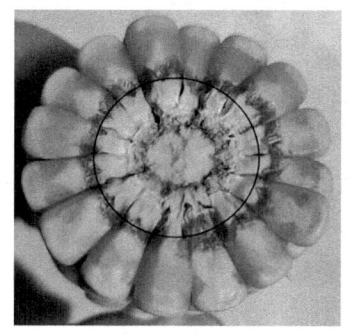
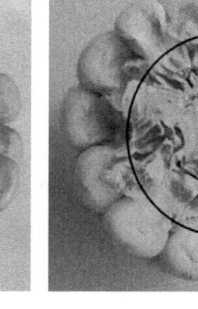

a. 穗轴粗、籽粒短　　b. 穗轴细、籽粒长

图 3-1　青贮玉米品种截面

在保证玉米籽粒产量高的前提下，优良的全株青贮玉米品种植株要尽量高大，越是高大的植株，其生物产量就越高。

表 3-12 中列出的青贮玉米品种性能表现良好，近年来在全国各地已有大量栽培。生产上选择时，要认真考虑各个品种审定公告中所规定的适宜栽培区域，并做好引种试验，防止盲目引种栽培带来经济损失。

---

① 1 亩 ≈ 667 米^2，全书同。

表 3-12 青贮玉米品种

品种名称	特征特性			原料品质（全株、干物质）			产量表现（鲜重，千克/亩）	栽培密度（株/亩）	适种区域
	生长期（天）	株高（厘米）	成株叶片（片）	中性洗涤纤维（NDF）%	酸性洗涤纤维（ADF）%	蛋白（干重）%			
豫青贮 23（国审玉 2008022）	117	330	18～19	46.72～48.08	19.63～22.37	9.3	6 237.1	4 500	京津冀、内蒙古、黑吉辽等
京科青贮 516（国审玉 2007029）	115	310	19	47.58～49.03	20.36～21.76	8.08～10.03	1 247.5（干重）	5 000	京津、冀北、辽东、吉中南、黑第一积温带、呼和浩特以及晋北等春播区
真金青贮 31（蒙认饲 2007002 号）	145	357	17.25	53.08	25.24	10.10	8 141.1	3 800	活动积温（≥10℃）2 600℃以上的区域
真金青贮 32（蒙认饲 2007003 号）	146	350	13.9	53.27	25.11	9.42	7 940	3 800	同上
新青 1 号	110	270～300	单株结穗 5～8 个	全植株干物质含粗纤维 8.38、粗脂肪 3.02、总糖 11.65		11.63	8 000	4 500～5 500	南北疆春播、南疆复播以及活动积温（日平均温度≥10℃）2 400℃以上地区
曲辰 19 号（冀审玉 2014028 号）	96	253	21	55.93	22.41	9.30	5 564.3	6 000	晋北、新北春玉米区以及晋中、皖北、苏中北部等

续表

品种名称	特征特性			原料品质（全株、干物质）			产量表现（鲜重，千克/亩）	栽培密度（株/亩）	适种区域
	生长期（天）	株高（厘米）	成株叶片（片）	中性洗涤纤维（NDF）%	酸性洗涤纤维（ADF）%	蛋白（干重）%			
郑青贮1号（国审玉2006055）	125	285	19	44.82	22.00	7.65	7 201.5	4 000~4 500	晋北、冀北春玉米区以及晋中、皖北、苏中北部等
北农青贮208（京审玉2007012，蒙认饲2009003）	116	329	21~23	44.43	17.18	9.63	5 316.7	4 000~4 500	京及京周地区
新饲玉15号（新审玉2009年41号）	130	330	24~25	49.6	5.2	10.15	5 042.27	5 500~6 000	≥（日平均温度≥10℃）有效积温2 800℃以上的地区
京科青贮301（国审玉2006053）	110	287	19~21	41.28	20.31	7.94	1 306.5（干重）	4 000~4 500	京、津、冀北部、晋中、吉中南、辽东、呼和浩特春玉米区和鲁、皖北、豫大部等夏玉米种植地区

（二）刈割

1. 刈割时间的确定

青贮玉米的刈割时间影响籽粒的成熟度和干物质含量，并由此影响全株玉米青贮饲料的能量值。玉米刈割过早，籽粒成熟度差，全株含水量高、干物质含量和淀粉含量少，压实过程中容易流出汁液，青贮后能量低。如果刈割过晚，玉米籽粒的成熟度高，但粗纤维含量高，消化率低，奶牛采食后泌乳净能降低；另一方面，秸秆全株叶片发黄，秸秆粗硬，含水量低，制作青贮时难以压实，容易使青贮霉烂变质。

确定玉米的最佳刈割期，一个最简单、最直接的办法就是观察玉米的乳线位置。通常情况下，玉米籽粒灌浆的顺序是：果穗中部最早，其次是果穗下部，最后是果穗上部；具体到每一个籽粒，一般是从籽粒顶部开始逐渐向籽粒基部（胚芽部）灌浆充实，观察籽粒胚的背面，蜡状部分颜色较深，乳状部分和蜡状部分形成一条明显的界线，这个界线通常称为玉米的乳线。用指掐或牙咬，籽粒的乳状部会出现乳白色液体，依次掐（咬）向蜡状部，液体逐渐由稀变稠，硬度逐渐增大，直至没有液体流出的位置即是乳线位置。

当玉米籽粒乳线位置接近 2/5（图 3-2-a）时，全株玉米青贮干物质的含量大约是30%，牧场就要做好刈割的准备；随着生长期延长，玉米籽粒的乳线逐渐向里收缩，当乳线位于籽粒 1/2～2/3 时（图 3-2-b、图 3-2-c），干物质含量为 30%～35%，此时是全株玉米青贮的最佳刈割时间。

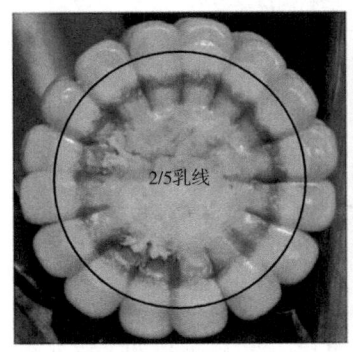 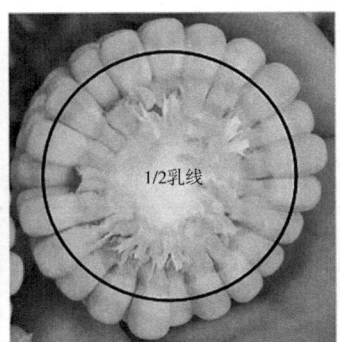 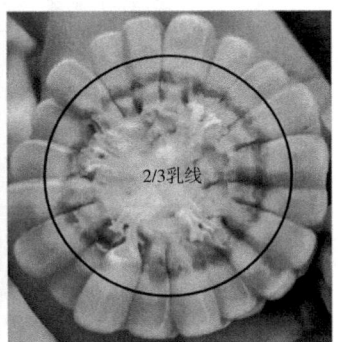

a. 乳线位于籽粒的 2/5　　　b. 乳线位于籽粒的 1/2　　　c. 乳线位于籽粒的 2/3

图 3-2　乳线位置与最佳刈割时间

2. 全株玉米青贮原料处理操作要领

（1）留茬高度　青贮玉米刈割时，留茬高度 20～40 厘米，最短不要超过 15 厘米，最佳高度推荐为 25～30 厘米。留茬过高，生物产量降低；留茬过低，原料粗纤维含量高，还会携带地面上的杂菌、泥沙进入青贮窖，影响玉米青贮质量。

（2）切碎长度　机械收割时，应视玉米成熟情况，灵活设定切碎长度。一般来讲，玉米成熟度高，干物质含量高，切碎长度就要短些；玉米成熟度低，干物质含量低，切碎长度可适当长一些，但不要超过2厘米。从奶牛的消化特点看，如果切得太短，不符合奶牛的瘤胃消化特点，长期使用过短、过碎的粗饲料、玉米青贮饲料，会引发奶牛瘤胃酸中毒、蹄叶病等疾病；切碎过长，则会影响青贮制作过程中原料的压实效果，喂用过程中有发生二次发酵的隐患。有时，收割机的切割刀具保养不及时，切碎长度设定值和实际长度可能会出现偏差，在收割过程中要经常检查实际切碎长度，并不时进行调整，以保证合理长度。

（3）籽粒破碎度　机械收割前，检查收割机籽粒破碎功能是否已安装并能正常开启。在刈割过程中，检查玉米籽粒破碎情况，保持破碎率达到90%以上，破碎程度不小于70%。青贮原料中玉米籽粒破碎度差，奶牛消化吸收率低，可造成籽粒淀粉等营养物质的浪费。

使用"墨氏杯"判定籽粒破碎度，方法简单，结果可信。在破碎好的全株玉米青贮原料中，随机选取有代表性的几个样点，取样，装到墨氏杯平杯口，不要压实，大约能装1 000毫升，然后倒出青贮原料样品，摊在平板上，将其中大于一半的籽粒筛出，清点数量，评定籽粒破碎度，将评定结果向收割机手反馈并及时调整。一般地，玉米籽粒最合适的破碎度是把一颗玉米粒破成4份；在1 000毫升无挤压青贮玉米原料中，50%完整度玉米粒如果超过4粒，评价籽粒破碎度较差，一般不应超过5粒（表3-13）。

表3-13　用"墨氏杯"评价玉米籽粒破碎度

完整籽粒数量（粒）	籽粒破碎度评价
0	优秀
≤2	良好
2～4	一般
>4	较差

3. 含水量测试

判断青贮水分含量最简单实用的方法是"手握法"，即手抓一把切碎的原料，用手握紧1分钟，松开手后如有水滴从指缝间流出，则含水量在75%以上；如手握成团但无水滴流出，则含水量在70%～75%；当含水量在60%～70%时，手握青贮原料富弹性而缓慢散开；如手握后不成团，且立即散开，其含水量在60%以下。

（三）准备青贮窖

青贮窖可不受场地条件的限制，占地面积小、成本低；可以通过高度和墙的压力来提高原料压实密度，减少青贮暴露于空气中的面积，有效避免使用过程中的二次发酵；青贮量不受设施条件的制约。

青贮窖建成后，在制作青贮前的 2～3 天，使用 1%～2% 漂白粉进行消毒，在窖墙上全部铺设塑料薄膜，备用。

（四）装填与压实

全株玉米在刈割、切碎和籽粒破碎、堆放等过程中会发热损耗干物质，长时间接触空气也不利于青贮后安全保存。因此，青贮玉米在刈割开始后，每个步骤都要尽快完成，尤其是在装填和压实阶段，更要加快进度，边切碎破碎、边推料装贮，边均匀喷洒青贮发酵剂，每层 15～20 厘米，装贮一层、喷洒一层、压实一层，尽量减少原料在窖外的堆放时间。

压实是玉米全株青贮制作成功的关键，原料压实越好，空气排得越干净，干物质损失就越小，成品青贮质量就越高。因此，压实机械可临时租用自身重量大、车况良好不漏油、轮胎较宽的铲车、装载机或拖拉机等，运动速度快，工作效率高；链轨式、履带式工程机械，虽自身重量大，但与青贮接触面积大，压实效果不理想，而且容易带入土壤和碎石，影响青贮品质和奶牛采食，因此不建议选用。小型农用四轮拖拉机因自身重量小，压实效果差，也不建议使用；在大型压实机械设备无法压到边角，可以使用小型拖拉机反复压实，但要注意不可触碰、损坏窖墙，也不可擦破铺在窖墙上的塑料薄膜。

（五）快速封窖与管理

当原料装填高度高出窖墙 50～100 厘米后，即可快速封窖。受远距离运输、狂风暴雨等天气因素的影响，有些牧场在装填时是从窖口一端开始的，难以实行快速封窖，为缩短青贮原料在空气中的暴露时间，降低青贮有氧呼吸时干物质损失，必须实行分段封窖，边压窖边封窖，即当一侧青贮压至与窖墙平齐时开始封窖，每压好一段距离黑白膜（有氧阻隔膜），黑面朝下，白面朝上，同步往前推进覆盖，以减少霉菌等好氧菌的数量，降低因发热造成的干物质损耗。为防止玉米青贮饲料上冻，北方寒冷地区还要加盖防寒毡；鸟多的地方，加盖防鸟网或安装驱鸟器。压窖时，可将废旧轮胎从中间一劈为二，倒扣在黑白膜或防寒毡的上边，可避免轮胎因积水滋生蚊蝇。

全株玉米青贮饲料制作完成后，牧场工作人员要定期进行检查和维护，发现青贮窖出现沉降、坍塌，黑白膜、防寒毡出现破损等异常时，要及时进行修补，防止漏风撒气，渗漏雨水。

（六）开窖喂用

做好的全株玉米青贮，在封闭窖内保存 45 天左右，经有氧呼吸阶段、无氧发酵（乳酸菌发酵）和稳定期（乳酸菌发酵）3 个阶段发酵成为稳定的、易于被奶牛消化吸收的青贮饲料，即可开窖喂用。

取料时要按需取料，每次掀开的黑白膜、防寒毡等覆盖物不要过多，取料完毕要尽快用重物重新压好；使用铲车或专用取料机取料，尽量保持取料面平整，禁止挖坑式取料，减少氧气进入青贮窖；取下的玉米青贮要全部、及时用于饲喂奶牛。如发现有部分青贮发霉变质，要连同周边青贮果断丢弃。

三、秸秆饲料的加工调制

（一）秸秆饲料的物理加工

物理加工法，即是利用人工、机械、热、水、压力等作用，通过改变秸秆的物理性状，使秸秆破碎、软化、降解，从而便于家畜咀嚼和消化的一种加工方法。目前常用的物理加工方法主要有以下几种。

1. 切短与粉碎

切短与粉碎是处理秸秆饲料最简便而又重要的方法之一。秸秆经切短、粉碎后，体积变小，便于家畜采食和咀嚼，减少了能耗。特别是反刍动物，秸秆的切短和粉碎，能增加饲料和瘤胃微生物接触的面积，便于瘤胃微生物的降解发酵，可提高采食量和消化率。秸秆切短和粉碎的程度，应视家畜种类与年龄而异。实践证明，秸秆未经切短，家畜只能采食40%～80%，而经过切短或粉碎的秸秆则可以全部被家畜采食。一般可以将秸秆切成2～5厘米，但无论是切（铡）短，还是粉碎，只能增进家畜对秸秆的采食性，而不能从根本上提高其消化率。

2. 浸泡

秸秆饲料经浸泡后质地柔软，能提高其适口性。同时，经浸泡后可提高饲料采食量和消化率，并提高代谢能利用效率，增加体脂中不饱和脂肪酸的比例。其方法是：在装有100千克水的桶或池中加入食盐3～5千克，将切碎的秸秆分批放入桶或池内浸泡24小时左右。浸泡的秸秆喂前最好加入3%～5%的糠麸或精饲料调味，若再加入10%～20%优质豆科或禾本科干草效果更好，但忌再补饲食盐。

3. 揉搓

秸秆的揉搓处理，即是利用一种能将秸秆揉搓成短丝条状的秸秆揉搓机，把作物秸秆切断，揉搓成丝状的一种方法。秸秆切短后直接喂牲畜，吃净率只有70%，被揉搓处理后的秸秆呈丝状，变得柔软，适口性好，吃净率更高。揉搓处理秸秆的应用，不仅可以大大改进秸秆适口性，增加家畜的采食量，而且可以作为秸秆青贮或氨化的预处理，替代切（铡）短和粉碎工序，从而提高青贮和氨化的效果，为农区秸秆饲料化提供有利的条件。

4. 热喷

热喷技术是内蒙古农牧业科学院经过10余年的科学试验而研究出的科研成果，1988

年通过了国家科委的验收,并在全国推广。热喷技术是一种新型的饲料加工技术。其原理是利用热喷效应,使饲料木质素溶解,纤维结晶度降低,饲料颗粒变小,总面积增加,从而达到提高家畜采食量、饲料的营养价值和消化利用率,以及杀虫、灭菌的目的。

热喷后由于秸秆的物理性质发生了变化,其全株采食率由不到50%提高到90%以上,消化率提高至50%以上。通过热喷还可以对菜籽饼、棉籽饼等进行热去毒处理,使之得到充分的利用。研究表明,其热喷的效果在于3个要素,即处理的压力、保温时间和喷放压力。有试验证明,用热喷玉米秸代替25.8%的干草饲喂奶牛,产奶量、乳脂率差异极显著。

(二)秸秆饲料的化学处理

用碱、氨、石灰、尿素等碱性化合物处理秸秆,可以打开纤维素和半纤维素、半纤维素与木质素之间的对碱不稳定酯链,溶解半纤维素和一部分木质素,使纤维素膨胀,从而使瘤胃液易于渗入。强碱,如氢氧化钠可以使多达50%的木质素水解。化学元素处理不仅能提高秸秆的消化率,而且能改进适口性,增加采食量,这是目前生产中对秸秆处理来说较为适用的一种途径。

1. 碱化处理

碱化处理是用碱溶液处理秸秆,一是用石灰液处理法,用100千克切碎的秸秆,加生石灰3千克或熟石灰4千克,食盐0.5~1千克,水200~250升,浸泡12小时或一昼夜,捞出晾24小时即可饲喂,不必冲洗。二是用氢氧化钠液处理,100千克切碎秸秆,用6千克的1.6%的氢氧化钠溶液均匀喷洒,然后洗去余碱,制成饼块,分次饲喂。秸秆经碱化处理后,有机物质的消化率由原来的42.4%提高至62.8%,粗纤维消化率由原来的53.5%提高至76.4%,无氮浸出物消化率由原来的36.3%提高至55.0%。

2. 氨化处理

秸秆的氨化处理是成本低廉、经济效益显著的粗饲料加工方法之一。氨化的原理是利用氨溶于水中形成氢氧化铵,使秸秆软化,秸秆内部木质化纤维膨胀,提高秸秆的通透性,便于消化酶与之接触,因而有利于纤维素的消化;氨与秸秆有机物产生作用,生成铵盐和含氮的结合物,使秸秆的粗蛋白质从3%~4%提高至8%以上,从而大大改进了秸秆的营养价值。秸秆氨化后消化率可提高20%左右,采食量也相应提高20%左右,其适口性和家畜的采食速度,也能得到改善和提高,总营养价值可提高1倍,达到0.4~0.5个饲料单位,也即1千克氨化秸秆相当于0.4~0.5千克燕麦的营养价值。正是由于秸秆氨化具有上述优点,此项技术在国内外反刍家畜养殖业才得以迅速推广。

(1)秸秆氨化方法 秸秆氨化处理依采用的氮源不同而有以下3种方法。

①液氨氨化法。将切碎的秸秆喷适量水分,使其含水量达到15%~20%,混匀堆垛,在长轴的中心埋入一根带孔的硬塑料管,以便通氨,用塑料薄膜覆盖严密,然后按

秸秆重量的3%通入无水氨，处理结束，取出塑料管，堵严。密封时间依环境湿度的不同而异，气温20℃时为2～4周。揭封后晒干，氨味即可消失，然后粉碎饲喂。

②氨水氨化法。预先准备好装秸秆原料的容器（窖、池或塔等），将切短的秸秆放容器里，按1:1的比例往容器里均匀喷洒3%的氨水。装满容器后用塑料薄膜覆盖，封严，在20℃左右气温条件下密封2～3周后开启（夏季约需1周，冬季则要4～8周，甚至更长），将秸秆取出后晒干即可饲喂。

③尿素氨化法。由于秸秆中含有尿素酶，将尿素或碳酸氢铵与秸秆贮存在一定温度和湿度下，能分解出氨，因此使用尿素或碳铵处理秸秆均能获得近似的效果。方法是按秸秆重量的3%加进尿素，首先将3千克尿素溶解在60千克水中，均匀地喷洒到100千克秸秆上逐层堆放，用塑料膜覆盖，也可利用地窖进行尿素氨化处理切碎的农作物秸秆，具体方法同液氨处理，只是时间稍长一些。在尿素短缺的地方，用碳铵也可进行秸秆氨化处理，其方法与尿素氨化法相同，只是由于碳氨量较低，其用量须酌情增加。

研究结果表明，液氨氨化法和尿素氨化处理秸秆效果最好，氨水和碳铵效果稍差。用液氨氨化效果虽然好，但必须使用特殊的高压容器（氨瓶、氨罐、氨槽车等），从而增加了成本，也增加了操作的危险性。相比之下，尿素氨化不仅效果好，操作简单、安全，也无需任何特殊设备，适于千家万户使用。

（2）氨化品质　通过感官检查，符合要求、质量较高的氨化秸秆呈黄棕色或深黄色并发亮。如果与未氨化的秸秆一样，则说明氨化效果不好。如果秸秆发白、发灰或呈酱块状发红、发黑、发黏、发热、有霉菌、有腐烂味等，说明已变质，应丢弃，不可饲用。

（3）氨化秸秆的饲用技术　氨化秸秆只适用于饲喂反刍动物（如牛、羊），不适宜饲喂单胃家畜。

①饲喂前提前取出。氨化好的秸秆在使用前要打开塑料薄膜，从开口的一侧掏取，掏取后再封口。取喂时，应将每天要喂的氨化秸秆于饲喂前2～3天取出放氨，其余的再密封起来，以防放氨后含水量仍较高的氨化秸秆在短期内饲喂不完而发霉变质。

②逐渐过渡。初喂氨化秸秆时，家畜不适应，须在饲喂氨化秸秆的第1天，将1/3的氨化秸秆与2/3的未氨化秸秆混合饲喂，以后逐渐增加。

③贮存方法及饲喂注意事项。在达到氨化时间后，如暂时不喂，可不必打开，也可取出晾干后堆垛贮存，贮存时不要被雨水冲淋或被地表水浸渍。饲喂氨化饲料1小时后方可让家畜饮水，以免中毒。饥饿的家畜不宜大量饲喂。饲喂时应与能量饲料玉米、麸皮以及青绿饲料或青贮饲料搭配饲喂。一般氨化秸秆喂量占日粮干物质的30%～40%，能量饲料与青绿饲料或青贮饲料占60%～70%。出栏前15天和母牛产前2个月，秸秆氨化饲料应减少，不超过日粮干物质的25%。如果发现家畜有中毒现象，可喂食醋500克解毒。

（三）秸秆饲料的生物处理

1. 秸秆发酵处理

对秸秆饲料发酵处理，一般采用两种方法，一是将含糖物质（糖蜜或粉碎的甜菜）加在碎秸秆上，通过掺入过磷酸钙和尿素来培养酵母；另一种则是先对纤维素进行水解，然后再进行发酵，现分别加以简要介绍。

（1）掺入酵母发酵法　先将粉碎的秸秆用热水浸湿并掺入酵母，分层装入木箱或塑料袋中，置于 $24 \sim 26$ ℃的条件下，发酵 12 小时以上。采用此法，原理是使盐溶液在温度 $100 \sim 105$ ℃ 和较高的压力下，作用于秸秆，使部分纤维转化为糖类。将加工处理过的秸秆冷却至 $32 \sim 35$ ℃，然后加入发酵剂（均占秸秆重的 $3\% \sim 5\%$）进行拌和，在 $27 \sim 30$ ℃ 的温度下发酵两昼夜即可。

（2）掺糖类物质发酵法　将 $400 \sim 600$ 升水注入 $3 \sim 7$ 米^3 容积的贮罐中，通入蒸汽，将水加热至 $60 \sim 65$ ℃，然后再将秸秆装入贮罐。如贮罐可容纳 1 吨饲料，则经过粉碎的秸秆数量不应超过混合物重量的 $30\% \sim 50\%$，其余 $65\% \sim 70\%$ 应为掺入含淀粉或糖类的粉碎饲料，如谷物、甜菜和糖蜜等。此外，贮罐中还应加入过磷酸钙和硫酸铵的萃取物，以及 $10 \sim 16$ 千克麦麸和 $0.2 \sim 0.3$ 升浓盐酸，待上述工序完成后，将混合饲料用搅拌器拌匀，通入蒸汽，使混合料在 $80 \sim 90$ ℃ 下保持 $1.5 \sim 2$ 小时，然后在 $28 \sim 30$ ℃ 下通风冷却，再按贮罐中内容物的重量加入 $5\% \sim 8\%$ 的发酵剂，并仔细搅拌，每隔 $2 \sim 3$ 小时 1 次，这样经过 $9 \sim 12$ 小时，饲料就可以饲用了。

2. 秸秆饲料酶——酵母加工处理

酵母加工处理是用酵母菌将秸秆进行发酵处理，以产生酵母发酵饲料的一种秸秆调制方法。这种方法在拥有饲料车间和配备有搅拌和蒸煮设备的畜牧场均可使用。因处理秸秆时不使用具有侵蚀性质的化合物，因而无须采用任何特殊的防腐设备。具体方法如下。

先将切碎的 $500 \sim 700$ 千克秸秆送入搅拌蒸煮设备中（定额 $1\,800 \sim 2\,000$ 千克），启动搅拌器，并依次加入 $10 \sim 15$ 千克尿素、10 千克磷酸二铵、10 千克磷酸二氢钙和 10 千克食盐。之后继续加料，并每隔 $5 \sim 10$ 分钟给搅拌蒸煮容器送 1 次蒸汽，直到加料工序结束，使饲料混合物在 $90 \sim 100$ ℃ 的条件下蒸煮 $50 \sim 60$ 分钟。在此期间，搅拌器应每运转 $10 \sim 15$ 分钟间歇 1 次，这样便达到高温灭菌和饲料与各种矿物质盐及添加剂充分混合的目的，并能使尿素分解产生氨气，使纤维进一步得到破坏。

高温灭菌后为防止酶失活，应用自来水或空气将混合料冷却至 $50 \sim 55$ ℃ 以下。然后再按每吨秸秆 5 千克的比例，向搅拌机中加入各种酶制剂。发酵应持续 2 小时，其间搅拌机每运转 $10 \sim 15$ 分钟间歇 10 分钟，发酵结束时，混合料中的温度应降至 $29 \sim 32$ ℃。此时，再向搅拌机内加入 $100 \sim 150$ 升酵母乳。面包酵母的用量，应按

每吨干秸秆 5 千克计算。

制取酵母乳的方法，每 4.5～5 吨秸秆混合料应用 30～40 千克麸皮或面粉或用 20 千克糖蜜，将其拌入 100～150 升热水中，在 28～32℃的条件下，向这种液态混合物中按 4∶1 的比例加入 10 千克面包酵母和 0.5 千克酶制剂，充分搅拌后充分暴晒，以强化酵母生长。

在饲料混合物 2 小时的发酵处理过程中，酵母菌的生物量将会大幅度增加，混合料中的单糖和矿物质添加剂是酵母菌赖以生存的营养。当秸秆混合料中糖分浓度降低时，便会重新激化酶的催化作用，从而可以加强对秸秆纤维素的进一步水解。采用这种方法制成的饲料，当水分含量为 65%～75% 时，每千克中含有 0.28～0.32 个饲料单位，每千克干饲料中则含有 0.8 个饲料单位。新加工处理的饲料具有禾本科牧草青贮饲料的黏稠度和面包香味，稍具酸味，饲料中蛋白质和纤维素的消化率可分别提高至 80% 和 85%。

四、青干草的加工调制

我国的牧草资源在生产上存在着季节的不平衡性，贮备干草为家畜提供均衡牧草，对于减少冬春家畜死亡、发展草原区畜牧业具有重要意义。调制干草，方法简便，原料丰富，成本低，便于长期大量贮藏。

（一）几种简单实用的干燥方法

1. 地面干燥法

采用地面干燥法干燥牧草的具体过程和时间，随地区气候的不同而有所不同。牧草刈割后在地面干燥 6～7 小时，当含水量降至 40%～50% 时，用搂草机搂成草条继续干燥 4～5 小时，并根据气候条件和牧草的含水量进行翻晒，使牧草水分降至 35%～40%，此时牧草的叶片尚未脱落，再用集草器集成 0.5～1 米高的草堆，经 1.5～2 天就可调制成含水分 15%～18% 的干草。牧草全株的总含水量在 35%～40% 以下时，牧草叶片开始脱落，为保存营养价值较高的叶片，搂草和集草作业应在牧草水分不低于 40% 时进行。在干旱地区调制干草时由于气温较高、空气干燥，牧草的干燥速度较快，刈割与搂草作业可同时进行。

2. 草架干燥法

在潮湿地区由于牧草收割时多雨，用一般地面干燥法调制干草，往往不能及时干燥，使得干草变褐、变黑、发霉或腐烂，因此在生产上可以采用草架干燥法来晒制干草。干草架主要有独木架、三脚架、铁丝长架等。方法是将刈割后的牧草在地面干燥 0.5～1 天至水分达 45%～50% 时，将草逐层再移置于草架上，在草架上，遇到降雨时也可直接在草架上干燥，将牧草自上而下置于草架上，草架须有一定倾斜度以利采光和排水，最下一层牧草应高出地面，以利通风，虽然草架干燥花费一定物力，但制成的干草品质较好，养分损失比地面干燥减少 5%～10%。

3. 高温快速干燥法

它的工艺过程是将切碎的青草（长约 25 毫米）快速通过高温干燥机，再由粉碎机粉碎成粒状或直接压制成草块。这种方法主要用来生产干草粉或干草饼。高温快速干燥法是将牧草切碎置于烘干机中，通过高温空气使牧草迅速干燥的方法。干燥时间的长短，由烘干机的型号及牧草的含水量而定。有的烘干机入口温度为 75～260℃，出口温度为 60～260℃。虽然烘干机中温度很高，但牧草在烘干机中的温度很少超过 30～35℃。这种干燥方法养分损失很小，如早期刈割的紫花苜蓿制成的干草粉含粗蛋白质 20%，含胡萝卜素 200～400 毫克/千克，含纤维素 24% 以下。

（二）青干草的堆垛与贮藏

青干草调制成后，必须及时堆垛和贮藏，以免散乱损失。调制成的青干草常采用堆藏法，以便于长期贮藏。一般堆垛贮藏的青干草水分含量不应超过 18%，否则容易发霉、腐烂。另外，草垛应坚实、均匀，尽量缩小受雨面积。当调制的干草水分含量达 15%～18% 时即可贮藏。

1. 垛址的选择

垛址应选择在地势高而平坦，干燥、排水良好，雨、雪水不能流入垛底的地方。距离畜舍不能太远，以便于运输和取送，而且要背风或与主风向垂直，以便于防火。

2. 垛底

垛底要用石块、木头、树枝、老草等垫起铺平，高出地面 40～50 厘米，还要在垛的四周挖深 30～40 厘米的排水沟。

3. 垛的堆积

垛的形式一般多采用圆形或长方形草垛，草垛的大小视具体情况而定。圆形草垛一般直径 4～5 米，高 6～6.5 米，长方形草垛一般宽 4.5～5 米，高 6～6.5 米，长 8～10 米。堆垛时，第一层先从外向里堆，使里边的一排压住外面的梢部。如此逐排向内堆排，成为外部稍低，中间隆起的弧形。每层 30～60 厘米厚，直至堆成封顶。堆草时要逐层地进行压紧，特别是草垛的中部和顶部更须压紧、压实。含水量高的草应堆放在草垛上部，过湿的干草应挑出来，不能堆垛。草垛收顶应从堆到草垛全高的 1/2 或 2/3 处开始。堆大垛时，为了避免垛中产生的热量难以散发以及自燃现象的发生，干草含水量一定要在 15% 以下，还应在堆垛时每隔 50～60 厘米垫放一层硬秸秆或树枝，以便于散热。干草的含水量应为 15%～18%，含水量过高不宜贮藏。

4. 封顶

干草堆垛后，一般用干燥的杂草、麦秸或薄膜封顶，垛顶不能有凹陷和裂缝，以免进雨、积水。草垛的顶脊必须用绳子或泥土封压坚固，以防大风吹刮。

（三）青干草的利用

青干草同青贮饲料一样，在贮存一段时间后，饲喂给家畜前，也应检查其质量——色、香、味和质地。优质青干草应为：颜色鲜绿，香味浓郁，适口性好，叶量多，叶片及花序损失不到5%。饲喂时，也要分段、分层取喂，避免养分流失，质量下降或发霉变质。饲喂给牛羊，要有一个适应过程，防止暴食和食欲突然下降。

五、精饲料的加工调制

精饲料中的营养物质一般来讲由于消化率高，适口性好，加工的意义并不大。但由于籽实的种皮、颖壳、糊粉层的细胞壁物质、淀粉的性质以及某些抑制性物质（如抗胰蛋白酶等），仍然影响着这类饲料物质的利用，因此，加工调制仍有必要。

（一）机械加工

1. 磨碎与压扁

各种谷类饲料，如大麦、玉米、高粱等，在饲喂前都要加以粉碎或压扁，尤其对于外壳坚硬的谷物，磨碎与压扁显得更为重要。因为这些硬壳谷物在家畜的消化道内，一般不能被完全消化，许多谷粒会随粪便排出，造成浪费。如果粉碎或压扁，不但牛羊易咀嚼，而且饲料中的营养物质与消化液的接触面积增大，还可提高消化率，也便于和其他饲料混合应用。

饲料的粉碎程度，应根据家畜种类而定：牛、羊的饲料可粉碎成2毫米。

2. 湿润及浸泡

湿润一般用于粉尘较多的饲料，而浸泡多用于硬实的籽实或油饼，使之软化或溶去有毒物质。对磨碎或粉碎的精饲料，喂牛羊前，应尽可能湿润一下，以防饲料中粉尘多而影响牛的采食和消化，对预防粉尘呛入气管而造成的呼吸道疾病也有好处。

浸泡调制法，一般适用于油饼类精饲料。浸泡后的饲料，易于牛羊咀嚼消化。浸泡饲料的水中因含有多种营养物质，应拌在料中一并喂给。夏季浸泡油饼类饲料时，容易腐败变质，时间不宜过长。

如果将豆饼或黄豆浸泡后磨成豆浆，用以饲喂犊牛，则效果更好。

3. 煮蒸与炒焙

这两种配制方法适用于豆类饲料。经蒸煮、炒焙后的饲料，蛋白质和淀粉的利用率提高。此外，炒焙可以使饲料产生一种清香的气味，提高适口性，促进食欲，增加采食量。

焙炒可使饲料中的淀粉部分转化为糊精而产生香味，将其磨碎后撒在拌湿的青饲料上，能提高粗饲料的适口性，增进牛羊食欲。

4. 糖化

此法适用于含淀粉的饲料，其中所含的淀粉能充分地转化为糊精和麦芽糖，含量可从1%增长为10%。糖化后的饲料有甜味，适口性好。

5. 发酵

精饲料发酵是养猪和养奶牛常用的调制方法之一。它主要利用饲料本身所含的微生物或外加酵母，使饲料在适当的温度、湿度和空气条件下，分解碳水化合物，产生乳酸、醋酸、乙醇等，成为具有芳香和微酸的发酵饲料。饲料经发酵后，可以改善适口性，提高消化率和粗蛋白质的利用率，并增加B族维生素的含量。精饲料经过发酵之后，对于家畜食欲、健康、繁殖和饲料的利用均具有良好的作用。

（二）饲料颗粒化

饲料的颗粒化，就是将饲料粉碎后，根据家畜的营养需要，按一定的饲料配合比例搭配，并充分混合，用饲料压缩机加工成一定的颗粒形状。颗粒饲料属全价配合饲料的一种，可以直接用来喂牛羊。饲料颗粒化喂牛羊，饲喂方便，有利于机械化饲养；饲养上的科学研究成果能及时得到应用；颗粒饲料适口性好，咀嚼时间长，有利于消化；可以增加采食量，且营养齐全，能防止产生营养性疾病；能充分利用饲料资源，减少饲料损失。

颗粒饲料一般为圆柱形，喂牛时以直径4～5毫米，长10～15毫米为宜，喂羊时以直径2～3毫米，长8～10毫米为宜。

六、奶牛TMR日粮制作技术

（一）TMR

TMR（全混合日粮）是根据奶牛在不同生长发育和泌乳阶段的营养需要，按营养专家设计的日粮配方，用特制的搅拌机对日粮各组成成分进行搅拌、切割、混合和饲喂的一种先进的饲养工艺。奶牛场TMR成本占牧场成本的70%～80%，是牧场成本的主要部分，有效评估和管理TMR具有重要的意义。TMR日粮制作完成以后，其水分含量在45%～55%，干物质含量在50%以上；制作完成以后的TMR日粮均匀度一致，无草团或混合料窝等现象出现。使用宾州分级筛进行均匀度的检测是比较科学的判定方法。

（二）TMR日粮制作

TMR日粮饲喂的核心问题：保证三大日粮的一致性。第一大日粮就是指"纸上的日粮"，即营养师做出来的营养配方；第二大日粮是拿到配方后加料搅拌得到的混合日粮；第三大日粮就是奶牛真正采食进去并且被消化吸收的日粮。要想达到最佳的生产成绩和效率，TMR 日粮饲喂技术非常核心的问题就是这三大日粮必须一致。

1. 装料顺序

固定装料顺序，能保障 TMR 日粮的均匀度和粒度的稳定。先干后湿、先长后短、先轻后重。一般饲料装入顺序为：①羊草→苜蓿；②浓缩料→玉米面→甜菜粕；③全棉籽；④青贮饲料；⑤液体饲料；⑥糟渣类饲料，如啤酒糟、酒糟、块根类等。

2. 加料方法

TMR 管理员需要将每一组 TMR 日粮的组分数量落实在纸上，即"发料单"，交给 TMR 日粮加工人员操作。按照本群牛的 TMR 日粮配方，发料单要求加工的 TMR 日粮数量，按照各种饲料的装入顺序，将饲料装入搅拌车进行加工。

3. 混合时间

当饲料开始装载时，可缓慢进行搅拌；在最后一种饲料装完后进行充分搅拌，要求达到分析筛对应料种要求。在一般情况下，加入最后一种饲料后应继续搅拌 3~8 分钟。混合时间由操作人员自行掌握（由于饲料组分不同，混匀时间有所差别，一般在 20~30 分钟）。当放入长的粗饲料数量较多时，应先混合 3~4 分钟以切短粗饲料。

4. 饲槽投料

按规定次序投料（高产区→中产区→低产区），保证奶牛在挤奶完成后能吃到新鲜的 TMR 日粮。使用 TMR 日粮发料车投料时，混合均匀后严格按照发料单的各区间分发数量，最大限度地减小投料误差（误差应控制在 2% 以内）。还要做好报警设定，用车速度配合料门开放大小控制放料速度，使 TMR 日粮均匀分撒于相应的料位，保证整个饲槽的饲料投放均匀。

第四节　牛羊的日粮配合

一、牛羊日粮配合的基本原则

合理搭配饲料是畜牧生产中非常重要的技术环节。饲料搭配的合理与否，直接影响到动物的健康、生产性能、生产成本及养殖业的经济效益，配方的设计质量直接反映着一个企业或配方技术设计者的技术素质、管理水平和预测能力。牛羊饲料配方设计一般应考虑以下几条原则。

（一）营养性原则

保证日粮营养，充分发挥生产潜力。必须准确计算牛羊的营养需要和各种饲料的营养价值，在有条件的情况下，最好能够实测各种饲料原料的主要养分含量。

1. 保证全面、充足、均衡的营养

设计饲料配方的营养水平，必须以饲养标准为基础，对高产牛羊群应适当提高标准。饲料配方中应含有牛羊所需要的全部营养物质或其原料。另外，还应保证配方中各养分间比例适当，重点应考虑能量与蛋白质之间的比例、矿物元素之间的比例。

2. 合理选择饲料原料

饲料配方平衡与否在很大程度上取决于设计时所采用的原料营养成分值。条件允许的情况下，应尽可能多地选择原料种类，以便发挥不同饲料在营养成分、适口性以及成本之间的互补性。在粗饲料方面，尽量做到豆科与禾本科互补；在草料方面，尽量做到高水分与低水分互补；在蛋白质饲料方面，尽量做到降解与非降解饲料互补。原料营养成分值，要注意原料的规格、等级和品质特性。对重要原料的重要指标最好进行实际测定，提供准确的参考依据。

3. 正确处理配方设计值与保证值的关系

牛羊品种、经济用途、饲养环境条件、饲养水平等不同，使牛羊对养分的需要存在差异；特别应考虑到外界环境与加工条件等对饲料原料中活性成分的影响，因而在设计配方时，日粮的营养成分设计值通常应略大于日粮的保证值。

（二）生理性原则

充分考虑牛羊的生理特点。

日粮中应有适当的精粗饲料比例。牛羊是复胃动物，日粮中粗纤维的含量应在17%以上，才不易发生消化代谢疾病。因而，一般青、粗饲料占牛羊采食干物质总量的60%～90%。对于育成期牛羊、空怀牛羊和非繁殖期成年种牛羊等生产力较低的牛羊，可以只供给青粗饲料。但在牛羊怀孕期、泌乳期、繁殖期应适当补充精饲料。

（三）适口性原则

注意日粮的适口性和干物质采食量，并追求粗饲料比例最大化。

1. 泌乳期母牛羊日粮必须由多种适口性好的饲料组成

日粮一般应含有粗饲料、多汁饲料和4～5种以上的精饲料。精饲料应混合均匀。为提高饲料的适口性，可以在配合精饲料补充料时加些甜菜渣、糖蜜等"甜味"饲料。

2. 保证牛羊日粮干物质的采食量

消化道未能充满或过分充满，均会影响牛羊的健康。牛干物质采食量平均占活重的2.5%～3.5%，羊干物质采食量比牛稍高些，通常占活重的3%～4%，但精饲料所占比例较低。

（四）安全性原则

1. 遵守国家相关法律、法规

贯彻落实农业农村部发布的《饲料药物添加剂使用规范》等一系列关于饲料安全的法律、法规，从源头上杜绝重金属、有机磷等有毒有害物质含量超标的原料进入饲料、饲料添加剂、添加剂预混合饲料，防止有毒有害物质对人类、反刍动物健康、畜产品安全和生态环境安全的危害；饲料中不使用除产品批准文号为"药添字"以外的兽药，防止反刍动物产生抗药性、耐药性、兽药残留和毒副作用。生产添加剂和添加剂预混合饲料，要在产品标签中标明各种成分的名称、含量、适用范围、停药期规定、注意事项等。

2. 不使用除乳和乳产品以外的动物源性饲料

在反刍动物饲料中，不使用除乳和乳制品以外的动物源性饲料，防止"疯牛病""痒病"传播；在工业化饲料、自配混合饲料和配合饲料中，不使用含有"二噁英""苏丹红"等具有"三致"物质的原料。

3. 饲料保存

配合饲料、混合饲料、颗粒饲料等不同种类和不同剂型饲料的生产和储存，要在通风、干燥处、卫生条件合格的场所，南方饲料含水量在12%以下，北方温度在15℃以下，防止产毒霉菌繁衍而导致的霉菌毒素对反刍动物的危害。

4. 合理利用青绿饲料

青绿饲料应用处于孕蕾期之前（含孕蕾期）的青绿饲料，其蛋白质含量高，营养价值全面，是反刍动物优质饲料，可用来调制青干草、青贮饲料，只要处理方法得当，其养分损失不大；禾本科、豆科混播牧草地作为放牧草地，是安全的；但单一的豆科牧草地不可作为放牧地；禾本科、豆科幼嫩期刈割，只能在晾晒至凋萎后方可饲喂反刍动物，防止氢氰酸中毒。

5. 油饼油粕类饲料应用

油料作物的籽实不能直接饲喂反刍动物，只有经过高温处理才可饲喂。在油饼油粕类饲料中，氨基酸的种类及其含量是不同的，每一种单一的油饼（粕），其中缺乏某一种或某几种必需氨基酸，而另一种油饼（粕）中正好含有前一种油饼（粕）中缺乏的必需氨基酸。多种油饼（粕）同时使用，可提高蛋白质的生物学价值和饲料利用率。

6. 反刍动物粪便的无害化处理

反刍动物的粪便历来是重要的有机肥料，其中含有植物生长所需要的氮、磷、钾三要素。在保持圈舍、用具、饲养、运动场地和通道清洁卫生条件下，粪便经堆积、发酵产生的高温，既杀灭了其中的寄生虫卵、病原微生物，又提高了土壤对粪便的利用率。同时，有机肥料改善了土壤结构，培肥地力，提高土壤的保水性，增加土壤团粒结构，即便在大风条件下，也不会形成"风沙扬尘"天气，有利于保护环境。降低粪便中氮和磷含量，是消除畜牧业环境污染的重要方面，因此，在饲料中添加蛋白酶，提高氮的利用率；添加植酸酶，提高磷的利用率，从而降低反刍动物粪便中氮、磷含量，减少粪便对环境的污染。

7. 科学饲养，提高反刍动物的免疫力

动物肠道中的微生物种类繁多，其中100种左右的细菌构成了肠道中的主要菌群，按照细菌在肠道中的分泌物性质，将其分为有益于机体健康的有益菌群、对机体健康无益或者造成危害的有害菌群和介于二者之间的菌群。肠道中有益菌群的代表为双歧杆菌、真杆菌属、乳酸杆菌属；有害菌主要为大肠杆菌属、产气荚膜梭菌属、葡萄球菌属、假单胞菌属。反刍动物的健康与肠道微生态环境具有强相关性，犊牛、羔羊肠道有益菌群占绝对优势，其中，双歧杆菌占细菌总数的99%，大肠杆菌和球菌占1%。随着日龄的增加，有益菌群数量减少，有害菌群数量增加，有害菌群产生的硫化氢、酚类和胺类等有害物质增多，对机体健康产生不利影响。给成年反刍动物饲料中添加有益微生物制成的微生态制剂（又称益生素、生物制剂等），抑制有害菌群繁衍，促进有益菌群生长繁殖，维持肠道以有益菌群为主的菌群平衡，减少甚至不用抗生素，提高反刍动物的抗病力、免疫力和抗应激能力，有利于生态平衡，保证反刍动物安全健康。

（五）经济性原则

饲料成本占牛羊生产总成本的70%以上，因而其对牛羊生产的效益影响很大。要设计出成本相对较低的配方应注意做到以下几点。

①根据市场和饲养管理水平确定适当的营养水平。

②用多种饲料搭配并选择当地资源最多、易收集、产量多，且价格相对较低的饲料作原料，以降低饲料费用和生产成本。

③配合日粮时必须因地制宜。充分利用本地的饲料资源，特别是充分利用当地农副产品，以降低饲养成本，提高生产经营效益。

④按最低成本或最高效益的要求设计配方。

⑤追求粗饲料比例最大化。在确保满足牛营养需要的前提下，要追求粗饲料比例最大化，这样，可以降低饲料成本，促进牛羊健康。因此，在可供选择的范围内，要选择适口性好、养分浓度高的粗饲料。在粗饲料质量有限或牛羊生产水平高的情况下，要尽可能不让精饲料比例超过60%。

二、奶牛日粮配合的方法和步骤

本书以奶牛日粮配合的方法和步骤为例，介绍牛羊日粮配合的方法。

（一）饲养标准

经过大量反复试验和实践总结制订的一头牛每天应给予主要营养物质的数量及用多少饲料可满足这些营养需要量，称为牛的饲养标准。它反映了牛生存和生产对饲料及营养物质的客观要求，它是牛生产计划中组织全年饲料供给、设计饲料配方、生产平衡日粮和对牛进行标准化饲养的科学依据。

牛的饲养标准包括两个主要部分：一是营养需要量或供给量或推荐量；二是常用饲料营养价值表，营养供给量或推荐量，一般是指最低营养需要量再加上安全系数计算而来。

奶牛体重不同、产乳量不同，其每日的营养需要也不同，为满足产乳母牛不同生理阶段对各种营养物质的需要量，在奶牛业发达的国家一般都制订有本国的饲养标准。

1. 中国奶牛饲养标准

我国第 1 版《奶牛饲养标准》1986 年由农业部批准颁布，第 3 版《奶牛营养需要和饲养标准》于 2004 年出版。

2. NRC 奶牛饲养标准

美国 NRC 第 7 版《奶牛营养需要》（2001 年），反映了当今奶牛营养科学最新动态和成果，其中包括小型和大型的后备母牛饲养标准，泌奶牛饲养标准（早期、中期）和干奶牛饲养标准。

（二）奶牛日粮配合的方法

1. 计算机法

目前，最先进、最准确的方法是用专门的配方软件，通过计算机配合日粮。市场上有多种配方软件，其基本工作原理都是一样的，差别主要在于数据库的完备性和操作的便捷性等方面。

2. 手工计算法

首先应了解牛的生产水平或生长阶段，掌握牛的干物质采食量，计算或查出每天的养分需要量；随后选择饲料，配合日粮。

（三）奶牛日粮配合方法示例

以为某奶牛场牛群设计日粮配方为例，该奶牛场成年母牛平均体重 550 千克，日产奶 30 千克，乳脂率 3.5%。该场饲料原料主要有：玉米青贮、羊草、玉米、麸皮、豆饼、棉籽饼、磷酸氢钙、石粉、食盐等。其方法步骤如下。

1. 计算奶牛营养需要

根据奶牛饲养标准和饲料营养成分，列出必要的营养需要（表 3-14）和饲料营养成分（表 3-15）。奶牛营养需要包括维持需要、生长需要、产奶需要和妊娠需要四部分，成年奶牛生长需要和妊娠需要根据实际情况确定，一般设定为0。

表 3-14　奶牛营养需要量

营养需要	日粮干物质[千克/(头·天)]	奶牛能量单位（NND）	可消化粗蛋白质[克/(头·天)]	钙（克）	磷（克）
550千克体重维持需要	7.04	12.88	341	33	25
1千克3.5%乳营养需要	0.41	0.93	52	4.2	2.8
30千克3.5%乳营养需要	11.70	27.9	1 560	126	84
营养需要合计	18.74	40.78	1 901	159	109

表 3-15　配制日粮拟使用饲料原料营养成分含量（每千克饲料原料含量）

饲料原料	干物质（%）	奶牛能量单位（NND）	可消化粗蛋白质（克）	钙（克）	磷（克）
玉米青贮	22.7	0.36	8	1	0.6
羊草	91.6	1.38	37	3.7	1.8
玉米	88.4	2.76	59	0.8	2.1
麸皮	88.6	1.91	109	1.8	7.8
豆饼	90.6	2.64	366	3.2	5.2
棉籽饼	89.6	2.34	263	2.7	8.1
磷酸氢钙	100			230	160
石粉	100			380	

2. 确定奶牛粗饲料用量及食入的营养

当奶牛日产乳量为10千克时，粗饲料与精饲料的干物质比例为7∶3；日产乳量为20千克时，粗饲料与精饲料的干物质比例为6∶4；日产乳量为25千克时，粗饲料与精饲料的干物质比例为4.5∶5.5；日产乳量为30千克时，粗饲料与精饲料的干物质比例为4∶6。

本例中，粗饲料采食量占日粮干物质的40%。粗饲料干物质每天为7.5千克（18.74×40%≈7.5）。青粗饲料主要提供玉米青贮和羊草。按照饲养标准确定每天饲喂玉米青贮20千克、羊草3.5千克，可获得营养物质如表3-16。

表 3-16　通过进食粗饲料每天获得的营养物质

粗饲料种类	用量（千克）	干物质（千克）	奶牛能量单位（NND）	可消化粗蛋白质（克）	钙（克）	磷（克）
玉米青贮	20	4.54（20×0.227）	7.2（20×0.36）	160（20×8）	20（20×1）	12（20×0.6）
羊草	3.5	3.21（3.5×0.916）	4.83（3.5×1.38）	129.5（3.5×37）	12.95（3.5×3.7）	6.3（3.5×1.8）
合计	23.5	7.75	12.03	289.5	32.95	18.3
与需要相比尚缺		10.99	28.75	1 611.5	126.05	90.7

3. 初拟精饲料混合料配方

初拟精饲料混合料各饲料原料用量（千克）：玉米 5.5，麸皮 2，豆饼 2，棉籽饼 2，磷酸氢钙 0.2，石粉 0.1，食盐 0.1，预混料 0.1。营养含量见表 3-17。

表 3-17 初拟奶牛精饲料混合料营养含量

原料种类	用量（千克）	干物质（千克）	奶牛能量单位（NND）	可消化粗蛋白质（克）	钙（克）	磷（克）
玉米	5.5	4.86（5.5×0.884）	15.18（5.5×2.76）	324.5（5.5×5.9）	4.4（5.5×0.8）	11.5（5.5×2.1）
麸皮	2	1.77（2×0.9886）	3.82（2×1.91）	218（2×109）	3.6（2×1.8）	15.6（2×7.8）
豆饼	2	1.81（2×0.906）	5.28（2×2.64）	732（2×366）	6.4（2×3.2）	10.4（2×5.2）
棉籽饼	2	1.79（2×0.896）	4.68（2×2.34）	526（2×263）	5.4（2×2.7）	16.2（2×8.1）
磷酸氢钙	0.2	0.2			46（0.2×230）	32（0.2×160）
石粉	0.1	0.1			38（0.1×380）	
食盐	0.1	0.1				
预混料	0.1	0.1				
总计	12	10.73	28.96	1 800.5	103.8	85.7
与需要量相比		−0.26	+0.21	+189	−22.25	−5

4. 调整并拟定精饲料混合料配方

从表 3-17 看出，与标准相比，初拟配方中能量需要已基本得到满足，而蛋白质含量偏高。可用部分玉米代替豆饼，如果用 1 千克玉米代替 1 千克豆饼，可使蛋白质降低 307（366−59=307）克，则需要用 0.62（189÷307≈0.62）千克玉米代替等量的豆饼。此时，玉米的用量为 6.12（5.5+0.62=6.12）千克，豆饼的用量改为 1.38（2−0.62=1.38）千克。

再看钙和磷，可知钙、磷都不足，由于干物质用量尚缺，所以可适当增加磷酸氢钙和石粉用量。先用磷酸氢钙补充磷，其用量为：5÷0.16（每克磷酸氢钙中的含磷量）=31.25 克≈0.03 千克。

磷酸氢钙含钙量 0.03×230=6.9 克，尚缺钙量 22.25−6.9=15.35 克。用石粉补充，其用量 15.35÷0.38（每克石粉的含钙量）=40.39 克≈0.04 千克。因此，磷酸氢钙和石粉的最终用量分别是：0.2+0.03=0.23 千克、0.1+0.04=0.14 千克。

通过以上调整，最后确定的精饲料混合料配方是：玉米 6.12 千克、麸皮 2 千克、豆饼 1.38 千克、棉籽饼 2 千克、磷酸氢钙 0.23 千克、石粉 0.14 千克、食盐 0.1 千克、预混料 0.1 千克。共计 12.07 千克，其营养成分含量基本符合该奶牛场牛群的生产需要。

5. 拟定饲料配方

体重 550 千克、日产奶 30 千克、乳脂率 3.5% 的奶牛日粮组成为：玉米青贮 20 千克、羊草 3.5 千克、混合精饲料 12.07 千克。

第四章　奶牛规模化生产技术

第一节　奶牛生产周期的划分

奶牛自从第一次产犊进入成年阶段以后，即进入周期性的生理现象循环过程，例如分娩、泌乳、干乳、产后配种。分娩和泌乳生理现象一般以1年为1个周期。每个循环周期都遵循规律性的变化，找出内在的规律性变化，并用周期性示意图表示出来，能更清楚地理解奶牛繁殖规律、泌乳规律，能够在生产中有目的地开展科学的饲养管理工作，提高奶牛养殖效益。不同年龄的后备母牛及不同泌乳阶段的成年母牛在日粮、营养需要和饲养管理方法上都是不一样的。所以，大型奶牛养殖场和奶牛养殖大户要想提高饲养效益，不论是后备母牛，还是成年母牛，都必须分群饲养管理。

一、奶牛的生产周期规律

奶牛生产包括繁殖和泌乳。根据理想设计，母牛年产1胎，干乳期60天，实际挤乳305天，综合效益最好。365天内产1胎，一个305天标准的泌乳周期，2个月的干乳期，分娩后80天配种受孕，妊娠期285天。

二、奶牛的泌乳规律

同一个体，不同胎次泌乳期的产乳量和乳质有所区别，一般情况下第2胎比第1胎上升10%～12%；第3胎比第2胎上升8%～10%；第4胎比第3胎高5%～8%；第5胎比第4胎高3%～5%；第6胎以后乳量逐渐下降。

同一个胎次的泌乳期内的产乳量并不是保持一个水平不变，而是有一定的规律性，根据泌乳生理的规律性变化和生产实际情况，把一个泌乳期分为4个泌乳阶段，即泌乳初期、泌乳盛期、泌乳中期和泌乳后期。

泌乳初期（15天）：母牛分娩到产后15天，与围产后期重合，也称恢复期。

泌乳盛期（85天）：分娩后16～100天，产奶量占全泌乳期产奶量的45%～50%。

泌乳中期（100天）：分娩后101～200天，产奶量占全泌乳期产奶量的30%左右。

泌乳后期（105天）：分娩后201天至停奶前1天，产奶量占全泌乳期产期产奶量的20%～25%。

三、奶牛的分群技术

（一）后备母牛分群

后备母牛按生理发育阶段，一般可分为哺乳期犊牛、断乳期犊牛、小育成牛、大育成牛和青年牛几个阶段。

哺乳期犊牛（0～2月龄）：此阶段是后备母牛中发病率、死亡率最高的时期。

断乳期犊牛（3～6月龄）：此阶段是生长发育最快的时期。

小育成牛（7～12月龄）：此阶段是母牛性成熟时期，母牛的初情期发生在10～12月龄。

大育成牛（13～16月龄）：此阶段是母牛体成熟时期，16～17月龄是母牛的初配期。

青年牛（初孕牛）：可分为两个阶段。其中，妊娠前期青年母牛（17～22月龄）是母牛初妊期，也是乳腺发育的重要时期；妊娠后期青年母牛（23～24月龄）是母牛初产和泌乳的准备时期，是由后备母牛向成年母牛过渡的时期。

（二）成年母牛分群

成年母牛按其泌乳阶段，一般可分为干乳牛群（60天）、围产期牛群（30天）、泌乳盛期牛群（85天）、泌乳中期牛群（100天）和泌乳后期牛群（105天）5个群。

其中，围产期牛群（30天），包括分娩前和产后各15天，对于奶牛的健康及以后的产奶量，此期是关键饲养期，包括围产前期（15天）和围产后期（15天）。

第二节　犊牛生产技术

犊牛从出生到6月龄结束，称犊牛阶段。其中，0～2月龄为哺乳期，3～6月龄为断乳期。犊牛的生长发育对成年奶牛的产奶量有很大影响。犊牛饲养的最终目标是培育有发展潜力育成母牛，确保在不发生难产的情况下尽早产犊，形成生产能力，大大降低成本，并有一个较长的可利用周期，获得更高的利润。

第四章 奶牛规模化生产技术

一、初生犊牛的护理

（一）产房准备工作

奶牛牧场犊牛应准备专业的接产员。接产员应将接产工具放在固定的地点。接产人员仔细观察每头临产牛的情况。难产必须助产，特殊情况下，通知兽医部门协助助产。产后及时记录母子相关信息，做好新生犊牛护理及拉运工作，测初生重，收集初乳、测质量。定时转产前21天的围产牛（青年牛和干奶牛），提前通知饲养部门管理人员要调整的牛头数及牛圈号并通知兽医免疫疫苗。巡围产牛圈和干奶牛圈发现夹牛要及时放牛，发现病牛及时通知兽医部门负责人。牛舍卧床、采食道、运动场及水槽等环境舒适度差时应及时通知部门主管。

奶牛产前1~2周进入产房待产。产房要冬暖夏凉，冬季保温防寒，严防过堂风侵袭，并要求清洁、干燥、阳光充足、通风良好、无贼风、宽敞。进入产房前，要做好产房、牛槽、牛床、牛体和用具消毒。牛床要清洁、干净、有垫草，水、料充足。

接产所需物品应放在指定的地方。接产前准备相关药品及工具，如5%~7%碘酊、消毒液、石蜡、助产绳、助产器、长臂手套、照明设备（夜用）等。

（二）接产与助产

对临产母牛要注意看护，发现临产征兆，及时做好接产准备，发生难产最好请兽医助产。

1. 接产

应在严格遵守消毒的原则下，按照以下步骤和方法进行，以保证胎儿顺利产出和母牛的安全。首先是正常分娩。工作人员仔细观察临产牛的情况，产出期开始时，观察母牛的体质情况和母牛胎膜漏出至排出羊水这一段时间。如果胎儿正常时，三件（唇及二蹄）俱全，可等候其自然出生。头胎牛分娩时间不超过2小时，经产牛不超过90分钟，如果超出要考虑助产。其次是难产。产出期开始时，观察母牛的体质情况和母牛胎膜漏出至排出羊水这一段时间，一般难产主要有以下几种情况：①如果前腿已露出很长而不见唇部。②唇部已经露出而看不见一条或两条腿。③只见尾巴，而不见一条或两条后腿。④产道狭窄（骨盆狭窄），犊牛特大。⑤倒生（包括仰卧倒生）或仰卧顺产。⑥母牛的产力不足（母牛患病）。⑦双胎、倒生、正生或四条腿一起出现的非正常生产。

2. 助产

助产是指奶牛遇到难产时接产人员动手帮助矫正胎位或给予外力的分娩过程。遇到以上难产时应考虑助产。首先把母牛保定，用毛巾浸润消毒水，如1%新洁尔灭（苯扎溴铵溶液）认真擦洗母牛的外阴部及其周围，并且接产人员必须戴长臂手套，准备对母牛产道检查。

助产前检查胎位是否正常，注意胎儿前置器官露出的情况有无异常，确定胎儿异常的性质及程度，切记不要先把露出的部分向外拉，否则可能会使胎儿的难产程度加剧，给矫正工作带来更大困难。

胎位矫正方式如下。

（1）倒生　发现顺倒生（两条后腿先出产道）时直接消毒助产，但仰卧倒生（腹部朝上）时后腿看起来像前腿（容易耽误最佳助产时间），需要有经验的接产员，蹄子和肘关节之间有膝关节的是前蹄，而蹄和跗关节之间没有柔韧的关节是后肢，一般翻转起来困难，做好的办法是当其他人用助产绳牵拉，另一个人再试图翻转犊牛身体（注意子宫扭转）。

（2）双胎　发现四条腿一起出现产道时一般是双胎（犊牛畸形时截胎或剖腹产），双胎时有经验的接产员触摸方式分清哪条腿是哪头牛的，如果其中一头犊牛正生但头部向后弯曲，另一头犊牛倒生时两头犊牛的头部和臀部都挤在有限的产道中，而正生犊牛头部很难矫正时首先推回正生（头部向后弯曲）犊牛，试拉倒生的犊牛，如果犊牛头部能矫正时推回倒生，试拉正生犊牛。发现双胎但先后明显，第一头犊牛倒生（能触摸倒后两腿）时首先助产倒生牛，如果第一头犊牛臀部出现在推回母体矫正腿后助产。

（3）产道窄（骨盆狭窄）　产道狭窄发现胎位不正时很难矫正，需要有经验的接产员，如果骨盆狭窄，往往犊牛窒息死亡，如果犊牛死亡应采取截胎术，保护母牛。

胎儿进入产道的深浅。如果进入产道很深，不能推回，且胎儿较小，一般不严重，可先试行拉出。如果产道开张不全，胎位异常，则应先行矫正。如果子宫颈尚未开时一般使用催产素等，待子宫颈尚开时助产。

严格鉴定胎儿的存活情况。如果胎儿已经死亡，在保全母牛不受损伤的情况下，可以采用放弃胎儿的措施。如果胎儿还活着，应首先考虑母子的安全，实在不能兼顾时，只能考虑母牛的安全。

检查、矫正完成后用助产绳绑前两腿或后两腿，再用助产器往外拉，并且开始母牛和助产器应在一条水平线，然后按照母牛产力慢慢往下拉（助产器和脊椎呈45°），从头部至胸部出来时不停留，然后慢慢根据产力拉出来。母牛分娩结束后工作人员记录母牛的耳号及产犊日期、时间、产犊过程（难产或顺产）及犊牛性别，并加强对母牛的产后管理。

（三）护理要点

1. 清除口腔和鼻孔内的黏液

犊牛自母体产出后应立即清除其口腔及鼻孔内的黏液，以免妨碍犊牛的正常呼吸和将黏液吸入气管及肺内。

2. 断脐

犊牛腹部 8～10 厘米处，两手卡紧脐带，往复揉搓 2～3 分钟，然后在揉搓处的远端用消毒过的剪刀在清除犊牛口腔及鼻孔黏液以后，如其脐带尚未自然扯断，应进行人工断脐。方法是在一定距离将脐带剪断，挤出脐带中黏液，并将脐带的残部放入 7% 碘酊中浸泡 1～2 分钟。

3. 擦干被毛

断脐后，应尽快擦干犊牛身上的被毛，立即转入温室（最低温度 10℃以上）。

（四）智能化自动管理

对犊牛的管理，可使用犊牛自动饲喂系统，实现个体化精细饲养。

二、哺乳期犊牛的饲养

哺乳期犊牛饲养的关键问题是及时吃足初乳，并逐渐转喂常乳，通过调教采食，抓好补饲，为早期断乳做好准备。

（一）智能化初乳饲喂

来自丹麦的犊牛初乳管理系统（Coloquick 系统）：主要包括初乳库、水浴系统、灌装支架、初乳夹、一次性初乳袋、灌服插管等。主要功能是实现优质初乳的均匀快速解冻、快速灌服。

（二）新生犊牛人工饲喂初乳

初乳是指奶牛产后第 1 次挤的乳。初乳色黄而黏稠，稍带咸腥味。

1. 初乳的特点

与常乳相比，初乳干物质含量高，尤其蛋白质、胡萝卜素、维生素 A 和免疫球蛋白含量是常乳的几倍至十几倍。另外，初乳酸度高，含有镁盐、溶菌酶和 k- 抗原凝集素。

2. 初乳对新生犊牛的重要性

①由于母牛胎盘的特殊结构，母体血液中的免疫球蛋白不能在胎儿时期通过胎盘传给胎儿，因而新生犊牛无免疫能力。初乳中含有大量的免疫球蛋白，犊牛可通过哺喂初乳来获得免疫能力。

②初乳中含有大量镁盐，镁盐具有轻泻作用，有利于犊牛胎便的排出。

③初生犊牛皱胃不能分泌胃酸，因而细菌易于繁殖，而初乳酸度较高，有杀菌作用。

④初乳中有溶菌酶和 k- 抗原凝集素，也有杀菌作用。初乳所含的各类抗体，能在特定环境下为犊牛提供抵抗各种疾病的免疫力，而初乳中抗体的类别取决于母牛所接触过的致病微生物或疫苗，即在某一牛场出生并成长的母牛，其所产的初乳是保护这一牛

场所出生犊牛的理想初乳。与之相反，产犊前不久从另一牛场购进的母牛其初乳中所含抗体的免疫力与本场母牛有所不同。同理，购买或迁移出生后 6～8 周的犊牛，其受到感染的危险性较高，因为这些犊牛没有获得抵抗新环境中抗原的特异抗体。血乳、乳房炎、特稀、有异味的初乳不合格，一律不可使用。5 胎以上的经产牛的初乳不能用；产前漏奶或产犊前挤奶的牛初乳减少；干奶期超过 90 日或少于 40 日的初乳也不合格。

3. 初乳的饲喂时间

犊牛应在出生后 1 小时内吃到初乳，而且越早越好。一般以犊牛能够站立时喂给（出生后 0.5～1 小时即可站立）。

4. 初乳的喂量及饲喂方法

最好现挤现喂，乳温 37～38℃。如乳温下降，须经水浴加温至 38～39℃ 再喂，饲喂过凉的初乳是造成犊牛下痢的重要原因。相反，如乳温过高，则易因过度刺激而发生口炎、胃肠炎等或犊牛拒食。初乳切勿使用明火直接加热，以免温度过高发生凝固。同时，多余的初乳可放入干净的带盖容器或密封塑料袋内，并保存在低温环境中。在每次哺喂初乳之后 1～2 小时，应给犊牛饮 35～38℃ 温开水 1 次。

（1）传统饲喂方法 第一次初乳的喂量应为 1.5～2 千克，不能太多，以免引起消化紊乱，以后可随犊牛食欲的增加而逐渐提高，出生的当天（生后 24 小时内）饲喂 3～4 次初乳。

初乳哺喂的方法：可采用装有橡胶奶嘴的奶壶或奶桶饲喂。犊牛习惯于抬头伸颈吮吸母牛的乳头，是其本能的生物反应，因此，以奶壶哺喂初生犊牛较为适宜。目前，奶牛场限于设备条件多用奶桶喂给初乳。

欲使犊牛出生后习惯从桶里吮奶，常须进行调教。最简单的调教方法是将洗净的中指、食指蘸些奶，让犊牛吮吸，然后逐渐将手指放入装有牛奶的桶内，使犊牛在吮吸手指的同时吮取桶内的初乳，经 3～4 次训练以后，犊牛即可习惯桶饮，但瘦弱的犊牛须有较长时间的耐心调教。喂奶设备每次使用后应清洗干净，以最大限度地降低细菌的生长以及疾病传播的危险。

（2）初乳现代灌服技术 犊牛出生后应立即与母牛分开，清理口腔和鼻腔的黏液，完成称重、记录、脐带消毒工作，用吹风机吹干牛体，转入犊牛单栏或犊牛岛，在犊牛出生 1 小时内灌服合格的初乳 4 千克，吃完初乳后让其休息吸收，禁止惊动犊牛，9～12 小时再次饲喂初乳 2 千克，2 小时之内挤净母牛初乳。

单人给初生犊牛灌服初乳的操作要领：用双腿将犊牛颈部夹紧，并使其后躯退至死角处难以移动。右手持胃管经犊牛右侧角插入，借吞咽动作将胃管送入食道，左手须在犊牛颈部食道沟往复上下滑动检查，以确保胃管在食道内，如胃管送入食道，此时右手上下轻拉会感觉多少有些阻力。如误入气管，则感觉无阻力，同时左手在食道沟也摸不到胃管。确定胃管在食道内后才能高举初乳瓶将初乳灌入。每次饲喂结束后

1～2小时，饮喂温开水1次，水温和乳温均为37℃左右。

5. 多余初乳的保存方法

主要有两种保存方法：犊牛初乳管理系统和发酵法。

把新鲜混合初乳过滤后倒入塑料桶内（不宜用金属桶），及时盖上桶盖（不宜过满以防发酵后溢出），放在室内阴凉的地方，任其自然发酵；为了防止乳脂与乳清分离，每天应搅拌1次。发酵时间视气温而定，室温10～15℃发酵5～7天；室温15～20℃发酵3～4天；室温20～25℃发酵2天左右；室温25～30℃发酵1天；室温30℃以上发酵8～12小时即成。也可以用乳酸菌发酵，把新鲜混合初乳过滤后水浴加温到80℃，保持5～10分钟，然后将其冷却到40℃，倒入已消毒的塑料桶内，按5%～7%的比例加入发酵剂（保加利亚乳酸杆菌和链球乳酸菌的扩大培养剂），搅匀后及时盖上桶盖，每天搅拌1次；当室温在10～15℃时发酵2天左右即可；室温20～25℃时发酵1天；室温25～30℃，发酵12小时；室温30～35℃，发酵4小时左右即成。发酵初乳在饲喂前应先搅拌均匀，然后取需要量加入80℃左右的水，将乳温调至38℃进行饲喂[初乳与水比例为（2～3）:1]。个别犊牛在第一次喂给时对发酵初乳可能会不适应，可掺入一些鲜乳诱食；也可在喂前加入0.5%碳酸氢钠中和，以改善其适口性。

6. 特殊情况的处理

犊牛出生后如其母亲死亡或母牛患乳腺炎，使犊牛无法吃到其母亲的初乳，可用其他产犊时间基本相同的健康母牛的初乳。如果没有产犊时间基本相同的母牛，也可用常乳代替，但必须在每千克常乳中加入维生素A 2 000国际单位，并在第一次喂奶后灌服50毫升液体石蜡或蓖麻油，也可混于奶中饲喂，以促使胎便排出。5～7天后停喂维生素A，直到20日龄左右。

（三）补饲与断乳

1. 饲喂过渡乳和常乳

过渡乳日喂量为犊牛体重的8%～10%。每天饲喂3次，连续饲喂4～5天以后，犊牛可以逐渐转喂正常牛奶（常乳），日喂量为犊牛体重的10%左右，日喂2次。

2. 补饲

犊牛从4～7日龄开始调教采食开食料和干草，常用的方法有：①在开食料中掺入糖蜜或其他适口性好的饲料；②可将开食料拌湿涂抹在嘴上，或置少量在奶桶底，当犊牛舔舐奶桶底部时，即可食入；③少喂勤添，以保持饲料新鲜；④限制犊牛喂奶量，每天喂奶量以不超过其体重10%为限。犊牛一般从4月龄开始训练采食青贮，但在1岁以内青贮饲料的喂量不能超过日粮干物质的1/3。

在早期训练采食植物性饲料的情况下，6～8周龄的犊牛前胃发育已达到了相当程度。为了使犊牛能够适应断乳后的饲养条件,断乳前 2 周应逐渐增加精、粗饲料的喂量,减少奶量的供应。每天喂奶的次数可由 3 次改为 2 次,而后再改为 1 次。在临断乳时,还可喂给掺水牛奶,先按 1∶1 喂给掺温水的牛奶,以后逐渐增加掺水量,最后全部用温水来代替牛奶。

3. 供给充足、清洁、新鲜的饮水

犊牛出生 24 小时后,应获得充分饮水。最初 2 天水温和乳温相同,保持在 37～38℃。从 1 周龄开始,可用加有适量牛奶的 35～37℃温开水诱其饮水,10～15 日龄后可直接饮用常温开水。1 个月后由于采食植物性饲料量增加,饮水量增多,可在运动场内设置饮水池,让犊牛自由饮用,但水温不宜低于 15℃。冬季应喂给 30℃左右的温水。

三、断乳期犊牛的饲养

犊牛从断乳到 6 月龄,称断乳期。

(一)适时断乳

我国目前犊牛的哺乳期都在 2 个月左右,哺乳量约 300 千克。比较先进的规模化奶牛场,哺乳期缩减到 45～60 天,哺乳量为 200～250 千克。初乳期过后开始训练犊牛采食固体饲料,根据采食情况逐渐降低犊牛喂奶量,当犊牛精饲料的采食量达到 1.5 千克时即可断乳。

(二)早期断乳

目前国外犊牛早期断乳的哺乳期大多控制在 3～6 周,以 4 周居多,也有喂完 7 天初乳就进行断乳的报道。英国、美国一般主张哺乳期为 4 周(日本多为 5～6 周),哺乳量控制在 100 千克以内。例如英国的做法是:犊牛生后最初几天喂饲初乳,1 周后改喂常乳,并开始训练犊牛采食开食料,任其自由采食,同时提供优质的干草,当犊牛每天能吃到 1 千克左右的开食料时就可断乳,这时犊牛约为 1 月龄,全哺乳期共消耗鲜奶 96 千克。

早期断乳根据不同的情况有不同的方法,主要的不同是哺乳期的长短和喂奶量的多少。根据目前我国奶牛生产的水平,采用 2 个月哺乳期、总喂奶量为 255～293 千克的方法较为现实,其具体方法可参照表 4-1。青贮、块根饲料、优质干草可任意采食。

表 4-1　早期断乳实施方案　　　　　　　　　　　　　单位：千克

日龄（日）	喂奶量			喂料量	
	日喂量	日喂次数	总量	日喂量	总喂量
1～7	4～6	3	28	0	0
8～15	5～6	3	40～48	0.2～0.3	1.42～2.1
16～30	5～6	3	75～90	0.4～0.6	3.2～4
31～45	4～5	2	60～75	0.7～1	9～12
46～60	2～4	1	30～60	1～1.5	13.5～15
合计			293～355		27.1～33.1

当犊牛连续3天采食量都在1～1.5千克开食料时即可断乳。在此之前要适当控制干草的喂量，以免影响开食料的采食量，但要保证日粮中所含的中性洗涤纤维不低于25%。缩短哺乳期，减少哺乳量的犊牛，虽然前3个月体重增长较慢，但只要精心饲养，在断乳前调整好采食精饲料的能力，并在断乳后注意精饲料和青贮饲料的数量和品质，犊牛在早期受阻的体重在后期可得到补偿，不影响后备牛的配种月龄、繁殖以及投产后的产奶性能。

按照以上方案对犊牛进行早期断乳时，还要注意以下问题。

1. 适度增减非奶常规饲料

在哺乳期内应视外界气温变化情况增减非奶常规饲料，调整能量的变化需要。-5℃时增加维持能量18%，-10℃时增加26%。当气温高时也应增加，如30℃时增加11%。除冬季低温和夏季高温外，还有蚊、蝇、虻等昆虫的干扰，对早期断乳犊牛都产生影响，因此建议，上半年产的犊牛实现30天断乳，而下半年产的犊牛则实行45天以上断乳。一般日增重达500克，精饲料采食量达1千克以上时方可断乳。

2. 充足饮水

早期断乳犊牛要供应足够的饮水，此期间犊牛饮水量大约是所食干物质量的6～7倍；春、冬季要饮温水，并适当控制饮水量。

3. 喂法

日粮供给时要按料水比1:1与等量干草或4～5倍的青贮饲料拌匀喂给，最好制成完全混合日粮，直到采食混合料2千克/（头·天）时不再增加，可以喂到6月龄。

4. 补偿饲养

早期断乳的初期（15天左右）增重偏低，皮毛光泽度差，不十分活泼，这是因为此阶段瘤胃机能尚不十分发育，早期断乳营养水平偏低，只要采食正常并逐日增加时会很快过渡。直至6月龄止，相对增重偏低，要充分利用8～12月龄增长较快的一段时间，给予补偿饲养，从初生到18月龄时平均日增重可达630～690克，期末体重达380～400千克，24月龄产后体重达430～500千克，补偿饲养对头胎产奶量与终生产奶量均无不良影响，相反还有提高的倾向。

5. 环境要求

早期断乳犊牛的环境更应严格，以利于消化机能快速转换。

（三）代乳品和开食料的使用

犊牛早期断乳成败关键之一就是代乳品和开食料的配制技术。

1. 代乳品

代乳品是模拟牛奶的特性所制作的商品饲料，用水冲调后可代替部分或全部鲜奶饲喂犊牛，所以又称人工奶粉、人工乳。代乳品是一种以乳业副产品（如脱脂乳、乳清蛋白浓缩物、干乳清等）为主的粉末状商品饲料，饲喂时必须稀释为液体，且具有良好的悬浮性和适口性，浓度12%～16%。为使犊牛早期断乳或节省商品乳哺用量，犊牛生后10天左右可应用代乳品代替常乳哺喂。使用代乳品的作用除节约鲜奶、降低培育费外，还可以补充全乳某些营养成分的不足，使用它代替鲜奶饲喂犊牛在经济上比较合算。

代乳品的蛋白质含量要求达20%以上，脂肪含量为10%～12%，一般商业代乳品脂肪含量达18%～20%，代乳品的蛋白质原料主要为乳蛋白，油脂进行均质化，并且添加卵磷脂或甘油一酯进行乳化，植物油脂由于含有大量游离脂肪酸，犊牛的消化率比较低。代乳品中的粗纤维含量应低于0.25%，添加一定量的矿物质和维生素。代乳品应按产品说明使用，同时注意不同代乳品所使用的蛋白质原料以及能量含量均有较大差异。

代乳品在饲喂时，按产品标签推荐的比例（代乳品与温水的常用比例为1.1∶8.9），用35～40℃的温水调匀。代乳品的使用时期可以与全乳一样，在犊牛喂完初乳后即可使用，每日等量喂给两次。如果犊牛体质弱，则应先使用全乳，然后视犊牛健康状况逐渐用代乳品取代全乳。

2. 开食料

犊牛开食料是根据犊牛消化道及其酶类的发育规律所配制的，能够满足犊牛营养需要（表4-2），供犊牛早期断乳使用的一种特殊饲料。其特点是营养全价、易消化、适口性好，其作用是促使犊牛由以吃奶或代乳品为主向完全采食植物性饲料过渡，开食料富含维生素及微量矿物质元素等。通常，开食料中的谷物成分是经过碾压粗加工形成的粗糙颗粒，以利于促进瘤胃蠕动，可在开食料中加入5%左右的糖蜜，以改善适口性。

表4-2　犊牛的营养需要

体重（千克）	日增重（克）	产奶净能（NND）	可消化粗蛋白质（克）	钙（克）	磷（克）
40	600	3.84	188	14	8
50	600	4.24	194	15	9
60	800	5.37	243	20	11

（四）断乳至 6 月龄犊牛的饲养

一般犊牛断乳后有 1～2 周日增重较低，且毛色缺乏光泽、消瘦、腹部明显下垂，甚至有些犊牛行动迟缓，不活泼，这是犊牛的前胃机能和微生物区系正在建立、尚未发育完善的缘故，随着犊牛采食量的增加，上述现象很快就会消失。

犊牛断奶后，继续喂开食料到 4 月龄，日喂精饲料应在 1.5～2 千克，以减少断奶应激。4 月龄后方可换成育成牛或青年牛精饲料，以确保其正常的生长发育。日粮一般可按 1.8～2.2 千克优质干草、1.8～2 千克混合精饲料配制。6 月龄前的犊牛，其日粮中粗饲料主要功能仅仅是促使瘤胃发育。4～6 月龄犊牛对粗饲料干物质的消化率远低于谷物，其粗饲料的适口性和品质就显得尤为重要。饲养时可选用商用犊牛生长料加优质豆科牧草或豆科禾本科干草混合物，自由饮水。

四、犊牛的管理要点

良好的管理可提高犊牛成活率和平均日增重，活泼好动，精神状态好，毛色光亮，犊牛"三病"（腹泻、肺炎、脐带炎）发病率低。

断乳犊牛的培育目标：犊牛的日增重平均为 760 克；6 月龄体重达到 170～180 千克，体高为 95～100 厘米，体长为 100～115 厘米；6 月龄时，犊牛日粮干物质采食量应达到 4～4.5 千克/天；犊牛（6 月龄时）混合精饲料喂量 2 千克/天。

（一）编号、称重、记录

犊牛出生后应称出生重，对犊牛进行编号，对其毛色花片、外貌特征（有条件时可对犊牛进行拍照）、出生日期、谱系等情况作详细记录，以便于管理和以后在育种工作中使用。目前国内广泛采用的是塑料耳标法，牛号写在塑料耳标上，用专用的耳标钳将其固定在牛耳朵的中央。近年来兴起的射频识别技术已在我国奶牛身份标识中取得了长足发展，可以方便地集成到奶牛的耳标和项圈中使用。

（二）哺乳

犊牛喂奶要做到五定：定位、定时、定量、定温、定人。

（三）卫生

对犊牛的环境、牛舍、牛体以及用具卫生等，均有比较严密的管理措施，以确保犊牛的健康成长。

哺乳用具应该每用 1 次就清洗、消毒 1 次；每头犊牛有一个固定奶嘴和毛巾，每次喂完奶后擦净嘴周围的残留奶。

喂奶用具（如奶壶和奶桶）每次用后都要严格进行清洗消毒，程序为：冷水冲洗→碱性洗涤剂擦洗→温水漂洗干净→晾干→使用前用85℃以上热水或蒸汽消毒。饲料要少喂勤添，保证饲料新鲜、卫生。每次喂奶完毕，用干净毛巾将犊牛嘴缘的残留乳汁擦干净，并继续在颈枷上夹住约15分钟后再放开，以防止犊牛之间相互吮吸，造成舐癖。犊牛舍应保持清洁、干燥、空气流通。舍内二氧化碳、氨气聚积过多，会使犊牛肺小叶黏膜受刺激，引发呼吸道疾病。同时湿冷、冬季贼风、淋雨、营养不良亦是诱发呼吸道疾病的重要因素。

牛床、牛栏应定期用2%火碱水冲刷，褥草应勤换。犊牛的抵抗力较弱，忽视消毒，将给病菌创造入侵机会，所以要进行全面消毒；冬季每月消毒1次，夏季每周至少消毒1次。如果发现传染病，则应对病、死牛接触过的环境和用具进行彻底消毒。栏圈要清洁，定期打扫栏圈。

（四）分群管理

为防止犊牛个体存在过大差异导致采食不均，可分群饲养，根据不同情况，将体重和月龄相近的犊牛分为一群，便于统一饲养管理，每群犊牛数量需要控制在10～15头为宜。可分为哺乳犊牛群（0～3月龄）、断乳犊牛群（3～4月龄）、断乳后犊牛群（4～6月龄）。每月称体重1次。

分群后一般采取散养的方式，每天提供充足的饲料和饮水，让犊牛自由采食和饮水。满6月龄时称体重、测体尺，转入育成牛群饲养。

（五）刷拭

每天应给犊牛刷拭1～2次。最好用毛刷刷拭，对皮肤软组织部位的粪尘结块，可先用水浸润，待软化后再用铁刷除去。对头部刷拭尽量不要用铁刷乱挠头顶和额部，否则容易从小养成顶撞的坏习惯。顶人恶癖一经养成很难矫正。

（六）运动

生后8～10日龄的犊牛即可在运动场做短时间运动（0.5～1小时），以后逐渐延长运动时间，至1月龄后可增2～3小时。如果犊牛出生在温暖的季节，开始运动的日龄还可再提前，但须根据气温的变化，酌情掌握每日运动时间。冬季要防止大风大雪或气候寒冷的天气出外运动，夏季避免酷热天气，午间避免阳光直接暴晒，以免中暑。

（七）去角

犊牛在4～10日龄应去角，这时去角犊牛不易发生休克，食欲和生长也很少受到影响。常用的去角方法有苛性钠法和电热去角法。

(八) 剪除副乳头

犊牛去副乳的最佳时间是 12～40 日龄。具体方法是：先清洗、消毒乳房周围，然后轻轻下拉副乳头，沿着基部用消毒过的锋利剪刀快速将其剪掉，伤口用 5% 碘酊消毒。剪除副乳头时最好避开炎热的夏季。在有蚊蝇季节，可涂以驱蝇剂。剪除副乳头时，切勿剪错。如果乳头过小，一时还辨认不清，可等到母犊年龄较大时再剪除。

(九) 调教

犊牛要调教，达到"人畜亲和"，养成良好的规律性采食反射和呼之即来、赶之即走的驯顺性格。

(十) 预防疾病

此期的主要疾病是肺炎和下痢。肺炎最直接的致病因素是环境温度的骤变，预防办法是做好保温工作。犊牛的下痢可分两种：一是由于病原性微生物所造成的下痢，预防的办法主要是注意犊牛的哺乳卫生，哺乳用具要严格清洗消毒，犊牛栏也要保持良好的卫生条件；二是营养性下痢，其预防办法为注意奶的喂量不要过多，温度不要过低，代乳品的品质要合乎要求，饲料的品质要好。

第三节　育成牛和青年牛生产技术

从 7 月龄到初次配种受胎阶段的牛，称育成牛和青年牛。其中，7～16 月龄为育成牛，17～24 月龄（配种到产犊）为青年牛。

一、育成牛的饲养

荷斯坦母牛 7～9 月龄、体重 175～229 千克期间是一个关键阶段，因为在此期间乳腺的生长发育最为迅速。奶牛性成熟前的生长速度目标是日增重 600 克左右，而性成熟后日增重的指标应为 800～825 克。

(一) 育成母牛培育要求与饲养方式

育成母牛的培育要求是保证小母牛正常生长发育和适时配种；育成牛的饲养方式有小群饲养、大群饲养和放牧饲养。犊牛满 6 月龄后转入育成牛舍时，应分群饲养，尽量把年龄、体重相近的牛分在一起，同一小群内体重的最大差别不应超过 30～50

千克。生产中细化分群可按6～9月龄、10～12月龄、13～14月龄、15～16月龄进行分群,为便于饲养管理,也可以按6～9月龄、10～14月龄、15～16月龄进行分群。

(二) 育成母牛的饲养

此期育成牛的瘤胃机能已相当完善,可让育成牛自由采食优质粗饲料如牧草、干草、青贮饲料等,整株玉米青贮由于含有较高能量,要限量饲喂,以防过量采食导致肥胖。精饲料一般根据粗饲料的质量进行酌情补充,若为优质粗饲料,精饲料的喂量仅需0.5～1.5千克即可,如果粗饲料质量一般,精饲料的喂量则需1.5～2.5千克,并根据粗饲料质量确定精饲料的蛋白质和能量含量,使育成牛的平均日增重达700～800克,14～16月龄体重达360～380千克进行配种。育成期的饲养可按育成牛不同阶段的发育特点和营养需要等情况分两个阶段进行饲养。

第一阶段(6～12月龄):此期是育成牛达到生理上最高生长速度的时期,是性成熟前,性器官和第二性征发育最快的时期。身体的高度和长度急剧增长,前胃发育较快,瘤胃功能成熟,容积扩大1倍。在良好的饲养条件下,日增重较高,尤其是6～9月龄明显。按100千克体重计算,日粮参考喂量为:青贮饲料5千克,干草1.5～2千克,秸秆1～2千克,精饲料1～1.5千克。

第二阶段(13～16月龄):12月龄以后,育成母牛的消化器官已接近成熟,同时又无妊娠和产乳负担,能够尽可能利用青贮饲料、粗饲料,可以降低饲养成本。为使育成牛消化器官继续扩大,需要进一步刺激其生长发育。此时饲喂足够的优质粗饲料就基本上能够满足营养需要,如粗饲料质量差则需要适当补喂精饲料,一般可补2～3千克精饲料,同时补充钙、磷、食盐和必要的微量元素。

二、青年牛的饲养

青年初孕牛指怀孕后到产犊前的头胎母牛,也称为青年母牛。初次怀胎的母牛,未必像经产母牛那样温驯,管理上必须非常耐心,并经常通过刷拭、按摩等与之接触,使之养成温驯的习性,以适应产后管理。对初孕牛要加强饲养,但不要喂得过肥,以防发生难产;视其原来膘情确定日增重、肋骨较明显的为中等膘,可按日增重1 000克饲喂。一般以看不到肋骨较为理想。

育成牛配种后一般仍可按配种前日粮进行饲养。处在妊娠前期的青年母牛生长速度逐渐减缓,体躯向宽、向深发展,可按干奶牛营养标准饲养,保证优质干草的供应,喂量占体重的1%～1.5%。在良好的饲养条件下,体内容易蓄积大量脂肪,要避免身体过肥造成难产。如营养不良,会影响牛体发育,成为体躯窄浅、四肢细高、产奶量低的奶牛。此时日粮应以优质青草、干草、青贮饲料、根茎类为主,精饲料少喂或不喂，每日可补给 2～3 千克精饲料。

青年母牛妊娠后期（分娩前 3 个月），由于胚胎的迅速发育以及青年母牛自身的生长，需要额外增加 0.5～1 千克的精饲料，但喂量不得超过怀孕母牛体重的 1%；胎儿日益长大，胃受压，从而使瘤胃容积变小，采食量减少，这时应多喂一些易于消化和营养含量高的粗饲料，并增加维生素、钙、磷等矿物质含量。如果这一阶段营养不足，将影响育成牛的体格和胚胎的发育。但营养过于丰富，将导致过肥，引起难产、产后综合征等。具体日粮配方可参考表 4-3。

表 4-3　青年母牛日粮组成　　　　　　　　　　　　　　　单位：千克

妊娠月	体重	精饲料量	粗饲料量	
			干草	青贮
4	405	2.5	2.5	15
5	425	2.5	2.5	17
6	450	3.5	3	10
7	475	4	3	11
8	505	4	5.5	5
9	535	4.5	6	5

三、育成牛和青年牛的管理

（一）合理分群

按月龄、体重组群，每 40～50 头为一群，每群牛的月龄差异不超过 1.5～2 个月，体重差异不超过 25～30 千克。为防止牛因采食不均而发育不整齐，要随时注意牛的膘情变化，根据牛的体况及时进行调整，采食不足和体弱的牛向较小的年龄群调动，过强的牛向大的年龄群转移，12 月龄后会逐渐地稳定下来，可分为断乳后至 6 月龄、7～12 月龄、13～16 月龄、初次受胎至分娩等牛群。

（二）定期称重

育成母牛的性成熟与体重关系极大，一般育成牛体重达到成年母牛体重的 40%～50% 时进入性成熟期，体重达成年母牛体重的 60%～70% 时可进行配种。当育成牛生长缓慢时（日增重不足 350 克），性成熟会延迟至 18～20 月龄，影响投产时间，造成不必要的经济损失。后备母牛各阶段较理想的体重见表 4-4。

表 4-4　荷斯坦牛后备母牛较理想的体重、胸围、体高和体况评分

月龄	体重（千克）	胸围（厘米）	体高（厘米）	体况评分（分）
初生	41	79	71	—
2	72	94	84	—
4	122	107	95	2.2
6	173	125	104	2.3
8	221	140	110	2.4
10	270	150	115	2.4
12	315	158	119	2.8
14	347	163	123	2.9
16	392	168	127	2.9
18	419	176	130	3.2
20	446	180	133	3.2
22	495	185	136	3.4
24	540	191	138	3.5

（三）检测体高和体况

在某一年龄段体重指标是用于评价后备母牛生长的最常见方法。因为体重侧重于反映后备牛器官、肌肉和脂肪组织的生长，而体高却反映了后备牛骨架的生长，因此，只有当体重测量和体高、体长相配合时，才能较好地评价后备母牛的生长发育。目前，国外研究认为后备母牛的体高对初次产奶量的影响大于体重。

（四）修蹄

育成母牛蹄质软，生长快，易磨损，应从 10 月龄开始于每年春秋两季各修蹄 1 次。

1. 修蹄方法

把奶牛保定在四柱栏或两柱栏内，将牛蹄吊起，术者站立于所修蹄的外侧，根据不同蹄形及病情，分别进行整修。

（1）长蹄　用蹄刀或截断刀将蹄趾过长部分修去，并用修剪刀将蹄底面修理平整，再用锉将其边缘锉平，使其呈圆形。

（2）宽蹄　将蹄刀或截断刀放于蹄背侧缘，用木槌打击刀背，将过宽的角质部截除，再将蹄底面修理平整，锉其边缘。

（3）翻卷蹄　将翻卷蹄底内侧增生部分除去，用锯除去过长的角质部。最后锉其边缘。

（4）腐蹄、蹄趾间腐烂　首先根据其蹄形变化，将蹄底修整平后，再分别用药物

进行处置。

2. 注意事项

（1）修蹄时，应严格执行修蹄技术操作规程，熟练掌握修蹄技能。正确修蹄。

（2）在固定牛时，须注意保护其乳房和防止已孕牛受伤，且将其保定牢固。以免修蹄过程中让牛伤及术者。

（3）对蹄质坚硬、修整困难者，术前先用消毒液软化一会儿。为防止术后感染，修蹄应选晴好天气进行，修后加强护理，及时用4%硫酸铜液或福尔马林液等进行蹄浴。

（4）无论修整哪种变形蹄，都应根据各个蹄形的具体情况来决定修去角质的数量。不可过多地修去角质，否则会引起出血。

（5）对翻卷蹄应分次整修，否则往往因过度修去角质而造成出血。如确诊是蹄部疾病引起的跛行，应隔3～5天后，再复检1次，看其有无变化。

（6）凡因蹄病修整后的病牛，处置后，应在平整、干净、干燥的地面上饲养，保持牛蹄清洁，以便让其尽快康复。

（五）饮水

必须供应充足的饮水，运动场内设有饲槽和饮水池，供牛自由采食青粗饲料和饮水，水质要符合卫生标准。

（六）刷拭和调教

注意调教，使牛性情温顺，易于管理。为了保持牛体清洁，促进皮肤呼吸和血液循环，增进人畜感情，要对牛体进行刷拭，每天至少刷拭1～2次，每次5～8分钟。

（七）加强运动

除暴雨、烈日、狂风、严寒外，可终日散放于运动场。晴天还要让其多接受日光照射，每天在运动场驱赶运动2小时以上，以促进机体吸收钙质和促进骨骼生长，严禁在烈日下长时间暴晒。舍饲时，平均每头牛占用运动场面积应达10～15米^2，可使牛充分运动，以利于健康发育。

（八）乳房按摩

关注6～12月龄母犊牛性成熟，控制日增重（不超过0.9千克/天），增重过大将导致乳腺组织脂肪沉积，影响乳腺组织发育，精饲料给量控制在2～2.5千克/天。从妊娠第5～6个月开始到分娩前半个月为止，为促进妊娠后期青年母牛乳腺组织的发育，应在给予良好全价饲料的基础上，适时采取乳房按摩的办法，每日用温水清洗并按摩乳房1次，每次3～5分钟，以促进乳腺发育，并为以后挤奶打下良好基础。在此期间，切忌擦拭乳头，以免擦去乳头周围的蜡状保护物，引起乳头龟裂，或因病原菌从乳头孔处侵入，导致乳房炎发生。按摩可与刷拭同时进行，产前1～2个月停止按摩。

（九）发情和配种

在正常情况下，育成牛到15～16月龄，体重达成年体重的70%或350～380千克时（一般南方为360千克，北方为380千克），开始初配。育成牛的初情期基本上出现在8～12月龄以前。对初情期的掌握很重要，要在计划配种前3个月注意观察其发情规律，作好记录，以便及时配种。

（十）保胎

青年母牛要防止驱赶运动，防止牛跑、跳、相互顶撞和在湿滑的路面行走，以免造成机械性流产。防止母牛吃发霉变质食物，防止母牛饮冰冻的水。

（十一）转入产房

计算好预产期，产前2周转入产房，以尽早适应环境，减少应激，顺利分娩。此阶段可以逐渐增加精饲料喂量，以适应产后高精饲料的日粮。但食盐和矿物质的喂量应进行控制，以防乳房水肿，并注意在产前2周降低日粮含钙量，以防产后瘫痪。有条件时可饲喂围产期日粮，玉米青贮和苜蓿也要限量饲喂。

（十二）接产助产

在正常情况下，多数母牛可自然分娩，而一些过肥或过瘦及初产母牛会出现难产。一般母牛产出胎儿后30分钟即可娩出胎盘，对于难产母牛要进行助产处理，拉出胎儿时动作应轻缓，以免撕裂外阴部，严重时造成子宫外翻。

（十三）产后护理

产后母牛十分虚弱，应当让其进行适当的休息，迅速用温水清洗母牛乳房后躯和尾部，用干净毛巾擦干全身，清除产房内沾污的垫草、粪便，代之以干净的垫草。由于初产牛乳头较小，乳头括约肌紧，加之又不习惯挤奶，常表现胆怯不安。所以初产牛挤奶前要先给予和善的安抚，使其消除紧张的状态，以利于顺利操作。

（十四）初产母牛体况恢复

母牛产后代谢旺盛，饲养的重点应侧重于尽快恢复体况，而不应急于过早催乳，以免引起代谢性疾病。初产青年母牛有较强的泌乳持久力和额外生长需要，意味着青年母牛比成乳牛需求更高的额外养分，同时初产母牛产后身体尚在发育，至第2个泌乳期母牛体重还可增加10%以上。因此，在饲养上除按泌乳量和维持供足精饲料外，还应适当补加1～2千克精饲料。体重是影响干物质摄入量的主要因素之一，缺乏足够的生长会限制采食量的提高，加重初产母牛营养负平衡，失重时间较长，导致长期不发情。对于初产牛，体况较差时干奶期可适当延长60～75天。

第四节　泌乳奶牛生产技术

泌乳奶牛是指处于泌乳期内的奶牛。对泌乳牛的饲养管理是一项细致的工作，应根据不同个体的特点、习性、泌乳阶段进行饲养与管理。饲料的选择尽量多种多样，按奶牛饲养标准要求合理配合日粮，保证营养供给，奶牛的日粮组成不要突然改变，应逐渐变换，以免引起消化道疾病。此外，不能用有特殊气味的饲料饲喂奶牛，以免使牛奶出现不良气味。

一、围产期奶牛饲养管理

围产期是指奶牛临产前15天到产后15天这段时期，也可适当缩短或延长1周。按传统的划分方法，临产前15天属于干奶期，产后15天属于泌乳早期。围产期饲养管理的好坏，直接关系到犊牛的正常分娩、母体的健康及产后生产性能的发挥和繁殖表现。因此，在围产期除应注意干奶期和泌乳早期一般的饲养管理原则，还应做好一些特殊的工作。

（一）围产前期的饲养管理

1. 接产准备

预产期前15天，母牛应转入产房，单独进行饲养管理。产房预先打扫干净，用2%火碱或20%石灰水喷洒消毒，铺上干净而柔软的垫草，并建立常规的消毒制度；进行产前检查，随时注意观察临产征兆的出现，作好接产准备。发现母牛有临产征兆时，助产员用0.1%高锰酸钾溶液洗涤外阴部和臀部附近，并擦干，铺好垫草，任其自然产出。

2. 日粮配制

母牛临产前1周会发生乳房膨胀、水肿，如果情况严重应减少糟粕类饲料的供给；临产前2～3天日粮中适量添加麦麸以增加饲料的轻泻性，并给予优质干草让其自由采食，防止便秘；日粮中适当补充维生素A、维生素D、维生素E和微量元素，对产后子宫的恢复、提高产后配种受胎率、降低乳房炎发病率、提高产奶量具有良好作用。

（二）围产后期的饲养管理

1. 分娩处置

母牛分娩必须保持安静，并尽量使其自然分娩。夏季注意产房的通风与降温，冬季注意产房保温与通风换气。一般从阵痛开始需1~4小时，犊牛即可顺利产出。如果努责无力或发现异常，应进行人工助产。母牛分娩使其左侧躺卧，以免胎儿受瘤胃压迫产出困难。母牛分娩后稍事休息（20~30分钟）即驱起，以免流血过多，喂饮温热麸皮盐钙汤10~20千克（麸皮1千克，食盐100克，碳酸钙100克，有条件的可加益母草膏250克、红糖1千克），对高产个体，可以补"三高"（高钙、高糖、高盐），以利母牛恢复体力和胎衣排出，产后0.5~1小时进行第一次挤奶。应坚持饮温水，水温37~38℃。

2. 日粮配制

产后母牛消化机能较差，食欲不佳，因而产后第1天仍按产前日粮饲喂，从产后第2天起可根据母牛健康状况及食欲每日增加0.5~1.5千克精饲料，并注意饲料的适口性。控制青贮、块根、多汁料的供给；母牛产后2天内应以优质干草为主，适当补喂易消化的精饲料，如玉米、麸皮，并恢复钙在日粮中的水平和食盐的含量。

3. 挤奶和乳房护理

母牛产后应立即挤初乳饲喂犊牛，但由于母牛乳房水肿尚未恢复，体力较弱，第1天只挤出够犊牛吃的奶量即可，第2天挤出乳房内奶的1/3，第3天挤出3/4，从第4天起可全部挤完。每次挤奶前应对乳房进行热敷和轻度按摩。

4. 胎衣检查和恶露的排出

注意母牛外阴部的消毒和环境的清洁干燥，防止产褥疾病的发生；加强母牛产后的监护，注意恶露的排出量和颜色，尤其要注意胎衣的排出与否及完整程度，以便及时处理。

二、泌乳期奶牛阶段饲养管理

（一）泌乳初期奶牛饲养管理

母牛产后体质虚弱，处于代谢负平衡，体重下降，导致母牛体重骤减。如果此时动用体脂过多，在糖不足和糖代谢障碍的情况下，脂肪氧化不完全，极易发生酮病，结果使奶牛食欲减退、产奶量下降，如不及时治疗对牛体损害极大。

泌乳初期的饲养目标是，尽快使母牛恢复消化机能和食欲，提高其采食量，缩小采食营养物质与牛奶中分泌营养物质之间的差距。在提高母牛产奶量的同时，力争使母牛减重达到最小，避免由于过度减重所引发的酮病。

产后第一次喂食应饲喂麸皮盐钙汤,灌服产后保健品。产后1周内,饲喂适口性好的优质粗饲料,根据奶牛食欲、产乳量和消化情况逐渐增加精饲料和青贮的喂量。精粗饲料干物质比50∶50。产后第1天按产前日粮饲喂,第2天开始每日每头牛增加0.5～1千克精饲料,2～3天后每日每头牛增加0.5～1.5千克精饲料。只要产奶量继续上升,精饲料给量就继续增加,直到产奶量不再上升为止,其核心是"料领着奶"。

管理要点同围产后期的管理。

(二)泌乳盛期奶牛饲养管理

泌乳盛期奶牛乳房水肿消失,代谢强度逐渐提高,产奶量由低到高迅速上升,并达到高峰,是整个泌乳期中产奶量最高的阶段,此期饲养效果的好坏直接关系到整个泌乳期产奶量的高低。奶牛处于代谢负平衡,体重会下降。泌乳盛期是饲养难度最大的阶段,因为母牛的消化能力和食欲处于恢复时期,采食量由低到高逐渐上升,但是上升的速度赶不上产奶量的上升速度,牛奶中分泌的营养物质高于采食的营养物质,母牛须动员体储进行泌乳。另外,正常母牛在产犊2个月之后开始发情,第3个月时再次配种,此时如果营养负平衡问题严重,将会导致体重下降过快,代谢失常,从而会使配种延迟,繁殖率下降。把母牛减重控制在0.5～0.6千克/天,全期减重不超过35～40千克。产乳高峰一般出现在产后4～8周,最大干物质进食量出现在产后10～14周。

1. 泌乳盛期饲养

只要产奶量继续上升,精饲料给量就应继续增加,直到产奶量不再上升为止。生产上采用的饲养方法有预付饲养法、引导饲养法等,其核心是"料追奶"或"奶追料"。

(1)预付饲养法 其方法是从奶牛分娩后15～20天开始,在吃足粗饲料、青贮饲料和青绿多汁饲料的前提下,以满足维持和泌乳实际营养需要的饲料量为基础,每天再增加1～1.5千克混合精饲料,作为奶牛每天的实际饲料供给量。在整个泌乳盛期,精饲料的喂量随着泌乳量的增加而增加,始终保持1～1.5千克的"预付",直到产奶量不再增加为止。采取预付饲养法的时间不能过早,以分娩后奶牛的体质基本康复为前提,否则,容易导致各种消化道疾病。采用预付饲养法对一般产奶母牛增产效果较理想,可以充分发挥奶牛的泌乳潜力,减轻体况下降的程度。

(2)引导饲养法 引导饲养法又称挑战饲养法。从产前2周开始,增加精饲料喂量,最初1天约喂给1.8千克精饲料,以后每天增加0.45～0.5千克,直到奶牛每100千克体重采食1～1.5千克精饲料为止。奶牛产犊后,继续按每天0.45千克增加精饲料,直到产奶高峰,等泌乳高峰过后,再按泌乳量、乳脂率和体重等调整精饲料喂量。采取引导饲养法可以有效减少酮病的发病率,有助于维持体重和提高产乳量。在实施引导饲养的过程中,必须始终保证优质饲草的供给,任其自由采食,并给予充足、清洁的饮水,同时,引导饲养法所饲喂的精饲料(谷物)必须是粗磨或压扁的,不宜磨成粉状，否则易引起消化机能障碍。该方法仅对高产奶牛有效，对患隐性乳房炎的奶牛和低产奶牛则不宜应用。

2. 泌乳盛期管理

为尽快安全地达到产奶高峰，减少体内能量的负平衡，泌乳盛期应采取如下管理措施。

（1）自由采食优质干草　多喂优质干草，最好在运动场中自由采食。青贮饲料水分不要过高，否则应限量。干草采食不足可导致瘤胃酸中毒和乳脂率下降。

（2）提高饲料能量浓度　必要时可在精饲料中加入过瘤胃脂肪，在日粮配合中增加非降解蛋白的比例，日粮精粗比例可达（60∶40）～（65∶35）；为防止高精饲料日粮可能造成的瘤胃 pH 下降，可在日粮中加入适量的碳酸氢钠和氧化镁；增加饲喂次数，由一般的每日 3 次增加到每日 5～6 次。

（3）及时配种　奶牛产后 1 个月左右，其生殖道基本康复、净化，随之开始发情。此时应详细作好记录，在随后的 1～2 个情期抓紧配种。对产后 45～60 天尚未出现发情征兆的奶牛，应及时进行健康、营养和生殖系统的检查，发现问题，尽早解决。

（三）泌乳中期奶牛饲养管理

泌乳中期又称泌乳平稳期，此期母牛的产奶量已经达到高峰并开始下降，而奶牛食欲旺盛，采食量则仍在上升，此期母牛采食量达高峰。采食营养物质与牛奶中排出的营养物质基本平衡，体重不再下降，保持相对稳定，在正常情况下，多数奶牛处于妊娠早、中期。此期饲养目标为尽量使母牛产奶量维持在较高水平，下降不要太快。

饲养方法上，可尽量维持泌乳早期的干物质采食量，或稍有些下降，而以降低饲料的精粗比例和降低日粮的能量浓度来调节采食的营养物质量，日粮的精、粗饲料比例可降至 50∶50 或更低。饲养上采取加大青粗饲料喂量、逐渐减少精饲料的措施，这样可增进母牛健康，同时降低饲养成本。

（四）泌乳后期奶牛饲养管理

在泌乳中期产奶量下降的基础上，泌乳后期母牛的产奶量持续下降，且下降速度加快；采食量达到高峰后开始下降，采食的营养物质超过牛奶中分泌的营养物质，代谢为正平衡，体重增加。

在饲养管理上，除阻止产奶量下降过快外，要保证胎儿正常发育，并使母牛有一定的营养物质储备，以备下一个泌乳早期使用，但不宜过肥，按时进行干奶。其理想的总增重为 98 千克左右，平均日增重 0.635 千克，在饲养上可进一步调低日粮的精粗比例，达（30∶70）～（40∶60）即可。供给母牛足够量的清洁饮水；怀孕后期注意保胎，防止流产。

第五节　干奶牛生产技术

干奶牛是指在妊娠最后 2 个月停止泌乳的母牛，采用人为的方法使母牛停止泌乳，称为干奶，这段饲养期称为干奶期。

一、干奶的方法

通过干奶可保证母牛在妊娠后期体内胎儿的正常发育，使母牛在紧张的泌乳期后能有一段充分的休息时间，促进乳腺修补与更新、瘤胃网胃机能恢复，恢复体况。

干奶期通常以 40～70 天为宜，平均为 60 天。少于 40 天，不利于瘤胃和乳腺的修复；超过 70 天，会造成母牛过肥，导致难产和产后营养代谢病。难产影响以后的繁殖机能，产后不能正常发情与受胎；母牛产后食欲不佳，消化机能差，采食量低，体脂动用过快，导致酮病的发生；易导致乳房炎，进而乳房变形，给挤奶造成困难。

（一）干奶的方法

母牛在泌乳后期到干奶期时不会自动停止泌乳，为了使母牛停止泌乳，必须采取一定的措施，即采取适宜的干奶方法。干奶是一种比较复杂的技术，不但要根据母牛的泌乳生理规律，还要有丰富的实践经验。干奶时，可在配合采取控制精饲料、青绿饲料、多汁饲料的前提下，根据当时的产奶量实行逐渐干奶法、快速干奶法、一次干奶法。

1. 逐渐干奶法

是一种安全、稳妥的方法。在预定干奶期前 10～20 天，开始变更母牛饲料，减少青草、青贮、块根等青饲料及多汁饲料的喂量，多喂干草，停止按摩乳房，改变挤奶时间，减少挤奶次数，由每日 3 次改为每日两次，再由每日两次改为每日 1 次，由每日 1 次改为每两日 1 次，待日产奶量降至 4～5 千克时停止挤奶，整个过程需 10～20 天。

逐渐干奶法所用的时间比较长，特别是母牛处于不正常的饲养管理条件时间长，会对胎儿的正常发育和母体健康产生一定的不良影响；但对母牛的乳房较为安全，操作技术要求也比较低，多用于高产奶牛。

2. 快速干奶法

快速干奶法的原理及所采取的措施与逐渐干奶法基本相同，只是进程较快，当母牛日产奶量降至 8～10 千克时即停止挤奶，整个过程需 4～7 天。快速干奶法所用时间短，对胎儿和母体本身影响小，但对母牛乳房的安全性较低，容易引起母牛乳房炎，对干奶技术的要求较高，因而仅适用于中、低产量的母牛，对于高产牛、有乳房炎病史的牛不宜采用。

3. 一次（骤然）干奶法

在奶牛干奶日突然停止挤奶，乳房内存留的乳汁经4～10天可以吸收完全，是目前较简单的干奶方法。根据预产期确定干奶日期后，在正常挤奶之后，充分按摩乳房，将奶挤净，在各乳头口注入干奶软膏5克，停止挤奶。少数日产奶量仍很高的牛，在停挤2～3天后再挤净奶，乳头中注入干奶软膏。在停奶当天开始减喂糟渣、根茎类饲料和精饲料，4～5天减到干奶期的喂量。

（二）注意事项

1. 挤净最后一次奶

不论哪种干奶法，每次挤奶都应把奶挤干净，特别是最后一次更应挤得非常彻底。然后用1%碘伏浸泡乳头进行消毒，再往每个乳头内分别注入干奶药或其他干奶针。注完药后再用1%碘伏浸泡乳头，防止细菌由此侵入乳房引起乳房炎。

2. 异常情况的处理

在停止挤奶后的3～4天，应密切注意干奶牛乳房的情况。在停止挤奶后，母牛的泌乳活动并未完全停止，因此乳房内还会聚集一定量的乳汁，使乳房出现肿胀现象，这是正常的，千万不要按摩乳房和挤奶，几天后乳房内乳汁会被吸收，肿胀萎缩，干奶即告成功。但如果乳房肿胀不消且变硬，发红，有痛感或出现滴奶现象，说明干奶失败，应把奶挤出，重新实施干奶措施进行干奶。

3. 干奶后护理

干奶后，认真观察母牛乳房变化，在正常情况下，前2～3天乳房明显肿胀，3～5天奶逐渐被吸收，3～10天乳房明显变小。乳房内部组织变松软，说明已停奶，若有肿胀等症状要再次挤净、注药，防止乳房胀坏。

干奶后注意观察乳房的变化：在正常情况下，停止挤奶后的7～10天，泌乳功能基本停止，乳房逐渐发生萎缩，因而看到乳房基底部空虚松弛，残存在乳房内的少量乳汁被吸收，整个乳房进一步萎缩。当干奶后1周左右乳房不仅不萎缩反而肿胀发红，触诊有疼痛反应时，应引起注意。必要时将积存的乳汁重新挤出，对于伴有炎症的要及时治疗。

干奶前还有两项重要的工作：一是要验胎，确保有孕，避免因初次验胎的失误导致奶牛长期空怀；二是必须进行隐性乳房炎检测，干奶期是治疗隐性乳房炎的最佳时期。

二、干奶牛的饲养管理

干奶期奶牛饲养管理的目标是：使母牛利用较短的时间安全停止泌乳；使胎儿得到充分发育，正常分娩；母牛身体健康，并有适当增重，储备一定量的营养物质以供产犊后泌乳之用；使母牛保持一定的食欲和消化能力，为产犊后大量采食作准备；使母牛乳房得到休息和恢复，为产后泌乳作好准备。根据干奶牛的生理特点和干奶期饲养目标，干奶期的饲养分为两个阶段，即干奶前期的饲养和干奶后期的饲养。干奶牛宜从泌乳牛群分出，单独饲养，日粮以青粗饲料为主。

（一）干奶前期的饲养

干奶前期指从干奶之日起至泌乳活动完全停止、乳房恢复正常为止。饲养原则为在满足母牛营养需要的前提下不用青绿、多汁饲料和副料（啤酒糟、豆腐渣等），粗饲料自由采食，青贮饲料控制在干物质采食量（DMI）的40%以内，精饲料3～4千克。

（二）干奶后期的饲养

干奶后期指从母牛泌乳活动完全停止、乳房恢复正常开始到分娩。粗饲料自由采食，高钾含量的牧草不能饲喂，精饲料3～4千克。精饲料给量视母牛体况而定，体瘦者多些，胖者少些。保证维生素和微量元素的供给，控制钾、钠等阳离子的摄入，母牛日增重在500～600克，全干奶期增重30～36千克。

（三）干奶期的管理

使用乳头密封剂封闭乳头，从干奶当天开始，每天药浴乳头，持续10天。适当运动，每天2～3小时。防止滑倒和剧烈运动以防机械性流产；刷拭牛体；牛舍保持清洁干燥，有垫草或厚的新沙土，最好单栏饲养；自由饮水，冬季水温应在15℃以上；不喂冰冻、腐败、发霉变质的饲料；分群饲养，分娩前15天进入产房，产前3天进入分娩间；干奶期膘情3.5分。

第六节　规模化奶牛场机械挤奶流程

一、机械挤奶操作规程

（一）赶牛

将整群待挤牛从牛舍赶往挤奶厅，挤奶结束后又将其送回原舍的过程。赶牛时要尽量减少奶牛应激，禁止使用任何工具赶牛或打牛，一切外界因素造成的应激都会抑制奶牛放乳，从而减少产奶量。赶牛时应认真观察牛群整体状况，发现异常牛及时告知兽医。

（二）验奶

验奶就是在正式挤奶前将乳池中头三把奶挤出并弃掉的过程。因为这些牛奶中含有大量的细菌，进入管道中会严重影响整罐牛奶质量。可以通过验奶判断乳房（乳头）是否发生病变，那些弃乳可以直接反映奶牛是否患有临床型乳房炎，以便使奶牛得到及时治疗。验奶是对乳头的初次按摩，促进催产素分泌，为泌乳作好准备。

（三）前消毒

挤奶前使用碘伏稀液（每升水中使用 150 毫克碘伏）对奶牛乳头进行消毒处理是非常必要的。通过有效的前消毒，可以杀灭乳头表面的微生物，防止微生物污染输奶管道，降低乳房炎的发病率。

（四）擦拭

做前消毒处理的乳头，必须使用干燥、清洁、柔软的毛巾进行擦拭，严格执行"一牛一巾"制度，有效防止交叉感染。擦拭是对奶牛乳头的二次按摩，这时我们已经为奶牛泌乳做好了充分的准备。

（五）上杯

从初次接触乳头到上杯这一过程，必须控制在 45～90 秒。因为奶牛受刺激（按摩）分泌（并维持）催产素的时间非常短，在奶牛已经做好泌乳准备而没有挤奶动作时，会大大降低奶牛的兴奋度，从而影响放乳。上杯要迅速，尽量保证真空状态。牛奶中含有不饱和脂肪酸，其吸收牛舍内空气中的异味，会降低牛奶的品质，同时也易形成"对流奶"，损伤乳腺组织，引起乳房炎。

（六）巡杯

巡杯就是对上杯结束的奶牛进行复查。通过巡杯，及时发现漏气、掉杯现象并尽快纠正；有效判断牛奶是否被挤净，防止出现牛奶未挤净或过度挤奶；随时清洗杯组及附属设备，保持挤奶卫生。

（七）后消毒

奶牛在挤奶结束后，及时使用碘液消毒乳头。因为此时的乳头孔处于开张状态，极易受到病原微生物的侵袭，所以后消毒很关键，必须使碘液完全覆盖乳头表面，以碘液在乳头末端聚滴为准。在冬季，如果环境温度在 -10℃ 以下时，必须考虑使用凡士林均匀涂抹乳头表面，防止冻伤。

（八）泡杯

使用碘伏稀释液（每升水中使用碘伏 20～30 毫克）彻底浸泡杯组，能够有效阻止乳房炎交叉感染。操作中，要严格监控碘液配比浓度，杜绝不泡、漏泡、浸泡不严等现象的发生。泡杯后约 30 秒时，用清水冲去残留在杯组表面的碘液，准备下一轮挤奶。

（九）定期进行管道清洗

自动循环清洗（CIP）投入成本较高，但操作安全、方便，清洗结果可靠。CIP 是目前大型牧场普遍采用的清洗方式，能够有效降低牛奶中细菌总数。培养专业 CIP 操作人员，严格按照操作规程进行管理。挤奶结束后就要立即进行清洗。由专业操作人员按照 CIP 管理要求进行清洗，以下为需要在清洗过程中注意监控的几个关键点。

1. 预冲洗很关键

使用 35～40℃的温水冲洗可以带走管道中约 85% 的污垢。

2. 水温合适

每一遍的水温要求都不同，热水温度应在 70～85℃，过高将致使乳蛋白贴于管壁难以除去，过低则会降低乳脂、蛋白质、清洗剂的溶解度，所以必须严格执行，否则难以达到理想的清洗效果。

3. 定期监测酸碱液 pH 值

在清洗过程中，酸的 pH 值要达到 1.5～3.5，碱的 pH 值要达到 10.5～12.5，酸碱液浓度必须符合要求，需要定期检测。

4. 水质要求符合国家饮用水标准

管道清洗必须符合国家饮用水标准，根据水的硬度来决定清洗剂的用量。

5. 清洗时间要足

清洗剂需要有足够的时间与污垢混合反应，一般每次的清洗时间在 8～10 分钟。

6. 定期检查清洗设备的工作状况

清洗设备工作状况，如气压、各处阀门、排污等，都要定期检查。一般来说，按照 CIP 管理要求进行清洗，管道清洗的结果完全可以让人们放心。然而，清洗过程中往往受到很多外在因素的影响（如水温过低或过高、水质受到污染、清洗剂剂量不足等），这些因素均会降低清洗效果。有必要对管道进行定期的过滤和排查，尤其是管道接头及死角处，极易积存大量的奶垢，必须及时清除。必要时可以启动"爆炸式"清洗，即使用"强酸强碱热酸热碱"进行清洗。

（十）设备维护与保养工作

一台好的设备可以高效地工作，有较长的使用寿命，这些都离不开严格执行的设

备维护与保养。

①定期更换所有与牛奶直接或间接接触的橡胶配件。橡胶配件如果超过使用期限则会老化，致使奶垢积存，影响牛奶质量。

②定期更换机械设备零部件，添加润滑剂等，保持设备良好运行。

③有效处理各种设备的突发故障，使设备遇故障时能够以最快的速度恢复运行。

④启动ISO 6690挤奶机测试标准，定期检测设备脉动及真空度是否正常。

（十一）贮藏与运输

贮藏与运输是很容易被忽视的环节，在整个挤奶环节中所占时间最少，但同样决定着原料奶的质量。

1. 按时更换牛奶过滤纸

牛奶在输送过程中可能会混入杂质（如牛粪、橡胶碎屑等），必须通过牛奶过滤纸有效阻挡这些杂质。按时更换牛奶过滤纸，并随时观察过滤纸的卫生情况，以便及时调整更换时间。

2. 牛奶的快速制冷

牛奶中的微生物随着温度升高而加速繁殖，快速制冷可以有效阻止微生物的繁殖。要求技术人员熟练地掌握制冷设备操作技术，保证牛奶在1分钟内降至2～4℃。

3. 每天必须检查装奶车的清洗情况

每天都必须对装奶车的清洗情况进行详细认真的检查，通过眼观、微生物培养（涂抹）来确定是否装运。

二、挤奶的次数和间隔

奶牛分娩5天后即可用机器挤奶，每天的挤奶时间确定后，奶牛就建立了排乳的条件反射，因此必须严格遵守。挤奶的次数和间隔对奶牛的产奶量有较大的影响，挤奶时间固定，挤奶间隔均等分配，都有利于获得最高产奶量。在一般情况下，每天挤奶2次，最佳挤奶间隔是（12±1）小时，间隔超过13小时会影响产奶量。高产奶牛每天可挤奶3次，最佳挤奶间隔是（8±1）小时，一般每天挤奶3次产量可比挤奶2次提高10%～20%。

三、不能上机挤奶的奶牛

以下状态的奶牛禁止机器挤奶：分娩5天内的奶牛；分娩5天以上，但乳房水肿还没有消退的奶牛；出现病理状态的奶牛，如患有乳房炎等疾病（特别是传染性疾病）的奶牛；抗生素治疗，停药6天内的奶牛；分泌异常乳（如含有血液、絮片、水样、体细胞计数超标）的奶牛。

第七节　物联网技术在奶牛养殖中的应用

物联网（The Internet of Things，IoT），即"万物相连的互联网"，指将需要监控、连接、互动的物体或信息通过各种传感器、射频识别技术、红外感应器等各种装置与技术，实时采集各种需要的信息，接入网络形成大数据库，实现对物品和过程的智能化感知和网络连接，方便识别、管理和控制。近年来，IoT 和人工智能已经深入人们生活。据统计，2020 年有大约 500 亿物体连接到互联网上，物联网已广泛应用于精准农业、产品供应链管理、环境监测、云计算等领域。

IoT 和人工智能在畜牧业的应用主要是为畜牧业提供畜禽个体识别、精准饲喂、发情鉴定、疾病防治、畜产品追溯等信息。IoT 和人工智能的联合使用深入到畜牧业的各个环节，保证了食品安全。IoT、人工智能与奶牛生产的联系愈加紧密，在 2018 年举行的德国汉诺威国际畜牧展（被誉为全球畜牧行业的风向标）就明确表示以数字化、物联网等为核心的精准养殖技术在整个畜牧养殖中已经占据显著地位。

目前我国奶牛养殖的主要任务之一就是提高奶牛养殖的智能化、精准化水平。在奶牛生产各环节运用 IoT 技术，在群体养殖中实现奶牛个体营养管理精准化、发情鉴定智能化、设施操作自动化、环境监测智慧化以及疫病防控友好化。

一、个体识别技术

实现奶牛场数字化和智能化管理的基础是对奶牛进行精准有效的个体识别。奶牛个体识别可分为可视耳标识别、无线射频识别（RFID）、图像生物识别等。个体识别技术是奶牛发情、行为检测、疾病监测等的基础。比如 RFID 技术通过在相应的挤奶设备的入口处放置一个 RFID 应答器，配合奶牛颈圈或者电子耳标等所记录的编号，与挤奶设备的程序相关联，可以实时监测并记录每一头奶牛的产奶量，实现对牧场产奶信息的动态监测；可以监测奶牛的运动行为，据此监测奶牛发情和健康问题，实现牧场精细化管理水平，提高牧场生产效益。

（一）可视耳标识别

可视耳标在奶牛识别中比较常见，外型小巧易于安装，制作成本小，对奶牛的伤害也比较低，但是奶牛在奔跑等过程中佩戴的耳标极易掉落损坏，需要使用经过国际动物记录委员会（ICAR）认证的耳标才能实现长期有效识别，另外佩戴可视耳标还有可能感染耳部疾病，使用时应注意清洁卫生。

（二）无线射频识别

RFID 是一种无线通信技术，可以通过无线电讯号识别特定目标并读写相关数据，而无需识别系统与特定目标之间建立机械或者光学接触，RFID 配套设备主要由标签、读取器、条码扫描器、传感器和控制器组成。RFID 识别的特点主要在于识别间距远、读取率高、防干扰能力较强等并可对奶牛个体信息进行编码，可实现从奶牛出生开始追踪其信息直到死亡。RFID 主要有可穿戴式（项圈或者腿环）、电子耳标两种。项圈中还可以植入定位技术，检测奶牛的运动、位置信息。RFID 电子标签的主要优势在于该技术以条码的形式出现且一牛一码，易于辨别。

（三）图像生物识别

图像生物识别就是通过计算机与光学、声学、生物传感器和生物统计学原理等高科技手段密切结合，来进行牛只的身份识别。图像生物识别的过程主要为在奶牛场安装多功能相机进行实时拍摄，获取奶牛的脸部信息，进行个体牛脸识别。此外还可以通过图片了解牛只采食、行为活动，大致了解奶牛的健康情况。如果牛场选用热成像相机进行牛场的拍摄活动，可以探测奶牛的体温、发现附着在牛体表面的寄生虫，进而监测牛只的健康状况。

二、体重测定技术

奶牛体重测定对于奶牛营养、管理具有重要的意义。由于传统称重对奶牛会造成一定程度的应激，影响奶牛生产性能，奶牛智能化称重成为目前研究的难题。

（一）称重系统与 RFID 技术结合

首先通过牛只 RFID 电子标签识别牛只信息，奶牛在称重区进行称重，将获取到的重量信息与牛只信息进行绑定，即可完成自动称重。

该系统的优势主要在于能够自动采集信息，解决了以往称重的许多干扰问题，可远距离传输数据、数据可靠性高、保密性强。

（二）称重系统与 ZigBee 技术结合

ZigBee 无线通信技术是基于蜜蜂相互间联系的方式而研发生成的一项应用于互联网通信的网络技术。ZigBee 无线通信技术是一项近距离、低成本、低功耗的无线网络技术，具有高效、便捷的特征。称重系统与 ZigBee 技术结合，即在称重区周围设立一个 RFID 的读卡器，使牛只在进行称重的同时，也能由读卡器进行读取条码识别牛只的身份信息，测量的数据信息通过 ZigBee 无线传感网络发送至管理计算机，为管理人员提供基础信息。

（三）图像采集估测体重

用摄像头对牛只进行三维照相，通过红外线扫描得到牛只的胸围、体斜长，根据体重和体尺的关系求得体重，比如约翰逊法：体重（千克）= 胸围长度（厘米）^{2}× 体斜长（厘米）/10 800（可用于奶牛和乳肉兼用牛）。此法得出的牛的体重误差较大，目前并没有得到实际应用。

三、产奶性能测定技术

（一）产奶量和乳品质的自动测量

在群体生产中准确获取每只奶牛的日产奶量对于奶牛的精确饲喂具有重要的作用，奶牛 305 天产奶量估计的准确性直接影响着养殖场的经济效益和奶牛遗传评估效果。近年来，在人工智能和大数据基础上发展了一系列的估测 305 天产奶量的模型，比如 elder 模型、Wood 模型、人工神经网络（ANN）和神经模糊系统等。

ANN 模型主要要求收集奶牛胎次、乳脂率、乳蛋白率、体细胞数、最高单日产奶量 5 项数据，能够大致推算出奶牛 305 天产奶量。

对于乳品质的测定，全球范围内通过 DHI（Dairy herd improve-ment）计划利用 MIR（中红外光谱）技术广泛开展对乳脂率、乳蛋白率、体细胞数、菌落总数等指标的测定。目前主要是开展离线批量自动化监测。2008 年，阿菲金公司率先推出了实时在线乳成分分析仪 - 魔盒（Afilab），可以在挤奶时实时监控牛奶中乳脂、乳蛋白、乳糖等指标。Afilab 主要是使用近红外光谱进行在线牛奶分析。近红外光谱的优势在于能够进行实时、无损在线测量。

（二）机器人挤奶

挤奶机器人一般安装有奶牛的识别和健康监测系统，在挤奶的过程中，能够通过自动传感器记录牛只的个体信息；通过检测系统实时监测牛只的乳品质、健康情况、繁殖状况等；此外还与农场管理系统相连，使牧场人员能够全面的获取奶牛产奶的各项信息，更好地管理牧场。与传统挤奶设备相比，机器人挤奶设备几乎不需要工作人员的参与，只需要维修人员定期对机器进行修护即可；在挤奶过程中大大减少了人为因素的干扰；对提高奶牛生产性能有积极作用。

四、奶牛发情揭发技术

繁殖性能的管理在奶牛生产养殖中具有重要作用,其中对奶牛产奶量的影响最为明显。奶牛繁殖性能的管理涉及奶牛的选种选配、同期发情、发情鉴定等过程,其中最关键的环节之一是奶牛的发情鉴定,对奶牛发情时间的准确鉴定也是许多牧场所面临的挑战。对奶牛发情进行及时监测可以有效提高奶牛发情检出率、配种受胎率,从根本上降低由于空怀所导致的经济损失。目前牧场中应用的发情监测系统主要有计步器发情监测系统、SCR发情监测系统、基于体温变化的发情监测系统等。

(一)计步器发情监测系统

动物行为是评估动物福利、健康和繁殖行为的最重要标准之一。在奶牛发情时,表现出精神兴奋、接受爬跨,并伴随着奶牛运动量明显增多等特点,因此计步器才可以依靠跟踪记录奶牛的活动量来判断奶牛是否处于发情期。一般在牛腿部安装计步器,对奶牛运动进行实时地监测,获取牛只出现最大活动量的准确时段,由此判断出母牛发情盛期的出现时间。小型牧场采用人工识别方法进行发情监测,对于大型牧场来说由于人力有限不能及时发现奶牛发情现象或由于人员的经验不足造成误判导致牛只受胎率降低。而奶牛计步器的试验能够全面实时地反映牛群运动情况,从而准确揭发奶牛的发情情况。目前计步器在牧场已被大量使用,大大提高了发情揭发效率,同时能有效监测蹄病症状。

(二)颈圈发情监测系统

以色列的SCR公司研发的SCR发情检测系统,主要包括SCR颈圈、传感器、牛号识别器、计算机等。检测过程主要是SCR颈圈通过传感器精确监测奶牛的运动量,运动数据经过相关的软件分析对比,如果发现运动量出现明显的差异,则会自动报警,从而揭示动物处于发情状态。该技术对牧场中奶牛发情的揭发具有显著优势,但是由于该系统的价格比较高,目前在国内的大型牧场应用还有待于推广。

(三)加速度感应器发情监测系统

加速度感应器发情监测系统对奶牛佩戴颈圈或者耳标等设备内安装加速度感应器进行实时检测奶牛的运动行为。将这些数据通过传感器传送至特定计算机上进行分析对比,如果超过软件正常阈值则自动发出警报。该系统能够准确监测出奶牛发情,提高发情期奶牛的受胎率,实现了奶牛发情监测的自动化管理。Schweinzer等对263头奶牛佩戴该系统,结果表明检测发情的敏感性、特异性、阳性预测值、阴性预测值、准确性分别为97%、98%、96%、94%、96%,说明该系统对奶牛发情的监测具有显著的应用效果。

五、奶牛精准饲喂

全混合日粮（TMR）由于能够给奶牛提供均衡的营养，从而有效减少营养代谢病和提高产奶量及生鲜乳品质，牧场中广泛应用 TMR 饲喂奶牛。为了更加精准地监测 TMR 的制作质量，TMR 智能管理系统逐步在牧场中应用。该系统由 TMR 饲喂车数据终端系统、装料车数据终端系统和数据管理系统三大部分组成，能够从投料过程、投喂误差、采食分析、饲喂成本、饲喂效率等方面进行全面分析，实现饲喂工作实时监管，使饲喂更精准。

精确饲喂机器人在 TMR 饲喂技术的基础上，给高产奶牛进行精准补饲，称为 PMR 技术，设立精饲料补饲站，按照程序自动运行，通过精准识别奶牛，按照产奶量高低为高产奶牛精确配比并补充精补料，实现每天多次有规律饲喂，进而充分发挥奶牛泌乳遗传潜力，减少饲料消耗，提高产奶量。

第五章 肉牛规模化生产技术

第一节 肉牛的一般饲养管理

一、肉牛饲养管理原则

（一）充分满足肉牛的营养需要

首先应提供足够的粗饲料，满足瘤胃微生物的活动，然后根据不同类型或同一类型不同生理阶段牛的生产目的和经济效益配合日粮。日粮的配合应营养全价，种类多样化，适口性强，易消化，精、粗、青饲料合理搭配。犊牛应尽早哺足初乳，确保健康；哺乳犊牛要及早放牧，补喂植物性饲料，促进瘤胃机能的发育，加强犊牛对外界环境的适应能力；生长牛日粮以粗饲料为主，并根据生产目的和粗饲料品质，合理搭配精饲料；育肥牛则以高精饲料日粮为主进行肥育；对繁殖母牛妊娠后期进行补饲，以保证胎儿后期正常的生长发育。

（二）严格执行兽医卫生防疫制度

定期进行消毒，保持饲养环境的清洁卫生，防止病原微生物的增加和蔓延；经常观察牛只的精神状态、食欲、粪便等情况；制订科学的免疫程序，适时进行免疫接种；及时防病、治病。对断奶犊牛和育肥前的架子牛应及时驱虫保健，杀死体内外寄生虫。

（三）进行规范化管理

坚持对牛体进行刷拭，保持牛体清洁。注意夏天防暑降温和冬天防寒保暖。定期进行称重和体尺测量，做好必要的记录工作。要求水质无污染，保证饮水充足，冬天饮用温水。适当的运动有利于牛只的新陈代谢，促进消化，增强牛只对外界环境的适应能力，防止牛只体质衰退和肢蹄病的发生。

二、肉牛的一般饲养管理

（一）肉牛的饲喂

1. 饲养方式

肉牛的饲养方式主要有放牧、舍饲和放牧与舍饲相结合3种形式。具体采用哪种饲养方式应视各地的实际情况而定，没有固定的模式。

2. 饲喂方式

比较理想的饲喂方式是精、粗、青贮饲料按照一定的比例拌在一起饲喂，可提高饲料的消化率。规模化育肥牛场，也可采用分开饲喂的方法，先喂粗饲料，后喂精饲料，保证牛能吃饱，促进牛只多采食，减少剩料量。

3. 饲喂次数

生产中为了降低劳动强度，提高饲喂效果，一般采用日喂两次，每次间隔12小时，早晚各喂1次的方法。应确保牛只有充分的休息和反刍时间，提高牛的胃肠道消化机能，减少牛只的运动次数。

（二）肉牛的管理

1. 称重

日增重是肉牛生产性能高低的重要指标。为了合理分群和及时了解育肥效果，称重显得特别重要。称重包括育肥前称重、育肥期定期称重和出栏称重。在育肥中最好每月称重1次，及时挑出生长速度慢甚至不长的牛只。

为避免不同情况下称重造成的误差，一般在早晨饲喂前空腹称重。每次称重的时间和顺序应基本相同。为减轻劳动强度，可以抽取圈存数10%的牛只称重，平均数代表全群牛只的增重。

2. 编号

编号对生产管理、称重统计和防疫、治疗工作都具有重要意义。编号在犊牛出生时进行，也可在育肥前进行。采用异地育肥时，应在牛只进场后立即编号。编号方法以耳标法为好。

3. 分群

育肥前应根据育肥牛的品种、体重大小、性别年龄、体质强弱及膘情等情况合理进行分群。目的在于可针对牛只的不同生理状态采取不同的饲养管理方式，促进牛只的生长，有助于加强管理，提高劳动效率和经济效益。也可防止牛群生长不整齐，甚至一些弱小牛只发生意外而死亡。

4. 驱虫与消毒防疫

放牧饲养的牛只应定期驱虫，架子牛在过渡期和强制育肥前要分别驱虫1次，从外购入的牛只应先进入过渡牛舍过渡，经检查后才能转入生产牛舍。

对牛、牛场应定期进行消毒，每出栏一批牛只，都要对牛舍彻底清扫消毒1次。牛场应谢绝参观，避免外来人员未经消毒就进入牛舍。

5. 去势

过去都认为去势牛育肥效果好，但是经研究，公牛在两岁前采用不去势肥育效果更好，表现为生长迅速，酮体品质好，瘦肉率高，饲料转化率高，而且从牛的产品上看，不去势每头育肥牛还可提供一对牛睾丸，可增加收益。但公牛两岁以上应考虑去势，否则不便于管理，而且肉中有膻味，影响胴体品质。

6. 限制运动

肉牛育肥的目的是快速增重，所以应限制运动，减少消耗。舍饲一般采用拴系、定时运动的方法，夏季在早晚，冬季在中午。若是放牧饲养，则在育肥后期一定要缩短放牧距离，减少运动，增加休息时间，以利于营养物质在体内的沉积。

7. 做好清洁卫生工作

每天应刷拭牛体，这样既保证牛体卫生，同时又有利于健康。牛舍应每天清粪，保持干净，有条件的应每天清洗牛床，但要保持牛床干燥。牛场整个环境也应定期打扫卫生，保持整洁、卫生和安静，做好绿化遮阴工作。

8. 适时出栏

杂种牛体重超过500千克后，采食量虽然不断增加，但增重速度大大下降，若继续饲养不但不能增加收入，反而造成饲料浪费。

第二节 肉牛育肥

一、肉牛育肥的方式

肉牛育肥有多种方式。按牛的年龄可分为犊牛育肥、幼牛育肥和成年牛育肥；按性别可分为公牛育肥、母牛育肥、阉牛育肥等；按育肥所采用的饲料种类分为干草育肥、秸秆育肥和糟渣育肥；按饲养方式可分为放牧育肥、半舍饲半放牧育肥和舍饲育肥，虽然牛的育肥方式方法各异，但在实际生产中往往是互相交叠应用的。

（一）放牧育肥方式

放牧育肥是指从犊牛到出栏为止，完全采用草地放牧而不补饲。这种育肥方式适合于人口较少、土地充足、草地广阔、降水量充沛、牧草丰盛的牧区和半农半牧区。

例如，澳大利亚肉牛育肥基本上以这种方式为主，一般牛出生到饲养至18月龄，体重达400千克便可出栏。

如果有较大面积的草山、草坡可以种植牧草，在夏天青草期除供放牧外，还可保留一部分草地，收割调制青干草或青贮饲料作为越冬饲用。该育肥方法较为经济，但饲养周期长。这种方式也可称为放牧育肥。

（二）半舍饲半放牧育肥方式

夏季青草期牛群采取放牧育肥，寒冷干旱的枯草期将牛群舍内圈养，这种半集约的育肥方式称为半舍饲半放牧育肥。

采用这种育肥方式，不但可利用草地放牧，节省投入，且牧牛断奶后可以低营养过冬，在第二年青草期放牧能获得较理想的补偿增长。此外，采用此种方式育肥，还可在屠宰前有3～4个月的舍饲育肥期，从而达到最佳的育肥效果。

（三）舍饲育肥方式

这是一种肉牛从育肥开始到出栏为止全部实行圈养的育肥方式。其优点是使用土地少，饲养周期短，牛肉质量好。缺点是投资大，育肥过程中需要较多的精饲料，育肥成本过高。采用此种育肥方式时，在保证饲料充足的条件下，自由采食时效果较好。

二、犊牛育肥

犊牛育肥是肉牛持续育肥的生产方式之一。使用犊牛所生产的牛肉有白牛肉、红牛肉和普通犊牛肉。犊牛出生后仅饲喂鲜奶和奶粉，不饲喂任何固体饲料，犊牛月龄达到3～5个月、体重达150～200千克时，即进行屠宰，这样生产的牛肉称为白牛肉。犊牛出生后仅饲喂玉米、蛋白质补充料和营养性添加剂，而不饲喂任何粗饲料，当月龄达7个月、体重达350千克左右时屠宰，这样所生产的犊牛肉称为红牛肉。犊牛肉是指犊牛出生后，饲喂高营养日粮，包括精饲料和粗饲料，快速催肥，月龄达到12个月、体重达到450千克左右时屠宰所得到的牛肉。

（一）犊牛的选择

生产犊牛肉大多选用淘汰的乳用或兼用牛的公犊，也可选荷斯坦公犊。初生重宜在40千克以上，平均重量45千克。初生重大的犊牛比初生重小的犊牛在以后的增重上有着明显优势。此外，犊牛应健康无病，无不良遗传症状，无生理缺陷，饮过初乳，体格结实。

（二）白牛肉的生产

从初生到100日龄或150日龄，全期仅饲喂鲜奶和低铁奶粉，不饲喂其他固体饲料，牛肉色白，肉质细嫩，乳香味浓，平均每生产1千克白牛肉要耗鲜奶11.0～12.4千克或者消耗奶粉1.3～1.46千克。其中，0～90日龄，生产1千克白牛肉需要增重净能9.62～12.13兆焦、粗蛋白质320～580克、钙12～14克、磷8～11克；91～150日龄，生产1千克白牛肉需要增重净能12.22～13.43兆焦、粗蛋白质350～580克、钙22克、磷13克。

加拿大生产白牛肉的方法是：奶牛公犊出生后仅饲喂牛奶，体重达到145千克时出售。犊牛的牛奶采食量随着年龄的增长而增加，达到9～12千克/天时，保持这一水平，直至达到出售体重。犊牛每1千克增重大约需要10千克牛奶，日增重为0.941千克。也可以用代乳粉生产白牛肉，代乳粉的成分应与牛奶相似，只是脂肪含量较高（20%），铁含量较低。生产白牛肉的犊牛由于牛奶或代乳粉中铁含量不能满足其营养需要，故血红蛋白水平只有正常水平的一半，所以肌肉呈现白色。小白牛肉的代乳粉参考配方见表5-1，代乳粉的参考饲喂量见表5-2。

表5-1 生产小白牛肉代乳粉参考配方　　　　　　　　　　　　　　　单位：%

配方编号	熟豆粕	熟玉米	乳清粉	糖蜜	酵母蛋白粉	乳化脂肪	食盐	磷酸氢钙	赖氨酸	蛋氨酸	复合维生素	微量元素	鲜奶香精或香兰素
1	35	12.2	10	10	10	20	0.5	2	0.2	0.1	适量	适量	0.01～0.02
2	37	17.5	15	8	10	10	0.5	2	0	0	—	适量	0.02

注：两配方的微量元素中不含铁。

表5-2 代乳粉的参考饲喂量

周龄（周）	代乳粉（克）	水（升）
1	300	3
2	600	6
8	1 800	12
12～18	3 000	16

（三）红牛肉的生产

奶用公犊牛断奶后使用一般精饲料肥育，饲养到7月龄时体重达350～370千克出栏，所生产的牛肉为红牛肉。这种育肥牛的优势：①生产潜力大。因荷斯坦牛初生重大，成年体重也更大，可达650～700千克，高于一般肉牛品种，因此日增重潜力很大；②经济效益高。荷斯坦牛从136千克直线育肥到450千克，饲料利用效率最高，肌肉大理石纹最理想，皮下脂肪最少，牛肉等级最高；③利用粗饲料的能力强。即使利用粗饲料育肥，也可以获得很高的效益。

加拿大生产红牛肉的方法是：犊牛出生后饲喂牛奶或代乳料，至6～8周龄；然后用全精饲料饲养，体重达260千克时出售。精饲料日粮可由整粒玉米或大麦及颗粒补充料组成，精饲料的粗蛋白质含量达 18%～20%。犊牛的日增重可达 14～1.8 千克，饲料转化率为 3∶1。可以用含铁量较高的材料作为垫草，或用高铁补充料，以增加犊牛对铁的采食量，提高红牛肉的等级。饲养生产红牛肉的犊牛，一般要减少其活动量，以促进饲料转化和脂肪积累。

三、架子牛育肥

一般将 12 月龄左右，骨骼得到相当程度发育的牛称为架子牛。架子牛的快速育肥是指犊牛断奶后，在较粗放的饲养条件下饲养到一定的年龄阶段，然后采用强度育肥方式，集中育肥 3～6 个月，充分利用牛的补偿生长能力，达到理想体重和膘情时屠宰。这种育肥方式也称为异地育肥，育肥成本低，精饲料用量少，经济效益较高，在黄牛育肥上广泛应用。

（一）架子牛的选择

1. 品种

选择杂种牛，利用杂种优势。如夏洛莱牛、海福特牛等与本地牛的杂种后代或优良地方品种牛。

选择双肌牛与普通牛的杂交后代。双肌是对肉牛肌肉过度发育的形象称呼。双肌牛生长快，胴体脂肪少而肌肉多。双肌牛胴体的脂肪比正常少 3%～6%，肌肉多 8%～11.8%，个别双肌牛的肌肉比正常牛多 20%，骨少 2.3%～5%。

2. 体型

架子牛要体型大，肩部平宽，胸宽深，背腰平直而宽广，腹部圆大，皮肤柔软、疏松且富有弹性，这样的牛易增膘。

3. 体重年龄

选择 2 岁以内体重 300～400 千克的牛，这样的牛易育肥，长得快，经过 3 个多月育肥，体重可达到 500 千克以上。

4. 膘情

选择骨架大、膘情一般的牛，这样的牛食欲强，增膘快，补偿生长能力强。

5. 性别

最好选择公牛育肥，若生产高档牛肉，可选择 1～1.5 岁的去势公牛。

6. 检疫

购牛前要了解当地疫情，不从疫区购牛，不购病牛，所购的牛逐头检疫。

（二）架子牛的运输

1. 证件齐全

架子牛在运输之前，应当备齐以下各种证件。

①出境证明。包括准运证和税收证据。

②兽医卫生健康证件。包括非疫区证明、防疫证和动物检疫合格证明。铁路运输时必须要有动物检疫合格证明，可由各级铁路兽医检疫站进行检疫出证。

③车辆消毒证件。

④用于证明畜主产权的证件。

以上各种证件，赶运时由赶运人员持证；汽车运输时由押运人员持证；火车运输时交车站货运处，以保证运输畅通，减少途中不必要的麻烦。

2. 运输管理

在运输过程中，因环境和生活规律发生改变，架子牛容易造成应激。运输的距离和时间越长，会影响其育肥期的发育，且患病率升高，因此在运输途中应减少应激反应的发生。运输过程中忌对牛粗暴鞭打。装运前3～4小时停喂具有轻泻性的青贮饲料、麸皮、鲜草等，装运前2～3小时不能超量饮水。

合理装载，不超量或装运不足。用汽车装载时，每头牛按体重大小，大体上应占有的面积：300千克以下为0.7～0.8米^2；300～350千克为1～1.1米^2；400千克为1.2米^2；500千克为1.3～1.5米^2。

（三）新购进架子牛的饲养管理

1. 休息

新到架子牛应在干净、干燥的地方休息。

2. 饮水与饲喂

架子牛经过长距离、长时间的运输，应激反应大，胃肠食物少，体内缺水，这时对牛只补水是第一位的工作。首次饮水量限制为15～20升，并给每头牛补人工盐100克；第二次饮水应在第一次饮水后3～4小时，切忌暴饮，水中掺些麸皮效果更好；随后可采取自由饮水。对新到架子牛，最好的粗饲料是长干草，其次是玉米青贮和高粱青贮。不能饲喂优质苜蓿干草或苜蓿青贮，否则容易引起运输应激反应。用青贮饲料时最好添加缓冲剂（碳酸氢钠），以中和酸性。每天每头可喂2千克左右的精饲料，不要喂尿素。补充无机盐，用两份磷酸氢钙加1份盐让牛自由采食。补充5 000单位维生素A和100单位维生素E。

3. 驱虫

架子牛入栏后立即进行驱虫。常用的驱虫药物有丙硫苯咪唑、敌百虫、左旋咪唑等。驱虫应在空腹时进行，以利于药物吸收。驱虫后，架子牛应隔离饲养15天，其粪便消毒后进行无害化处理。

（四）分阶段饲养

架子牛在应激时期结束后，应进入快速育肥阶段，并采用阶段饲养。如架子牛快速肥育需要 120 天左右，可以分为 3 个育肥阶段：过渡驱虫期（约 15 天）、第 16～60 天和第 61～120 天。

1. 过渡驱虫期（约 15 天）

对刚从草原买进的架子牛，一定要驱虫，包括驱除体内外寄生虫。实施过渡阶段饲养，即首先让刚进场的牛自由采食粗饲料。粗饲料不要铡得太短。上槽后仍以粗饲料为主，可铡成 1 厘米左右。每天每头牛控制喂 0.5 千克精饲料，与粗饲料拌匀后饲喂。精饲料量逐渐增加到 2 千克，尽快完成过渡期。

2. 第 16～60 天

这时架子牛的干物质采食量要逐步达到 8 千克，日粮粗蛋白质水平为 11%，精、粗饲料比为 3∶2，日增重 1.3 千克左右。精饲料参考配方：70% 玉米粉、20% 棉籽饼、10% 麸皮。每头牛每天补充 20 克食盐和 50 克添加剂。

3. 第 61～120 天

此期干物质采食量达到 10 千克，日粮粗蛋白质水平为 10%，精粗比为 7∶3，日增重 1.5 千克左右。精饲料参考配方为：85% 米粉、10% 棉籽饼、5% 麸皮。每头牛每天补充 30 克食盐和 50 克添加剂。

不同阶段育肥牛的日粮配方和不同体重阶段粗饲料与精饲料用量参考见表 5-3 和表 5-4。

表 5-3　不同阶段每头牛饲料日喂量参考值　　　　　　　　　　　　单位：千克

阶段（天）	玉米	豆饼	磷酸氢钙	微量元素	食盐	碳酸氢钠	氨化稻草
前期（15）	2.5	0.25	0.06	0.03	0.05	0.05	20
中期（16～60）	4	1	0.07	0.03	0.05	0.05	17
后期（61～120）	5	1.5	0.07	0.035	0.05	0.08	15

表 5-4　不同体重阶段粗饲料与精饲料用量参考值　　　　　　　　　　单位：千克

体重	250～350	350～450	450～550	550～650
精饲料	2～3	3～4	4～5	5～6
酒糟（鲜）	10～12	12～14	14～16	16～18
青贮饲料（鲜）	10～12	12～14	14～16	16～18

分阶段饲养的饲喂方式有定时定量饲喂和自由采食两种。自由采食的优点是可以根据架子牛自身的营养需求采食到足够的饲料，达到最高增重，最有效地利用饲料；还可节约劳动力，一个劳动力可管理 100～150 头牛；适合于强度催肥；可以减少群饲时牛只互相争食格斗。缺点是不易控制牛只的生长速度；粗饲料的利用率下降；饲料在牛消化道停留时间短，影响饲料的利用率而易造成饲料的浪费。定时定量饲喂的

优点是饲料浪费少,而且能够更有效地控制牛只的生长;便于观察牛只采食、健康状况;粗饲料的利用率高,管理方便。缺点是架子牛生长受到制约,需要较多的劳动力;由于缺少牛只间的争食,影响了采食量。

(五)架子牛育肥管理

育肥架子牛可采用短缰拴系,限制活动。每天刷拭两次,有利于皮肤健康,促进血液循环,以改善肉质。经常观察反刍情况、粪便精神状态,如有异常应及时处理。及早出栏,达到市场要求体重则出栏,一般活牛出栏体重为450千克,高档牛肉则为550~650千克,要定期了解牛群的增重情况,随时淘汰处理病牛等不增重或增重慢的牛。在管理中,不要等到一大批牛全部育肥达标时再出栏,可将达标牛分批出栏,以加快牛群的周转,降低饲养成本。

四、成年牛的育肥

用于育肥的成年牛大多是役牛、奶牛和肉用母牛群中的淘汰牛,一般年龄较大,产肉率低,肉质差。经过育肥,使肌肉之间和肌纤维之间的脂肪增加,肉的味道改善,并由于迅速增重,肌纤维、肌肉束迅速膨大,使已形成的结缔组织网状交联松开,肉质变嫩,经济价值提高。

育肥前对牛进行健康检查,病牛应治愈后育肥;过老、采食困难的牛不要育肥;公牛应在育肥前15~20天去势。成年牛育肥期以2~3个月为宜,不宜过长,因其体内积累脂肪能力有限,满膘时就不会增重,应根据牛膘情灵活掌握育肥期长短。膘情较差的牛,先用低营养日粮,过一段时间后调整到高营养日粮再育肥,按增膘程度调整日粮。生产中,在恢复膘情期间(即育肥第1个月)往往增重很高,饲料转化率较正常也高得多。有草地的地方可先行放牧育肥1~2个月,再舍饲育肥1个月。

成年牛育肥应充分利用我国的秸秆和糟渣类资源。我国农区秸秆资源丰富,特别是玉米秸,其产量高,营养价值也较高,粗蛋白质含量可达5.7%左右,比麦秸和稻草等秸秆的粗蛋白质含量高;易消化的糖和纤维素含量也比麦秸和稻草高,玉米秸的干物质消化率可达50%。在冬季饲料比较缺乏的季节。玉米秸完全可以用作肉牛的饲料。限制利用玉米秸的主要原因是玉米秸的外壳比较硬,肉牛不能利用硬壳内的营养物质。因此,必须对玉米秸进行加工。可用物理方法破坏玉米秸的硬壳,用揉碎机揉碎,这样可使玉米秸变成松软的饲料,并保持一定的物理结构,易被肉牛消化利用。如果再进行氨化处理,效果会更好,因为经氨化处理,不仅可以增加玉米秸粗蛋白质的含量,而且可以提高玉米秸的消化率。据报道,经氨化处理后的秸秆粗蛋白质可提高1~2倍,有机物质消化率可提高20%~30%,采食量可提高15%~20%。

青贮玉米是育肥肉牛的优质饲料。据研究,在低精饲料水平下,饲喂青贮饲料能达到较高的增重。试验证实，收获籽实后的玉米秸，在尚未枯萎之前，仍为肉牛饲养的优质粗饲料，加喂一定量精饲料进行肉牛肥育，仍能获得较好的增重效果。青贮饲料的用量根据肉牛活重而定，每100千克活重喂6～8千克，其他粗饲料0.8～1千克。同时，需要补充精饲料0.6～1千克（根据年龄及膘情确定）。

随着精饲料喂量逐渐增加，青贮玉米秸的采食量逐渐下降，日增重提高，但成本增加。玉米青贮按干物质的2%添加尿素饲喂能获得较好的效果。这时给牛喂缓冲剂碳酸氢钠能防止酸中毒，提高肉牛的生长速度。碳酸氢钠用量占日粮总量的0.6%～1%，每天每头牛50～150克。用1/5氨化秸秆和青贮饲料搭配喂肉牛，也可中和瘤胃酸性，提高进食量。精饲料的一般比例为玉米65%、麸皮12%～15%、油饼15%～20%、矿物质类4%。

以酒糟为主要饲料育肥肉牛，是我国肉牛育肥的一种传统方法。酒糟是以富含碳水化合物的小麦、玉米、高粱、甘薯等为原料的酿酒工业的副产品。酿酒过程中只有2/3淀粉转化为酒精。因此，酒糟除了水分含量较高（78%～80%）外，粗纤维、粗蛋白质、粗脂肪等的含量都比较高，其粗蛋白质占干物质的20%～40%，而无氮浸出物含量较低，属于蛋白质饲料范畴。虽然酒糟的粗纤维含量较高（多在10%～20%），但其各种物质的消化率与原料相似，故按干物质计算，其能量价值与糠麸类相似。另外，酒糟含有酵母、B族维生素等。用酒糟育肥牛一般为期3～4个月。开始阶段，大量喂给干草和其他粗饲料，只给少量酒糟，以训练其采食能力。经过15～20天，逐渐增加酒糟饲喂量，减少干草饲喂量。到育肥中期，酒糟量可以大幅度增加。在日粮组成中，宜合理搭配少量精饲料和适口性强的其他饲料，特别注意添加维生素制剂和微量元素，以保证旺盛的食欲。

五、提高肉牛育肥效果的综合措施

对肉牛进行育肥时，除了应选择好牛并加强饲养管理外，还可以采取一些综合措施，提高肉牛的育肥效果和经济效益。

（一）选择合适的育肥季节

育肥季节最好选在气温低于30℃的时期。在气温较低时，有利于增加饲料采食量和提高饲料消化率，同时减少蚊蝇以及体外寄生虫的危害，使牛有一个安静适宜的环境。春秋季节气候温和，牛的采食量大，生长快，育肥效果最好；其次为冬季，夏季炎热，不利于牛的增重。如果必须在夏季育肥，则应严格执行防暑措施，如利用电风扇通风、在牛身上喷洒凉水等。冬季育肥气温过低时，可考虑采用暖棚防寒。

不同的季节对育肥经济收益有影响。在牛肉生产不能均衡供应之时，不同季节的牛肉销售价格存在较大的差异，尤其是在南方地区特别明显，冬季的牛肉价格要比夏

季高许多,因此秋冬季节育肥经济收益最好。

(二)合理搭配精粗饲料

1. 使用优质粗饲料

肉牛育肥的主要饲料是粗饲料。粗饲料主要包括青贮饲料和干草,其中青贮饲料是一种较为理想的饲料,它含有丰富的营养物质和水分,可以促进肉牛的消化吸收和增重;干草则应选择质量好、草龄适中、干燥透风的饲料。不少肉牛场常以麦秸、氨化麦秸、青贮玉米秸或青干草作为主要粗饲料,让牛自由采食,为牛提供大部分营养物质。但从粗蛋白质含量和饲料的可消化性上看,常用粗饲料中青干草、豆秸、玉米秸质量较好,而麦秸、稻草和谷草质量相对较差,须进行碱化、氨化等处理。

2. 搭配精饲料

如果仅用麦秸饲喂肉牛,肉牛体重几乎不增加或稍减轻;只饲喂氨化麦秸,肉牛每天增重只有200克左右;随着饲喂精饲料量的增加,肉牛的日增重增加。因此,肥育牛必须饲喂一定量的精饲料。常用的能量饲料有玉米、大麦、麸皮、高粱等,常用的蛋白质饲料主要有豆饼、棉籽饼、菜籽饼等。一般将能量饲料和蛋白质饲料混合饲喂,按饲养标准合理搭配,育肥期每头肉牛每天饲喂混合精饲料量通常为2.5～4千克,肉牛日增重可达1千克左右。

在饲喂中,应根据肉牛的体重、性别、年龄和繁殖状态等因素来合理配制饲料比例。一般来说,育肥期肉牛应以粗饲料为主,精饲料为辅,饲料比例为粗饲料:精饲料=7:3。同时,还应注意饲料中营养物质的平衡,包括蛋白质、维生素和矿物质等营养素,以满足肉牛的生长发育需要。

(三)充分利用糟渣等副产品

我国啤酒糟、淀粉渣、豆腐渣、糖渣和酱油渣的产量每年约$3×10^7$吨,它们是肉牛育肥很好的饲料资源。这些饲料的缺点是营养不平衡,单独饲喂时效果不好,牛易生病。如果合理使用添加剂,糟渣类副产品能够代替日粮内90%精饲料,日增重仍可达到1.5千克左右。用法和参考用量如下。

啤酒渣:每天每头牛喂15～20千克,加150克小苏打、100克尿素和50克肉牛添加剂。

酒糟:每天每头牛喂10～15千克,加150克小苏打、100克尿素和50克肉牛添加剂。

淀粉渣、豆腐渣、糖渣、酱油渣:每天每头牛喂10～15千克,加150克小苏打、100克尿素和50克肉牛添加剂。

(四) 正确使用尿素

1. 影响牛利用尿素效果的因素

初生犊牛瘤胃容积小，功能尚不健全，微生物菌落尚未建立，不能利用尿素等非蛋白氮饲料。犊牛6周龄时瘤胃中已建立一部分微生物菌落，可以开始用尿素代替部分蛋白质。但犊牛到9~12周龄才具有成年牛的瘤胃微生物功能，因此，犊牛从12周龄开始补加尿素为好。

严格控制尿素用量，尿素的一般喂量为饲料中总干物质的1%，或不超过精饲料的3%，不超过日粮中蛋白质总量的20%~25%，或每100千克体重20~30克。通常育成牛日喂30克，肥育牛日喂80~100克。

日粮中应有一定量碳水化合物，为微生物利用氨提供可利用的碳架和能源。饲料中蛋白质为9%~12%时，用尿素将蛋白质提高至16%~18%时效果最好。

2. 正确饲喂尿素

按饲喂量把尿素均匀地混合在精饲料或切碎的粗饲料中拌匀饲喂。严禁将尿素的日喂量一次集中喂给，以免尿素在胃中浓度过大，分解氨过多；严禁将尿素溶于水中饮用，造成尿素分解快，利用率低。

尿素青贮，每100千克青贮中加入0.5~0.6千克溶解后的尿素，充分搅匀；或者每吨饲料中添加5~6千克尿素，制作时，先把尿素溶于水，再喷洒在青贮原料中，拌匀装窖即可。

尿素颗粒饲料，尿素加入由秸秆、能量饲料和矿物质饲料组成的颗粒饲料。此法可延缓尿素在胃中水解速度，便于微生物更好地利用氨态氮。

六、高档牛肉生产

牛肉在嫩度上不及猪、禽肉，但若利用世界上专门化的肉牛良种或优良地方品种的杂交后代，采用高水平饲养、育肥达到一定体重后屠宰，并按规定的程序进行后熟、分割、加工、处理，其中几个指定部位的肉块经专门设计的工艺处理，这样生产的牛肉，不仅色泽、新鲜度上达到优质肉产品的标准，而且具有与优质猪肉相近的嫩度，即称为高档牛肉。因此，高档牛肉就是牛肉中特别优质的、肌肉纤维细嫩和脂肪含量较高的牛肉，所做食品既不油腻，也不干燥，鲜嫩可口。高档牛肉生产要把握以下几个技术要点。

(一) 品种选择

生产高档牛肉应选择国外优良的肉牛品种，如利木赞牛、皮埃蒙特牛、海福特牛、西门塔尔牛等，或它们与国内优良地方品种（如秦川牛、晋南牛、鲁西牛、南阳

(二）年龄选择

因为牛的脂肪积累与年龄呈正相关，即年龄越大，沉积脂肪的可能性越大，而肌纤维间脂肪是较晚积累的。但年龄与嫩度、肌肉、脂肪颜色有关，一般随年龄增大，肉质变硬，颜色变深变暗，脂肪逐渐变黄。生产高档牛肉，牛的屠宰年龄一般为18～22月龄，屠宰体重达到500千克以上，这样才能保证屠宰胴体分割的高档优质肉块有符合标准的剪切值、理想的胴体脂肪覆盖和肉汁风味。因此，对于育肥架子牛，要求育肥前12～14月龄体重达到300千克，经6～8个月育肥期，活重能达到500千克以上。

（三）性别选择

一般母牛积累脂肪最快，阉牛次之，公牛积累最迟而慢；肌肉颜色则公牛深，母牛浅，阉牛居中；饲料转化效率以公牛最好，母牛最差。年龄较轻时，公牛不必去势；年龄偏大时，公牛去势（育肥期开始之前10天进行）。母牛则年龄稍大亦可，因母牛肉一般较嫩，年龄大些可改善肌肉颜色浅的缺陷。综合各方面因素，用于生产高档优质牛肉的牛一般要求是阉牛。因为阉牛的胴体等级高于公牛，生长速度又比母牛快。因此，在生产高档牛肉时，应对育肥牛去势。去势时间应选择在3～4月龄较好，可以改善牛肉的品质。

（四）营养水平

生产高档牛肉，要对饲料进行优化搭配，饲料应多样化，尽量提高日粮能量水平，但蛋白质、矿物质和微量元素的给量应足够。正确使用各种饲料添加剂，目的是提高日增重，因为只有在高日增重下，脂肪积累到肌纤维之间的比例才会增加，而且高日增重也能促使结缔组织（肌膜、肌鞘膜等）已形成的网状交联松散，以重新适应肌束的膨大，从而使肉变嫩。高日增重之下圈养时间可缩短，也提高了育肥生产效率。不同时期的营养水平见表5-5。

表5-5 不同时期的营养水平　　　　　　　　　单位：%

饲养阶段	粗蛋白质	总可消化养分	配合饲料占体重比	粗饲料占饲料比
断奶到6月龄	16～19	70	2～2.5	1～1.2
7～12月龄	14～16	68～70	1.2～1.5	1.2～1.5
育肥前期（13～18月龄、体重300～450千克）	11～12	71～72	1.7～1.8	1～1.2
育肥后期（19～24月龄、体重450～650千克）	10～11	72～73	1.8～2	0.5～0.8

（五）适时出栏

为了提高牛肉的品质（大理石花纹的形成、肌肉嫩度、多汁性、风味等），应适当延长育肥期，增加出栏重。出栏时间不宜过早，太早影响牛肉的风味，因为肉牛在未达到体成熟以前，许多指标都未达到理想值，而且肉产量低，影响整体经济效益。但出栏时间也不宜过晚，因为太晚肉牛自身体脂肪积累过多，不可食部分增多，而且饲料消耗量增大，达不到理想的经济效益。中国黄牛体重达到 500～550 千克，月龄为 25～30 月龄时出栏较好。此时出栏，体重为 450 千克的牛，其屠宰率可达到 60%，眼肌面积达到 3.2 厘米^2，大理石花纹 1.4 级；体重为 550 千克的牛，其屠宰率可达到 60.6%；体重为 600 千克的牛，其屠宰率可达到 62.3%，眼肌面积达到 92.9 厘米^2，大理石花纹 2.9 级。

（六）严格的生产加工工艺

高档牛肉只占牛肉总重的 10% 左右，但其经济价值却占整个牛的近 50%。要获得比较好的经济效益，必须按照高档牛肉的生产加工工艺进行生产，其屠宰工艺流程为：检疫→称重→淋浴→击昏→倒吊→刺杀放血（电刺激）→剥皮（去头、蹄和尾巴）→去内脏→劈半→冲洗→修整→转挂→称重→冷却→排酸成熟→剔骨分割、修整→包装。

第三节　肉牛质量安全管控

为促进肉牛产业高质量发展，要特别注意以下问题。

一、规范使用药物

（一）不得使用的药物种类、允许使用但不得检出的药物种类

1. 不得使用的药物种类

（1）禁用药物　酒石酸锑钾，β-兴奋剂类及其盐、酯，汞制剂［氯化亚汞（甘汞）、醋酸汞、硝酸亚汞、吡啶基醋酸汞］，毒杀芬（氯化烯），卡巴氧及其盐、酯，呋喃丹（克百威），氯霉素及其盐、酯，杀虫脒（克死螨），氨苯砜，硝基呋喃类（呋喃西林、呋喃妥因、呋喃它酮、呋喃唑酮、呋喃苯烯酸钠），林丹，孔雀石绿，类固醇激素（醋酸美仑孕酮、甲基睾丸酮、群勃龙（去甲雄三烯醇酮）、玉米赤霉醇），安眠酮，硝呋烯腙，五氯酚酸钠，硝基咪唑类（洛硝达唑、替硝唑），硝基酚钠，己二

烯雌酚、己烯雌酚、己烷雌酚及其盐、酯，锥虫砷胺，万古霉素及其盐、酯（具体以农业农村部公告第250号为准）。

（2）停用药物　洛美沙星、培氟沙星、氧氟沙星、诺氟沙星4种原料药的各种盐、酯及其各种制剂；喹乙醇、氨苯胂酸、洛克沙胂3种兽药的原料药及各种制剂等（具体以农业农村部相关公告为准）。

2. 允许使用但不得检出的药物种类

氯丙嗪、甲硝唑、赛拉嗪等（具体以GB 31650和GB 31650.1为准）。

禁用药物和停用药物在肉牛养殖中均不得使用。上市产品不得检出禁停用药物、允许使用但不得检出药物及其他有毒有害物质。

（二）违法违规使用后果

1. 违法使用禁用药物的后果

依照《中华人民共和国农产品质量安全法》第七十条相关规定，农产品生产经营过程中使用国家禁止使用的农业投入品或者其他有毒有害物质；或销售含有国家禁止使用的农药、兽药或者其他化合物的农产品，尚不构成犯罪的，由县级以上地方人民政府农业农村主管部门责令停止生产经营、追回已经销售的农产品，对违法生产经营的农产品进行无害化处理或者予以监督销毁，没收违法所得，并可以没收用于违法生产经营的工具、设备、原料等物品；违法生产经营的农产品货值金额不足一万元的，并处十万元以上十五万元以下罚款，货值金额一万元以上的，并处货值金额十五倍以上三十倍以下罚款；对农户，并处一千元以上一万元以下罚款；情节严重的，有许可证的吊销许可证，并可以由公安机关对其直接负责的主管人员和其他直接责任人员处五日以上十五日以下拘留。情节特别严重的，将依照《中华人民共和国刑法》有关规定执行。

2. 违规使用停用药物和未经批准药物的后果

依照《兽药管理条例》第六十二条的规定，未按照国家有关兽药安全使用规定使用兽药的，或者使用禁止使用的药品和其他化合物的，责令其立即改正，并对饲喂了违禁药物及其他化合物的动物及其产品进行无害化处理；对违法单位处一万元以上五万元以下罚款；给他人造成损失的，依法承担赔偿责任。

3. 不符合农产品质量安全标准兽药残留超限量的后果

依照《中华人民共和国农产品质量安全法》第七十一条相关规定，销售农药、兽药等化学物质残留或者含有的重金属等有毒有害物质不符合农产品质量安全标准的农产品；或销售含有的致病性寄生虫、微生物或者生物毒素不符合农产品质量安全标准的农产品；或销售其他不符合农产品质量安全标准的农产品。尚不构成犯罪的，由县级以上地方人民政府农业农村主管部门责令停止生产经营、追回已经销售的农产品，对违法生产经营的农产品进行无害化处理或者予以监督销毁，没收违法所得，并可以没收用于违法生产经营的工具、设备、原料等物品；违法生产经营的农产品货值金额不足一万元的，并处五万元以上十万元以下罚款，货值金额一万元以上的，并处货值金额十倍以上二十倍以下罚款；对农户，并处五百元以上五千元以下罚款。情节特别严重的，将依照《中华人民共和国刑法》有关规定执行。

（三）规范使用批准药物

1. 采购把关

采购兽药等投入品时，要通过正规渠道在具有合法经营资质的经销商处购买，主动索取相关证照、证件和合法的票据，并结合包装标签标识对供货单位的资质、兽药产品合法性及质量情况进行审核，包括查验兽药产品"二维码"信息、兽药产品批准文号（或进口兽药注册证号）、兽药产品质量合格证明、兽药成分、用量用法、休药期、存储条件、注意事项、有效期限等。兽药入场时，应当进行检查验收，发现可能含有禁用药物以及假、劣兽药、原料药、人用药的，与进货单不符的、内外包装破损的、没有标识或标识模糊不清的、质量异常的、其他不符合规定的药物坚决不让入场。兽用处方药应当凭执业兽医开具的处方购买，现购现用，并在用药记录对应处标明处方签号。

2. 科学用药

遵守兽药使用规定。严格按照兽药标签或说明书的相关要求用药，切忌盲目增大用药量或增加用药次数、延长用药时间。执行用药记录制度，记录内容参照农业农村部畜牧兽医局印发的《畜禽养殖场（户）兽药使用记录（样式）》，以备检查与溯源。

3. 符合限量

有条件的，在产品上市前可开展自检或委托检测，确保常规药物残留量符合最新版食品安全国家标准 GB 31650 和 GB 31650.1 的要求，保障上市牛肉产品质量安全。

4. 开具承诺达标合格证

生产者应当履行农产品质量安全第一责任，对生产销售的牛肉产品进行质量控制，保证不使用禁停用药物和非法添加物，且使用的常规药物残留不超标，上市产品质量应符合食品安全国家标准。生产主体在严格落实质量控制相关要求的基础上自觉、自行开具承诺达标合格证，对照承诺达标合格证有关要求，根据实际情况勾选"委托检测、自我检测、内部质量控制、自我承诺"等 4 项承诺依据中的一项或多项，并对承诺的真实性负责。

二、肉牛质量安全技术防控措施

保证肉牛产品质量安全，要从源头抓起，实施"从产地到餐桌"的全过程质量管理，特别要加强对牛场选址、牛只引进和购入、投入品、饲养管理和疫病防治等环节的质量管控，通过预防减少用药，实现产品质量安全提升。

（一）牛场选址

应选择地势平坦、干燥、交通方便、背风向阳、排水良好的地方。在丘陵山地建场应选择向阳坡，坡度不超过20°。与周围的学校、居民区、公共场所和可能引起交叉感染疾病的畜禽场之间的距离间隔不少于1 000米，育肥场周围3 000米范围内无大型化工厂、矿区或其他污染源。远离禁养区，场界距离生活饮用水源地、居民区、主要交通干线、畜禽屠宰加工和畜禽交易场所500米以上场地水源充足、未被污染和没有发生过一、二类动物疫病。

（二）牛只引进和购入

引进种牛要严格执行《种畜禽管理条例》。引进牛只时，应从非疫区引进，并有动物检疫合格证明。引进肉牛应带有肉牛身份标识物，该身份标识物应符合《畜禽标识和养殖档案管理办法》。育肥牛到达目的地后，根据检疫需要，育肥牛在隔离牛舍观察，经检查确定为健康牛后，方可转入大群饲养。有条件的养殖者可以使用"瘦肉精"快速检测试纸，按照说明书上的方法对牛尿液进行筛查，判断要购买的牛近期是否饲喂过"瘦肉精"。如果没有检测条件，可以在购买时采集牛毛发或饲料样品，并保留购销合同和用药记录等证据，确保出现"瘦肉精"筛查阳性事件时有足够的证据来维护自身合法权益，如果不能提供相关证据，买方（生产者）也将承担相应的法律责任。

（三）饲养投入品

饮用水质应符合NY 5027的规定。饲料原料、配合饲料和饲料添加剂的使用应符合GB 13078、NY 5032和《饲料和饲料添加剂管理条例》的规定，并满足肉牛不同生产阶段的营养需要。疫苗的使用应符合NY 5126的要求；兽药使用应符合NY/T 5030的规定，遵守兽用处方药和非处方药管理、休药期制度等要求。

（四）饲养管理

营养需要的制订按照NY/T 815执行。采用阶段育肥饲养技术，肉牛每天饲喂2～3次；自由饮水。不应喂发霉和变质的饲料和饲草。按体重、性别、年龄、强弱分群饲养，观察牛群健康状态，发现问题及时处理。保持地面清洁，垫料应定期消毒和更换。保持料槽、水槽及舍内用具洁净。对成年种公牛、母牛定期浴蹄和修蹄。

（五）疫病防治措施

坚持"预防为主，综合防治"的指导策略建立肉牛生产防控体系。

第六章 羊规模化生产技术

第一节 羊的规模化饲养方式

一、放牧饲养

(一)放牧羊群的组织

合理组织羊群,既能节省劳动力,又便于羊群的管理,可达到提高生产效率的效果。因此,应根据山羊的特性、采食能力和行走速度及对牧草的选择能力和放牧草场的面积条件,按山羊品种、性别、年龄和健康情况等合理组群。羊群的大小应按当地放牧草场状况而定。草场大、饲草资源丰富,组群可大些,放养规模一般可达200只左右;山区草坡稀疏、地形复杂,一般100只左右为一群;农区牧地较少,羊群一般不要超过80只。不同性别和不同年龄的羊对饲养管理条件要求不同,公羊组群定额应小,母羊组群大些。各群中的羊年龄应尽量相近,以便于管理。

(二)放牧时羊群的队形和控制方法

放牧时,要在不同的条件下控制羊群形成不同的队形,尽力使羊多采食,少游走和适当地卧息。在放牧实践中,群众有许多控制放牧队形的方法,如"一条鞭""顺一线""满天星"和围栏放牧等。

1. 一条鞭

羊群进入放牧地排成"一"字形横队,放牧员在羊群前面拦强羊、等弱羊,控制羊群,使羊缓慢前进,齐头并进地吃草。刚出牧时,因有露水或阴天,早晨空腹,羊群急于采食,前进速度较快,这时要压住羊头,控制前进速度。放一段时间或露水消失后,羊群贪食前进速度缓慢下来,就不要再加以控制,让其安静地采食。大部分羊只吃饱后,会出现站立或卧息，这时可停止前进，就地休息，给一段反刍时间，再将羊群哄起采食。这种放牧方法适用于春、秋两季和草场面积较小、牧草稀疏、植被不良的牧场。

2. 顺一线

羊群出牧时，放牧员在羊群前面引路，控制羊群左右，防止突出群外，使羊排成顺"一"字形，缓慢前进，但比"一条鞭"前进速度快一点，这样羊就能拉成一条长线，避免拥挤或妨碍采草。这种队形要勤换草地和勤调头（即队尾变队头）。这种放牧方法适用农区牧地狭小，仅放道边、地格、林带等处。

3. 满天星

就是羊到牧地后，控制羊群不能乱跑，羊群在一定范围内均匀散开，自由采食。当羊吃一段时间时，再把羊群往前移动更换牧场。这种队形适于牧区，草场较好，牧地面积大，牧草稀疏而且生长不均匀的牧地，在夏季多采用此种队形。

4. 簸箕掌式队形

即牧工站在羊群中间挡羊，使羊群缓慢前进，逐渐使中间羊群走得慢，两边的羊走得快，边走边吃，形成簸箕掌式队形。

5. 围栏放牧

就是利用围篱把草原划分很多放牧小区，根据面积、收草生长情况来决定载羊只数和放牧日期，经常轮换放牧区。羊在围栏内任其自由采食。这种放牧方法比较先进，是养羊的方向。围栏放牧要经常检查修理供水系统和围篱，观察有无病羊，并应有计划地调换牧地。围栏放牧的优点：因羊散开吃草，对草原利用较好；减少对羊群的驱赶；最初投资大，但从长远看比较经济，节省人力；用电围篱可保护羊群，避免野兽侵害。

总之，无论采取哪种形式放牧，一定要因地因时制宜，随时改变队形。放牧中要严加控制，做到"三勤"（腿勤、眼勤、嘴勤），"四稳"（出牧稳、放牧稳、收牧稳、饮水稳），"四看"（看草、看水、看地形、看天气），少走慢游，宁要让羊多磨嘴，不让羊只多跑腿。每天要使羊吃到 2～3 个饱，如果放牧时控制不好羊群，放得不稳，就会把羊放馋，光想挑草吃，形成走路多，吃草少，不利抓膘。

（三）四季放牧技术要领

放牧饲养的关键是抓好羊膘，这是保证绵羊安全越冬度春的重要措施。我国养羊较多的地区大部分冬、春寒冷，牧草枯干。绵羊膘情的增减随气候而变，形成夏壮、秋肥、冬瘦、春乏的现象。为了减少自然界的影响，根据当地地势、气候、草场情况，选好四季牧场，增强抗灾能力，是促进绵羊发展的重要措施。

1. 春季放牧

是指 3—5 月，天气渐暖，枯草逐渐转青，是羊由补饲逐渐转入全放牧的过渡季节。这时羊营养不良，体质瘦弱，又是接羔保育、抗灾保畜的关键季节。青草开始萌芽时，羊看前面一片青，低头啃吃不上口，奔青找草，消耗体力，更易加速瘦弱羊只的死亡。牧草的过早啃食，影响其再生能力，降低牧草产量，破坏植被。因此，在放牧技术上要求躲青拢群，防止跑青。在牧地选择上，应找低平阴坡或谷地枯草较高的地方，使羊看不见青草，但在草根部分也有新发草，羊只可以青干一起吃。待牧草长高后，迅速找返青早的开阔向阳牧地放羊，以促进羊群复壮。

饲料贮备充足的羊场，也可采取短期舍饲的办法，防止跑青。舍饲期半个月左右，待青草生长至6厘米以上时再逐渐转入牧场放牧。早春草矮鲜嫩，羊不易吃饱，要实行终日放牧。过度放牧对牧草生机影响较大，要勤换牧地，以保护草原。放牧队形以"一条鞭"队形为宜，也可用"满天星"队形，使羊散开吃草。春季风大的地区，要顶风出牧。农区放羊不要进入林带，防止啃树，损坏林木。早春放牧要注意防止羊误食毒草中毒。

2. 夏季放牧

是指6—8月这段时间，天气炎热，雨水多，牧草繁茂，蚊蝇较多。绵羊、绒山羊要适时剪毛抓绒，抓紧药浴、修蹄工作，及时进行羔羊断奶，集中精力抓好夏牧。夏季牧场要选择地势高燥、通风凉爽的岗坡和平坦开阔牧场。放牧时应早出晚归，延长放牧时间，中午天热可多休息。每天要饮两遍水，不要饮死水。放牧中不要过于控制羊群，使羊散开吃草，傍晚羊最喜采食，一直可以放牧到黑天，还可以夜牧。伏天雨水多，争取做到小雨当晴天，中雨坚持放，大雨停时尽量放。羊不爱吃露水草，可先往远处赶，待露水消失后回放。露水大时，羊群不要到豆科草地放牧，尤其是苜蓿地，防止引起急性膨胀。

农区夏季放羊，要找伏草多的地方，中午在林带休息。

小苗长出后，羊群要小些，注意保护庄稼。配种期间，要做到配种抓膘两不误。抓好增膘是提高配种受胎率和双羔率的重要基础。夏季放牧由于蚊蝇骚扰，影响羊吃草，可用0.02%敌敌畏每半个月进行1次羊体、羊舍喷雾，防止蚊蝇骚扰，还能控制羊鼻蝇、羊蛆的危害和减少蜱虫的寄生。但喷雾后应注意羊舍的通风换气，以免羊群长时间处于空气不流通的环境中而发生中毒。

3. 秋季放牧

8月下旬至10月秋高气爽，牧草结籽，营养丰富，二茬草又再生。这时期羊食欲增强，是一年中抓膘的黄金季节，要争分夺秒地抓好秋膘，力争使羊只体重和膘情达到最高峰，为安全过冬度春打好基础。放牧时要早出晚归午不回，尽量延长放牧时间。要稳走慢赶少抓羊，先放高草找草籽，吃得差不多时再转到二茬草地放牧。要多吃草少走路，多放山岗、平原，少放山沟洼塘。要放"满天星"，不能拉成线。秋后第一场霜对羊有害，要避开不能顶霜放牧。只要避过初霜草，以后逐渐习惯吃霜冻草，就能吃得饱，对胎儿也无影响。秋天要控制住羊群不到菜地和甜菜地放牧，防止引起急性臌胀或下痢。

4. 冬季放牧

11月至翌年2月，天气寒冷，风雪天多，是抗灾保畜阶段，也是母羊妊娠期或产羔季节。入冬前要做好羊群整顿淘汰工作，把计划出售、自食和不能过冬春的老弱羊在放牧时挑出处理。合理安排冬季牧场，将母羊群放在较近的牧场，羯羊和育成羊群放到较远的牧场，瘦弱羊单独组群，加强放牧饲养管理。

要克服"九月九大撒手"的陈旧放牧习惯，坚持跟群放牧，精心饲养，使羊群少走路，多吃草，饮足水。要经常检查羊群，适时补草补料，防止羊只掉膘，做到保膘保胎，安全生产。冬季放牧，可以使羊增加运动，增强抗寒能力，还能节约用草用料。每天要有6小时以上的放牧时间。补饲的羊群要在上午9时至下午3时进行放牧，中午不回圈。要顶风出，顺风归，不跳壕沟，不惊吓，不要找背风地方"扎窝子"。饲料条件差的地方，也可以早出晚归，午间饮遍水。这样放牧采草量大，运动足。放牧时要根据地形和饲草条件，先放阴坡，后放阳坡；先放远处，后放近处；先放沟底，后放沟坡；先放低草，后放高草。大雪覆盖牧场时，要破雪放牧，或先赶马群蹚雪，再放羊群。

（四）放牧注意事项

1. 防扎堆

夏季炎热，绵羊易互相挤成一团，羊钻到其他羊的腹下，不食不动，影响采食抓膘，甚至有可能使扎堆在中间的羊窒息而死。出现扎堆现象时，必须及时驱散。

2. 防敌害

对于离群较远或落队的羊，要特别给予关注，防狼、防蛇。带上猎狗、猎枪防狼，采用牧羊鞭，"打草惊蛇"等可防敌害伤人畜。

3. 防毒草

藜芦、狼毒、白头翁等有毒植物大多生长在潮湿的阴坡，特别是要确保放牧区域没有断肠草，放牧时应对各种毒草加以巡查和清理。

4. 勤饮水

若饮水不足，会影响羊的育肥、繁殖、生长、泌乳等，严重缺水会危及生命。每天最少要饮水两次，夏季要增加饮水次数。可利用自然河流、泉水或井水，水质要保持清洁。

5. 适补盐

可以于归牧时在草丰地区喷洒盐水，一方面促进羊采食，同时补盐。

6. 处理林牧矛盾

南方地区零星草地不成片，加上山羊易采食树枝、树叶、秸秆、灌木枝叶。在冬、春饲草缺乏的季节，喜欢啃食树叶和嫩枝条，对树木有一定的损害。坚持幼林地封山育林、成林地开放牧羊,实行林下种草、刈草养羊,林牧结合,幼林经过 4～5 年的封育可对羊开放。必要时在出牧、归牧时对羊戴笼罩,防止危害路边农作物。

7. 其他注意事项

由于牛羊行进及采食速度差异大,以及容易踢伤踏死羔羊,因此禁止牛羊混牧。对弱羔、双羔必须舍饲哺乳 2 周方可放牧。

二、规模化舍饲

(一)注重品种选择

舍饲养羊要结合当地的生产实际,选择适应本地气候生态条件、生产性能高、产品质量好、饲养周期短、经济效益高的品种。绵羊(如小尾寒羊)、山羊(如波尔山羊杂交羊等)均适宜于舍饲,并且效果较好。

(二)建好羊群圈舍

规模化舍饲养羊要建好圈舍,并留有较充足的活动场地。羊圈舍要做到夏能防暑、冬能避寒。一般场址应选在地势高燥、通风向阳和避风良好、排水方便的地方。为便于防疫,最好远离公路和村庄 500 米以上。

羊舍多为砖木结构,坐北朝南,呈长方形布局。冬季可搭成塑料暖棚,以便于保温,但应注意在棚顶留有排气孔,以防舍内空气污浊和湿度过大。羊舍前面要设有运动场,其面积为羊舍面积的 3～4 倍。运动场的四周和中间要放有固定式或移动式饲槽,固定式饲槽用水泥或砖砌成,槽内要上宽下窄,槽底呈圆形,移动式饲槽可用木料制作。

羊舍面积根据羊只饲养数量来定。通常每只羊平均占地面积 0.8～1.2 米^2。母羊、成年羊占地面积要大些,育成羊、羔羊要小些;绵羊要大些,山羊要小些。羊舍高度一般为 2.5 米,门的宽度不小于 1.6 米,窗户距地面的高度不低于 1.5 米,以保证有良好的采光和通风效果。门窗以木料制作为好,跨度以 7～8 米为宜。按消防要求每栋羊舍长度不应超过 30 米,运动场中间要放置固定式水槽或水盆,用于羊只饮水。

(三)保证饲料供应

规模化舍饲养羊必须保证有足够的饲草饲料,以便全年均衡供给饲料。饲料分为粗饲料和精饲料,羊舍饲主要饲喂饲草。粗饲料主要为各种青、干牧草、农作物秸秆和多汁的块根饲料。羊喜食多种饲草,若经常饲喂少数的几种,会造成羊的厌食、采食量减少、增重减慢,影响生长。因此要注意增加饲草品种,尽可能地提高肉羊食欲。舍饲期间还必须补喂一定的精饲料。精饲料主要由豆粕、玉米组成,适量添加多种维生素和矿物质。其中矿物质主要以铁、锌、硒、铜为主,同时还要根据本地区土

壤中微量元素缺乏情况适量添加其他矿物质。

为降低饲料成本，可在日粮中添加部分非蛋白氮（如尿素等）来作为蛋白饲料源的供应。一般日添加量为8～10克。精饲料可由80%的玉米、17%的豆粕和3%的专用预混料组成。

养羊户可根据实际养羊规模做好饲草饲料的贮存，储备草料的来源有打草贮青、晒制干草、收集农副产品、调制颗粒料、种植饲草饲料等。常见的日粮中一般有饲草、饲料、多汁饲料、青贮饲料等。贮存数量取决于当地越冬期的长短、饲养羊只的多少和草料的质量好坏等因素。

通常储备的饲草料量要有一定余地，比需要量高出10%，以防冬期延长。每只羊的日补饲量可按干草2～3千克、混合精饲料0.2～0.3千克来安排。有条件的养殖户可利用饲料地种植牧草和青贮玉米；也可在玉米蜡熟期收购带穗的玉米秸进行青贮，可大大降低饲草费用。

饲草饲料的消耗量、青贮玉米的种植（收购）面积、青贮窖的容积和青贮量可按下列方法计算：一只成年羊平均日消耗粗饲料量为3千克，年消耗粗饲料量为1吨。平均日消耗精饲料量为0.25千克，年消耗精饲料量为90千克。育成羊、羔羊分别按成年羊的75%、25%计算。

粗饲料种植面积与产量：紫花苜蓿等优质牧草每公顷可产干草8～12吨，青贮玉米每公顷产量60～70吨，每立方米青贮窖贮存500～600千克青贮玉米。

（四）按规程饲养

饲草要少喂勤添，分顿饲喂。每天可安排喂3次，每次可间隔5～6小时。饲喂青贮饲料要由少到多，逐步适应，为提高饲草利用率，减少饲草的浪费，饲喂青干草时要切短，或粉碎后和精饲料混合饲喂，也可以经过发酵后饲喂。种植一定数量的牧草并且有劳力能组织割草的养羊户，夏季粗饲料可以青贮或干草为主，适当饲喂青草。

饲喂时要先青贮、干草，后青草。有充足的牧草生产基地，包括人工种植的牧草和天然牧草，并且有劳力可以每天割草的养羊户，可以完全饲喂青草。在完全饲喂青草时要注意每天割的青草要随时随喂，不要隔天喂，割回的青草不要堆放在一起，以防发热、产生异味或变质，影响羊的采食和造成饲草的浪费。

在枯草期，因草质较差，粗饲料中的能量和蛋白质难以满足母羊生理需要，故要进行补饲。补饲时间应在放牧回来进行。补饲的精饲料常与切碎的块根均匀地拌在一起，同时加入食盐、骨粉等，在羊进入羊舍之前撒入食槽；若喂青贮饲料，应在喂完精饲料后进行；粗饲料补饲要放在最后，可让羊慢慢采食，喂给的干草要切短，或者放在草架中喂，以防浪费。

三、放牧加补饲

放牧是我国从古至今流传下来的一种养羊模式,这种饲养模式可以在一定程度上降低养殖成本,但同样面临着羊群营养不足的问题。为了提高生产效率,要对各阶段放牧羊进行合理的人工补饲,这种养羊模式称为放牧加补饲饲养方式。

半放牧的羊群,为了保证自身的生长发育所需营养物质,在羊群归圈之后补充一定量的粗饲料和精饲料供羊正常生长。一般散养户所指的补饲,有时特指补充精饲料。

(一) 补饲方法

放牧羊补饲时应先补充精饲料,再补充粗饲料。当放牧羊群归圈之后(重点在冬春两季),按羊群分类先给它们补充精饲料,精饲料每天补充1~2次,放牧羊大多数下午归圈后补充一次精饲料。喂完精饲料应给它们饲喂少量多汁饲料,然后再补充精饲料。此外,为了弥补放牧羊群微量元素摄取不足,还可以在羊圈内放置羊用舔砖,让它们自由舔舐补充微量元素。

(二) 补饲数量

放牧羊每天的精饲料补充量为羊自身体重的0.5%~1%。在实际补饲过程中,成年羊的精饲料补充量为每天0.5千克左右,羔羊精饲料补充量按羔羊体格大小决定,在100~250克不等。为了补充放牧羊蛋白质营养不足,我们可以在给羊补饲的饲料中加入适量尿素,可对羊生长发育起到非常明显的效果。尿素的添加量为羊只体重的0.02%~0.05%,即每只成年羊每天可以补充10~15克,或者按照日粮中干物质的1%~2%添加。

尿素喂羊要严格控制用法用量,防止用量过多引起尿素中毒。尿素喂羊一定要记住每天的用量不能1次喂完,要分2~3次添加。可以先将定量的尿素溶于水中,然后均匀喷洒在干物质上或者拌入精饲料中。尿素既不能单独喂羊,也不能溶于水中给羊饮用,等羊吃完含有尿素的饲料后不能马上饮水,要等半个小时后才可喝水。羊一旦发生尿素中毒,可用食醋250~500克、白糖50~100克,加入适量的水进行急救。

(三) 放牧加补饲技术要点

1. 羔羊补饲

一般羔羊在出生15天左右开始学着吃草吃料。羔羊早期补饲日粮的适口性非常重要,等羔羊渐渐适应以后,重点要保证饲料中蛋白质的质量和数量。现在市场上有羔羊专用的全价颗粒饲料,只需购买回来按量饲喂就可。

2. 育成羊补饲

育成羊放牧采食能力较差，尤其是在冬春季节，自身营养物质需求量的80%以上来自补饲，因此育成羊的饲养管理方式最好以放牧为辅、补饲为主。在给育成羊补饲时主要由优质青干草、混合精饲料、青贮饲料、矿物质元素组成。

3. 妊娠期母羊补饲

妊娠期母羊分为妊娠前期（前3个月）和妊娠后期（后2个月）这两个阶段，妊娠前期需要的营养物质较少，放牧归来的补饲量与补饲配方与育成羊大致相同，重点在于妊娠后期。母羊妊娠后期是胎儿生长发育最快的阶段，这时母羊对营养物质的需求量增加，所以必须要对怀孕后期的母羊进行补饲，这样做可以有效提高羔羊的成活率。但有一点要注意：妊娠后期母羊的营养水平不能过高，也不可过低，母羊太胖或太瘦均不利于分娩和胎儿生长发育，在产前1周应停喂精饲料。

4. 哺乳期母羊补饲

母羊在产后起开始泌乳并在3天后就能放牧，泌乳量随之慢慢增加，在4～6周达到泌乳高峰，之后保持平稳，14～16周逐步下降。根据母羊的泌乳特点和羔羊的消化特点，把母羊的哺乳期分为哺乳前期（产后1.5～2个月）和哺乳后期（1.5～2个月后直至断奶）。哺乳期母羊的补饲重点工作在哺乳前期。

第二节 羊的日常管理

一、绵羊的剪毛

羊毛是毛用羊的主要产品，剪毛是毛用养羊业的收获工作。我国地域辽阔，各地气候、环境差别较大，因此各地应在适宜时间组织好剪毛工作，以提高羊毛的产量和质量，确保羊体健康和养羊效益。

（一）剪毛次数和时间

1. 剪毛次数

根据纺织工业对羊毛长度的要求、羊毛的生长状况、气候条件等因素，决定一年中毛用羊的剪毛时间和剪毛次数；在我国，一般纯种毛用羊及其杂种羊，在春季剪毛1次，粗毛羊多数在春、秋季节各剪毛1次。

2. 剪毛时间

具体时间依当地气候变化而定。过早和过迟对羊体都不利，过早则羊体易遭受冻害；过迟能阻碍羊体散发热量而影响羊只健康，土种粗毛羊有的还会出现羊毛自行脱落而造成经济损失。因此，春季剪毛，应在气候变暖，并趋于较稳定时进行。我国西北牧区春季剪毛，一般在5月下旬至6月上旬，青藏高寒牧区在6月下旬至7月上旬，农区在4月中旬至5月上旬。秋季剪毛多在9月进行。

（二）剪毛前的准备

剪毛的季节性很强，剪毛持续的时间越短，越有利于羊只的抓膘。为保质保量做好绵羊的剪毛工作，在剪毛前要拟定剪毛计划，内容包括剪毛的组织领导、剪毛人员及其物品的准备。

剪毛场地的选择，应根据具体条件而定。若羊群小，可采用露天剪毛，场地应选择高燥清洁，地面为水泥地或铺晒席，以免沾污羊毛；羊群大，可设置剪毛室。剪毛室一般包括3部分，即羊只等候剪毛的待剪羊只室、剪毛室和羊毛分级包装室。

在剪毛台上剪毛，既有利于剪毛操作，也可减轻剪毛员的体力消耗。剪毛台长2.5～3米，宽1.5～1.7米，高0.3～0.5米。羊毛分级台长2.5～3米，宽1.2～1.5米，高0.8米；台面用木质格栅制成，格栅木条间距为2～2.5厘米；台下设有收集小毛块的毛袋。分级台的前面设盘秤，用来称量每只羊的毛被重；剪毛台的附近设有盛装羊毛的毛袋。在剪毛室大门出口处，设有磅秤，用来称量绵羊体重和毛包重量。

羊群在剪毛前12小时停止放牧（或饲喂）和饮水，以免在剪毛过程中粪尿沾污羊毛和因饱腹在翻转羊体时引起胃肠扭转事故。剪毛前可使羊群拥挤在一起，使油汗融化，便于剪毛。雨后因羊毛潮湿不应立即剪毛，否则剪下的羊毛包装后易引起发热霉烂。剪毛可从羊毛品质较差的绵羊开始。在不同品种中，可先剪异质毛羊，后剪基本同质毛羊，最后剪细毛羊和半细毛羊；同一品种中，剪毛顺序为羯羊、试情公羊、育成公羊、母羊和种公羊，这样可利用价值较低的羊只，让剪毛人员熟练技术，减少损失。

（三）剪毛方法

主要有手工剪毛和机械剪毛两种。手工剪毛是用一种特制的剪毛剪进行剪毛，劳动强度大，每人每天能剪30～40只羊。机械剪毛是用一种专用的剪毛机进行剪毛，速度快，质量好，效率比手工剪毛提高3～4倍。

机械剪毛大大降低了剪毛工的劳动强度，同时提高了套毛的整体质量。但是用电动剪毛机剪毛必须掌握一定的要领和技巧才能又快又好地完成剪毛工作。

1. 做好剪毛前准备

剪毛前的准备工作包括计划剪毛时间，安排场地、准备器械设备、配备技术人员，安置待剪羊群。剪毛前1天，由剪毛工调试安装好剪毛设备，并在正式剪毛前试机。

2. 剪毛技术人员的培训

剪毛技术人员必须接受过技术培训和安全知识教育并考核合格后方可参加剪毛工作。

3. 提高剪毛效率

（1）正确的保定羊的姿势　剪毛工主要依靠双腿及左手的辅助来控制在整个剪毛过程中羊的姿势的变化，在剪毛操作过程中，主要依赖剪毛工的双腿来保定被剪羊，剪毛期间应尽可能固定羊只，防止羊只活动，保定羊只及剪毛时动作要轻柔。

（2）正确的剪毛顺序　从腹部开始。腹毛通常是最脏且价值最低。因此选择从腹部开始，也便于套毛的分级。剪正身套毛前，先将臀部排泄处集中污染的粪块尿黄毛剪除，并单独集中包装，标明头腿尾毛。

（3）正确的持剪手势　持剪的手势及辅助的手势必须正确，剪毛工右手持剪，左手辅助绷紧羊的皮肤。剪毛工的必须手腕灵活，能够较大幅度地摆动和弯曲。每完成一次剪毛动作后，须贴近羊皮肤快速回旋电剪，使剪刀移至下次剪毛的起始位置。剪毛操作应平稳流畅，剪完后整只羊全身毛茬长度均匀。

（4）高效机械剪毛操作流程　机械剪毛先从羊腹部开始剪，依次剪后腿内侧、头毛、左肩部、左臀部、颈部、左体侧、右侧，具体步骤如下。

①预备保定。将羊放倒在地，剪毛工位于羊背侧，用膝部撑起羊肩部，使羊臀部着地，背对剪毛工半坐在地上，羊右前肢绕过剪毛工右腿靠在右腿外侧，剪毛工左手臂可方便地控制羊的头部及左前肢。体格较小的剪毛工可采取羊只侧卧于地的方式，右脚跨过羊体，左脚位于羊只背侧，使羊的右前肢绕过剪毛工右腿靠在右腿外侧。整个过程中如果羊只保定的姿势较为舒适，会减少羊挣扎的状况，这样会使剪毛员的工作更为容易。

②从腹部开始。右手持剪，左手帮助抚平羊皮肤皱褶，从胸骨开始向后肢方向剪，第一剪应从右手边开始，第二剪从左手边开始，然后斜向下推剪前两次推剪之间的部分，确保前两次推剪之间的距离足够宽，这样后面的推剪就比较容易，顺着这两次推剪进行。用左手绷紧皮肤并保护好羊乳头及睾丸。注意剪刀走向跨过皱褶，同时避免剪到腹部凸起的静脉。

③后肢内侧。先从右后肢上部向蹄部推剪，然后顺势从蹄部向腹部推剪，经过胯部，向左后肢蹄部推剪，再从左后肢腹部向蹄部推剪，直至把后肢内侧及胯部的羊毛剪完。推剪至胫部时，为防止剪伤筋腱，电剪头应微微向上翘起。

④左侧臀部。转动被剪羊，使羊只右侧臀部着地，紧靠剪毛工双腿，充分暴露被剪羊左侧。剪毛工右手持剪，左手辅助绷紧皮肤，从左后肢外侧蹄部向脊柱方向尽可能往远处推剪，将左侧腿部、臀部毛剪下并不断向上翻起。

⑤头部。双膝固定羊头部，从近右手端向远处推剪完羊头顶部。

⑥颈部。剪毛工向前移一步，右脚放在羊的两后肢间，两腿撑起羊体，保持羊臀部着地，左手控制羊头部，充分暴露颈部，向上推剪颈部至羊下颌，如果被剪羊颈部

皮肤松弛，左手按压羊头部偏向左侧，绷紧皮肤，剪刀跨过皱折，推剪至羊下颌，向上推剪完颊部及眼周，左手抓住羊耳朵，向上推剪完头颈部。

⑦左肩及体侧部。左臂控制羊头颈部，向脊柱方向推剪肩部。然后左手抓起羊左上肢，两腿辅助转动羊只，使其右侧卧，充分暴露左侧，从臀部向头部大幅度推剪左侧。左手控制羊头部，右膝轻轻压住羊左下肢，推剪脊柱。

⑧右侧。保持被剪羊左侧卧，剪毛工移动右腿站在被剪羊肩外侧，抬起羊头部，双腿控制羊头部，向下推剪羊右侧颊部，向下推剪右侧颈部；剪毛工后退，左手抓起羊右上肢，从脊柱往右上肢方向，推剪右肩部；剪毛工后退，双腿撑起羊体，使羊臀部着地，羊头穿过剪毛工两腿向后，左手辅助绷紧羊皮肤，斜向下推剪羊右体侧，直至剪完右侧臀部，注意剪刀走向跨过皱褶，避免与皱褶方向一致。

⑨推剪完毕，剪毛工协助羊只站起。

机械剪毛技术性强，需要对剪毛技术人员进行专业培训，使其掌握技术要领，才能提高剪毛效率和剪毛质量。

（四）羊毛的分级和包装

剪毛员将剪下的毛被送到分级台，由技术人员称重记录后，再根据国家羊毛收购标准，包括文字标准和实物标准，进行羊毛分级。确定等级后，除去粪块毛和边坎毛，将套毛卷折好，可将各类羊毛分开，如白色的同质细毛、半细毛和异质毛，杂色的同质毛、异质毛和边坎毛等。

二、山羊梳绒

（一）梳绒的时间

春季是梳山羊绒的最佳季节。绒山羊一般每年梳绒1次，当绒毛根部与皮肤脱离时（俗称"起浮"），梳绒最适宜，一般在春季的4—5月。

（二）梳绒的常用工具

梳绒梳。分两种，一种是稀梳，由5~8根钢丝组成，钢丝间距2~2.5厘米；另一种是密梳，由12~18根钢丝组成，钢丝间距0.5~1厘米。

（三）梳绒的技术要领

1. 按序抓

按身体的部位是先头部、耳根，逐渐移向颈肩、胸、背、腰和股部；按群应按成年母羊、后备母羊、成年公羊、后备公羊顺序来抓。

2. 抓干净

一般抓两次，有的地方在抓绒时，先用大沙剪剪去梢子毛（即高于绒顶部的粗毛部分），然后立即进行第 1 次抓绒，大约隔 15 天后再重抓 1 次，第 2 次的抓绒量是第 1 次抓绒量的 20%。

3. 保安全

被抓绒的羊只，先禁食 12 小时以上，对妊娠后期的母羊抓绒时，特别要注意避免动作粗暴，防止引起流产，对于种公羊和育成羊也要注意安全，防止蛮干造成大块皮肤抓破和挤压而造成内脏出血。

4. 保质量

捉到羊后，首先用手轻轻拍打，把身上的草粪和土等杂物拍落掉，把羊的三蹄捆束，放倒在干燥洁净的地上再开始抓。在抓绒前，把所有参加抓绒的羊只，按绒的颜色分开，保证分别抓出白绒、青绒、紫绒和棕色绒。

5. 分等级

要在每一个绒色中抓出头路绒。各种颜色中按含粗含杂率分为三等：一等绒含粗毛、皮屑等杂质不超过 20%；二等绒不超过 50%；三等绒不超过 70%。

6. 巧剪毛

有的地方为了抓绒轻便、好抓，在抓绒时先打掉梢子长毛，等抓过绒 5～7 天把毛剪掉。天气凉的山区，打过梢子毛抓绒以后，相隔 15 天再抓 1 次绒，不进行剪毛，或者只留下背绒的毛不剪。

三、奶山羊的挤奶

挤奶是奶山羊泌乳期的一项日常性管理工作，技术要求高，劳动强度大。挤奶技术的好坏，不仅影响产奶量，而且会因操作不当而造成羊乳房疾病。应按下列程序操作。

（一）挤奶羊的保定

将羊牵上挤奶台（已习惯挤奶的母羊会自动走上挤奶台），然后再用颈枷或绳子固定。在挤奶台前方的食槽内撒上一些混合精饲料，使其安静采食，方便挤奶。

（二）擦洗和按摩乳房

挤奶羊保定以后，用清洁毛巾在温水中浸湿，擦洗乳房 2～3 遍，再用干毛巾擦干。并以柔和动作左右对揉几次，再由上而下按摩，促使羊的乳房变得充盈而有弹性。每次挤奶时，分别于擦洗乳房时、挤奶前、挤出部分乳汁后按摩乳房三四次，有利于将奶挤净。

（三）正确挤奶

挤奶可采用拳握法或滑挤法，以拳握法较好。每天挤奶 2 次、如日产奶量在 5 千克以上，挤奶 3 次。每次挤奶前，最初几把奶弃之。挤奶结束后，要及时称重并做好记录，必须做到准确、完整，以保证资料的可靠性。

（四）过滤和消毒

羊奶称重后经 4 层纱布过滤，之后装入盛奶瓶，及时送往收奶站或经消毒处理后短期保存。消毒方法一般采用低温巴氏消毒，即将羊奶加热（最好是间接加热）至 65℃，并保持 30 分钟，可以起到灭菌和保鲜的作用。

（五）清扫

挤奶完毕后，须将挤奶时的地面、挤奶台、饲槽、清洁用具、毛巾、奶桶等清洗、打扫干净。毛巾等可煮沸消毒后晾干，以备下次挤奶使用。

（六）要适时进行干奶

为使母羊及时补充身体营养，保证胎儿正常生长发育，有利于下一个泌乳期获得高产，要根据母羊膘情、年龄的不同，在母羊怀孕 2～3 个月（即临产前 2～3 个月）停止挤乳，并通过乳头注入青霉素 80 万单位，以预防干奶期乳腺炎。

四、驱虫与药浴

（一）驱虫

1. 驱虫时间

对羊群进行预防性驱虫，一般在秋末冬初草枯以前（10 月底或 11 月初）和春末夏初羊抢青以前（3—4 月）各进行 1 次药物驱虫。对于初生羔羊于 3 月龄、外购羊经隔离观察免疫后、后备种羊配种前、经产母羊空怀期，各开展 1 次预防性驱虫。

2. 驱虫药物

选择高效、低毒、广谱药物，如伊维菌素、阿维菌素、丙硫咪唑、左旋咪唑、氯氰碘柳胺钠、吡喹酮等。同时注意驱球虫药氨丙啉、磺胺二甲嘧啶等药物的使用。

3. 驱虫方法

当羊群规模不大时，估测羊只体重，按照剂量，分别投药。规模大时可以考虑饮水投料用药（一定要注意）。使用驱虫药时，要求剂量准确，并且要先做小群驱虫试验。驱虫后羊粪全部堆积发酵或在沼气池处理。若驱虫过程中毒，应进行对症治疗。

（二）药浴

药浴的目的主要是防止羊虱子、蜱、疥癣等体外寄生虫病的发生。药浴的时间一般在剪毛后7～10天进行，药浴要选择天气晴朗时间，药浴前停止放牧半天，并供足饮水，防止羊喝药水中毒。常用的药物有速灭杀丁（80～200毫克/升）、溴氰菊酯（50～80毫克/升）、30%烯虫磷乳油（80毫克/升）、螨净等。

常用药浴方法有池浴、喷雾、淋浴。池浴法即在药浴池中进行，可建固定药浴池或临时药浴池，农区羊数较少时设木槽药浴池或铁桶药浴池。

1. 喷雾药浴

即是将药液装入喷雾器内，对羊全身及羊舍进行喷雾。可省掉建药浴池的费用，经济方便，但缺点是容易造成药浴不完全。在喷雾时用毛刷对羊体反复刷拭，让药液充分接触皮肤。喷雾时要对羊戴笼套，防止相互舔毛，并注意自我卫生保护。

2. 池浴

羊群药浴前集中通过狭道至浴池口滑入浴池，慢慢通过，羊只能通过而不能转身。人站在浴池两边，用压扶杆控制羊，勿使其漂浮或沉没。羊群浴后应在出口处（出口处为一倾向浴池的斜面）稍作停留，使羊身上流下的药液可回流到池中。

3. 淋浴

在特设机械淋浴场进行，把羊群赶入淋浴场，开动水泵喷淋。经3分钟左右，全部羊只都淋透全身后关闭水泵。将淋过的羊赶入滤液栏中，经3～5分钟后放出。

不管哪种药浴方法都要求：先浴健康羊、后浴病羊，怀孕两个月以上的羊一般不进行药浴。羊药浴应使羊全身湿透（含头部），剩余药浴水用于洗刷羊舍。为了增强药浴效果，在药浴后的7～14天可再重复药浴1次。

五、编号

羊的个体编号是开展羊育种工作不可缺少的技术项目。编号要求简明，易于识记，字迹清晰，不易脱落，有一定的科学性、系统性，便于资料保存、统计和管理。现阶段主要采用耳标法。

一般习惯将公羊编为单号，将母羊编为双号，每年从1号或2号编起，不要逐年累计。可用红、黄、蓝3种不同颜色代表羊的等级。耳标一般戴在左耳的耳根软骨部，避开血管，要在蚊蝇未起时安好耳标。

羊只经过鉴定，在耳朵上将鉴定的等级进行标记，等级号在鉴定后，根据鉴定结果，用剪耳缺的方法注明该羊的等级。纯种羊打在右耳上，杂种羊打在左耳上。具体规定是：特级羊，在耳尖剪一个缺口；一级羊，在耳下缘剪一个缺口；二级羊，在耳下缘剪 2 个缺口；三级羊，在耳上缘剪一个缺口；四级羊，在耳上、下缘各剪一个缺口。

墨刺法和烙角法虽然简便经济，但都有不少缺点，如墨刺法字迹模糊，不好辨认，而烙角法仅适用于有角羊。所以，现在这两种方法使用较少，或者只是用作辅助编号。

六、断尾

断尾主要用于细毛羊、半细毛羊及高代杂种羊，断尾应在羔羊出生 7～10 天进行。

（一）橡皮筋断尾

这种方法适合于小羔羊，而且对羔羊的伤害很小。

小羊羔还在发育阶段，所以在这个时候，我们可以使用专门断尾的橡皮圈，把橡皮圈套到钳子上，将钳子撑开，然后把羊羔尾巴套进去。我们可以在小羊羔尾巴的第三、第四节尾椎摸到一条关节缝，就把橡皮圈套到这缝里，阻断血液流通，过几天尾巴自然就会脱落。

刚开始几天，小羊羔会不太舒服，会表现得有些焦躁不安，过几天就好了，可以在饮水时添加多维太保，提高小羊羔抵抗力和适应性。

（二）切割法

这是最常用的方法，操作起来也不难，只需要用手术刀或者是剪刀将羊的尾巴切下来，然后用止血钳止住出血部位，等到不流血之后，把伤口缝合起来。

这个方法虽然简单，但是操作者在进行操作时，要掌握好力度，还有切的位置和深度，以免对羊造成更大的伤害。

养殖户使用这个方法给羊断尾时，一定要给工具做好消毒杀菌工作，以免导致羊伤口感染，可以使用均灭太保给操作工具以及羊的伤口消毒。

（三）热断法

找一个木板，在木板上掏一个圆孔，然后把羊的尾巴穿过圆孔，将木板抵在羊的屁股上，然后用烧热的烙铁式断尾器，夹在羊羔第三、第四个尾椎之间，轻轻转动羊尾，让羊尾能更顺利烙断。此方法就是将羊的尾巴烫掉，适合用于脂尾羊。

七、去势

去势后的羔羊或公羊，性情温顺，管理方便，节省饲料，肉无膻味且较细嫩，容易育肥。因此，凡不作为种用的公羔或公羊，一般都去势。去势的羊称为羯羊，公羔去势最好在生后 2～3 周时进行，常用的去势方法如下。

(一) 去势钳法

用特制的去势钳，在阴囊上部用力紧夹，将精索夹断，睾丸则逐渐萎缩。此法因不切伤口，无失血、感染的危险。但无经验者，往往没有把精索夹断而达不到去势的目的。

(二) 刀切法

使用锋利小刀切开阴囊，摘除睾丸。方法是：两人配合，保定羊只，在羊阴囊外部用3%石碳酸或碘酒消毒。消毒后施手术者，一手握住阴囊上方，以防羊羔的睾丸缩回腹腔内。另一手用消过毒的刀在阴囊侧面下方切开一小口，约为阴囊长度的1/3，以能挤出睾丸为度。切开后把睾丸连同精索拉出撕断，一侧的睾丸取出后，依法取另一侧的睾丸，有经验的人，把阴囊的纵隔切开，把另侧的睾丸挤过来摘除亦很好。这样，少开了一个刀口，睾丸摘除后，把阴囊的切口对齐，涂碘酒消毒，并撒上消炎粉。过1~2天可检查一下，如阴囊收缩，则为安全的表现，如果阴囊肿胀，可挤出其中的血水，再涂抹碘酒和消炎粉，一般不会出现危险。去势后的羔羊，要收容在有洁净褥草的羊圈内，以防感染。

(三) 结扎法

当公羔1周大时，将睾丸挤在阴囊里用橡皮筋或细绳紧紧地结扎在阴囊的上部，断绝血液的流通，约经半个月左右，阴囊及睾丸萎缩自然脱落。此法简便易行，效果好。

八、去角

羔羊去角是奶山羊饲养管理的重要环节，奶山羊有角容易发生创伤，不便于管理。

(一) 选择合适的时间

小羊去角的最佳时间是在出生后的7~10天进行。此时小羊的角尚未完全发育，去角过程对小羊的疼痛感较小。人工哺乳的羔羊，最好在学会吃奶后进行。

(二) 准备工具和设备

在进行小羊去角之前，确保准备好必要的工具和设备。常用的工具包括去角剪、止血剂、消毒液等。确保这些工具干净、锋利，并且消毒液用于消毒工具和伤口。

(三) 安全措施

在进行小羊去角之前，确保小羊和操作人员的安全。将小羊固定在一个安全的位置上，以防止其受伤或逃跑。操作人员应佩戴适当的防护手套和服装，以保护自己免受伤害。

（四）进行去角操作

在进行小羊去角之前，先用消毒液清洁小羊角部位。然后，使用去角剪将角部分剪掉，确保剪断的位置尽可能靠近角底部。剪断后，立即使用止血剂涂抹在伤口上，以防止出血。

（五）喂养和观察

在小羊去角后，确保给予小羊足够的饲料和水，以帮助其恢复和生长。定期观察小羊的伤口，并确保伤口干净和无感染。如发现伤口感染或其他异常情况，及时请兽医进行处理。

九、修蹄

规模化舍饲养羊时，羊只的运动少，如不及时修整羊蹄，常会变形变畸，如蹄尖上卷、蹄壁裂折、蹄卫腐烂、四肢变形，影响行走，甚至造成四肢疾患，也可导致种公羊运动不足，精液品质下降，直接影响爬跨和配种，直至影响种用性能。

修蹄应在雨后或让羊在潮湿地上活动数小时后进行，也可采用清水或2%硫酸铜溶液对羊蹄进行浸泡，使其软化后进行。先用剪枝剪将过长的蹄尖剪掉，后用修蹄弯刀将蹄底边缘修整到与底一样平齐，再修到蹄底，可见淡红色血管为止。不可修剪过度，防止出血和行走不便。

十、防疫

羊的防疫是预防羊群传染病发生的有效手段。当前需要重点预防的羊的传染病有炭疽、口蹄疫、羊痘、小反刍兽疫、羊快疫、羊肠毒血症、羔羊痢疾、羊布鲁氏菌病、羊大肠杆菌病、羊坏死杆菌病等。

（一）建立健全的防疫检验制度

相关部门和养殖户应做好全力配合。检疫检验是切断羊群传染病发生的重要环节，如果条件允许，自家羊群最好每年进行1次彻底的传染病检查。一般自繁自养的羊群发生传染病的概率比较小，若有从外面引种的需求，则引种回来之后必须隔离观察20～30天，等确保没有病羊之后才可混入大群羊内饲养。

（二）要定期接种各类防疫疫苗

这点非常重要。因为很多羊传染病都有相对应的防疫疫苗，这些疫苗可有效预防肉羊各类传染病，养殖户只要按照相关的免疫接种程序逐个给肉羊接种就好。疫苗的接种时间一般在每年春季、秋季。注意：接种疫苗时一定要看清楚有效免疫期，以便下次及时接种。此外还要询问清楚哪些疫苗不可以给怀孕母羊注射，以免造成母羊流产。

（三）加强羊群的饲养管理方法

平时加强肉羊的营养补充，让它们保持不错的体况，可有效预防一部分传染病。定期对羊圈舍消毒，也能减少传染病发病概率。若发现自家肉羊出现群体性不适症状，最好隔离观察，等确定病因之后立刻想办法治疗。如果实在没有治疗价值，必须在当地防疫部门的要求下扑杀焚烧深埋（很多传染病病毒怕高温，焚烧深埋是有效的解决措施）。

十一、刷拭

用鬃刷或草根刷，经常在羊群中给羊刷拭，可以改善羊体的清洁度，促进羊的新陈代谢，同时有利于保持与羊的一种亲密关系，便于对羊群的管理。在刷拭操作时，要顺着毛茬进行，不可逆毛茬刷拭，一般采取从上到下、从左到右、从前到后的方法。

如果养的羊数量过多，不能全部顾及时，可以挑取种公羊进行刷拭，这样可以更有利公羊的体况健康，保持旺盛的公羊特征。

第三节　不同生长阶段羊的养殖

一、羔羊饲养管理

羔羊是指从出生到断奶前这一时期的羊。羔羊生长发育快，可塑性强，合理地进行羔羊的培育，既可促使其充分发挥先天的性能，又能增强对外界条件的适应能力；不仅能提高羔羊成活率，而且有利于个体发育，提高生产力。

（一）接产护羔

1. 生产环境及控制

（1）环境卫生　产羔前应对产房和圈舍进行彻底清扫与消毒。产房地面要铺垫清洁、柔软的干稻草或锯末，并保持地面干燥。产羔后，要定时清扫污物并保持舍内空气流通。

（2）环境温湿度　冬季产房和新生羔羊的圈舍温度应保持在10℃以上，并保持圈舍温度的相对稳定性，严防贼风侵袭。规模羊场冬季启用现代加温保暖设施。

2. 接产护羔

（1）接产断脐　羔羊出生后要及时清除羔羊口、鼻黏液。要让母羊尽快舔干羔羊身上的黏液，如果母羊不舔羔，可在羔羊身上撒上麸皮诱导母羊舔，然后用干净棉布擦净。自然断脐（可人工剪脐时将脐血液挤向腹内端，用消毒剪刀剪断并打结）后用碘酒浸润3～5分钟，出生第1天用碘酒喷两次脐带部位。12小时内注射破伤风抗毒素。

（2）初乳及诱导　新生羔羊应在出生后半小时之内吃上初乳，吮乳次数不限。如果母羊产后没奶，可用其他母羊初乳替代或初乳粉替代，每3小时1次，连喂2天。在产单羔时，要人工诱导羔羊吸吮两边乳头，防止乳房被吃偏和发炎。

（3）产奶与供需平衡　无奶或多胎生产应检查哺乳情况，保证供需平衡。如果发现羔羊未吃饱，必须采取补救措施，如寻找代母或给羔羊喂代乳粉。从源头查清缺乳原因，调节母羊的日粮供应。冬季母羊饮水少，下奶慢，可能出现乳房硬而无奶，注意发奶，如补充多汁饲料和蛋白质饲料（饮用熟豆浆等），增加产奶量。

（4）助奶　要经常观察羔羊能否自己找到奶头吸乳，如找不到奶头，需要人工助奶。助奶的方法：用手轻轻地将羔羊的头慢慢推向母羊的乳房，一只手轻轻地抚摸羔羊的尾根，羔羊会不停地摇尾巴去找奶头，人为地用另一只手将母羊的乳房轻轻地挑起，送到羔羊的嘴边，羔羊就能慢慢地吃上初乳，反复几次羔羊就能自己吃母乳。助奶既有利于羔羊的成活，也有利于羔羊拱奶，刺激乳房进行放奶，让羔羊跟着母羊，实现母羔乳品供需平衡。

（5）母羊催乳　当母羊无奶时要加强母羊饲养管理，如产后饮温麦麸水，同时采取其他综合措施（温敷、按摩、补充多汁饲草等），以促母羊下奶。

3. 羔羊假死的急救

（1）羔羊假死　羔羊生下时发育正常，但生下后不呼吸或有很微弱的呼吸，而且肺部有痰音，心脏仍有跳动，这种现象称"假死"。造成"假死"的原因：胎儿过早发生呼吸动作而吸入了羊水；子宫内缺氧；难产、分娩时间过长或受惊等。

（2）"假死"羔羊抢救　①呼吸道刺激。将呼吸道内的黏液或羊水完全清除净，用酒精棉球或碘酒滴入羔羊的鼻孔里刺激羔羊呼吸，或者向羔羊鼻孔吹气、喷烟来刺激羔羊呼吸，使之苏醒。②胸部按压及"人工呼吸"。一是将羔羊两后肢提起悬空并拍打背、胸部；二是将"假死"羔羊放平，两手有节律地推压胸部两侧，并将两前肢同向前后运动进行"人工呼吸"，这就可使短时"假死"的羔羊苏醒。③温水处理。若有冻僵的羔羊，应立即将其移进暖室进行温水浴。水温由38℃开始逐渐增加至45℃，在进行温水浴时应将羔羊的头部露出水面，同时结合腹部按摩，等待羔羊苏醒后立即擦干全身。④药物处理。必要时每只羔羊可以肌内注射安钠咖4～5毫升，维生素C4～6毫升，混合一次性注射；恢复正常后每只肌内注射氨基比林4毫升，青霉素80万～160万单位混合一次性注射。

（二）阶段饲养

羔羊的饲养可分为3个阶段，其不同阶段饲养管理有不同的要求。

1. 第一阶段

由羔羊出生到40日龄的饲养阶段。

（1）尽早喂足初乳　初乳是母羊分娩后4～5天分泌的乳汁（也有认为最初1周的乳汁）。初乳色黄，有异臭，味苦，黏度大，呈酸性，热稳定性差，浓度高，营养丰富，含有抗体和镁盐，对羔羊具有特殊作用。因此，羔羊出生后30分钟以内，应尽早吃初乳。

①初乳喂法。先用清洁温水擦洗乳房，挤出最初几滴初奶（可能含有病原微生物），否则易引发羔羊痢疾，帮助羔羊自由吮乳。舍养羊母子同时留在产房便于哺乳；放牧母羊应坚持产后短期舍养，让羔羊自由吮乳。

②精心管理。观察羔羊是否吃到初乳、吃足初乳。如果羔羊吃饱吃足初乳，则昂头挺胸，活泼好动，摇头摆尾，毛色光亮，腿粗壮结实，背腰平直。当羔羊被毛蓬松，粗乱无光，精神不振，肚子很扁，腰背凸起，经常鸣叫，则初乳不足，往往会饿死，或胎便排不出去而胀死。应检查母羊是否体弱、有病无乳、乳头过小或过大、乳房炎、初产母性不强、产羔过多等。因此，要采取辅助羔羊哺乳或人工哺乳等措施。

（2）自由哺乳　舍养要母羔同圈舍自由哺乳。放牧母羊在产后1周后可外出放牧，中午母羊回舍喂奶1次，晚上母羊和羔羊单独同栏让其自由哺乳。奶山羊1周后母羔分舍，挤奶（奶品加温，倒入奶桶，自由吮乳）饲养，做好定人、定时、定温、定量，同时要注意卫生条件，或者每天定期（3～4次）母羔见面饲养喂奶。

（3）补草补料　为培育体格健壮、品质优良的羔羊，应让羔羊早吃草料。一般于15日龄后开始训练，补饲优质干草或幼嫩的青野草，20日龄后补饲易消化、淀粉多的精饲料，精饲料要粉细、拌湿。采取青草不限量，精饲料由少到多（由20克/天增至80克/天，同时加喂食盐3克/天，钙粉4～5克/天）。40日龄后可随母羊放牧。多羔或泌乳量少的母羊，其乳汁不能满足羔羊的需要，在补喂羔羊的基础上，应对母羊进行补草料，实行"双补"（母羊、羔羊同时补），每天对母羊补饲混合精饲料200～300克，优质青干草400～500克。

2. 第二阶段

羔羊出生后41～80日龄的饲养。

此阶段可让羔羊、母羊同时外出放牧，在白天放牧采食天然草地草料，同时，晚上补草料，每昼夜补干草量100～160克，混合精饲料80～180克。舍养羔羊则采取哺乳和草料并重，注意日粮的能量、全价性和蛋白质的营养水平。奶羊羔采取人工哺乳，应按奶羊羔培育方案饲养（见奶山羊饲养管理）。绵羊羔肥羔育肥应按绵羊羔肥羔育肥技术生产。

3. 第三阶段

指81～120日龄后的饲养与断奶。

81～120日龄后的放牧养羊由减少补食料逐渐过渡到自然采食，舍养羊增加粗饲料比例，可以断奶。

（1）断奶时间　断奶一方面为了恢复母羊体况，另一方面也锻炼羔羊的独立生活能力，时间因品种和饲养条件而异，一般3月龄即可断奶。目前早期断奶（40日龄）已在肥羔生产广泛使用；40日龄羔羊随群放牧也是可行的，因为理论上40日龄羔羊开始具有反刍行为及功能。早熟品种（如南江黄羊）1月龄时将羔羊随母羊放牧，没有明显的断奶期，其羔羊发育良好。

（2）断奶方法　多采用一次性断奶，把母羊移走，羔羊仍留在原羊舍饲养，尽量给羔羊保持原来的环境，母仔分开，不再合群。当羊群大而产羔不太集中或母羊奶量太多时，往往采用多日逐渐断奶法，即在2～3月龄起，将母羊与羔羊实行昼分夜合隔日见面过渡到3天1见，再到最后断奶。

（三）一般管理

1. 编群

分群原则是：羔龄越小，羊群越小，日龄越大，羊群越大，同时还要考虑到羊舍大小、羔羊强弱等因素。在编群时，应将发育相似的羔羊编在一群。一般可按出生天数来分群，生后7日龄内母仔在一起单独管理，可将5～10只母羊及羔羊合为一小群；7天后，10只母羊（含羔）合为中群；20天后，可大群管理。

2. 编号

根据用途、规模自行编排。种用羊场要强化羔羊编号。编号的方法有颜色和耳标。耳标编码可以自定，一般前面的数字代表出生年、月，后面的数字代表个体序号，戴耳标时，先用碘酊或酒精对打标部位、耳标消毒，一般公羊单数戴左耳，母羊双数戴右耳。出场时启用国家统一的羊用二维码耳标。

3. 建档（测定）

商品肉羊场也应搞好养殖档案管理，便于产品溯源。种羊场应按照有关规定进行建档，搞好体尺、体重测定和其他生产发育记录，便于生产性能的测定、分级、选育。

4. 免疫

1周龄开展羔羊大肠杆菌、肺炎免疫（皮下注射1毫升）；4周龄免疫牲畜口蹄疫（肌内注射1毫升，一月后补免）；在2月龄时皮下注射1毫升羊快疫、羊猝狙、羊肠毒血症三联苗。此外，还可根据各地生产需要，对羔羊口疮、羊传染性胸膜炎等进行免疫。

二、育成羊的养殖

育成羊是指断奶至第1次配种这一年龄段的幼龄羊。断奶后3～4个月，生长发育快，增重强度大，对饲养条件需要高。8月龄后，羊生长发育强度逐渐下降。

（一）分段饲养

1. 育成前期的饲养管理要点

育成前期一般指4～8月龄的羊。在这个时期，尤其是刚断奶的羔羊，生长发育快，瘤胃容积有限且机能不完善，对粗饲料的利用能力较差。因此，此时期羊的日粮应以精饲料为主，并能补给优质干草和青绿多汁饲料，日粮的粗纤维含量不超过15%～20%。

下列混合精饲料配方和日粮组成可供育成前期的羊使用。

配方1：玉米68%，胡麻饼12%，豆饼7%，麸皮10%，磷酸氢钙1%，食盐1%，添加剂1%。日粮组成：混合精饲料0.4千克，苜蓿干草0.6千克，玉米秸秆0.2千克。

配方2：玉米50%，胡麻饼20%，豆饼15%，麸皮12%，石粉1%，食盐1%，添加剂1%。日粮组成：混合精饲料0.4千克，青贮饲料1.5千克，燕麦干草或稻草0.2千克。

2. 育成后期的饲养管理要点

育成后期一般指8～18月龄的羊。此时期羊的瘤胃机能基本完善，可以采食大量的牧草和青贮、微贮秸秆。日粮中粗饲料比例可增加至25%～30%，同时还必须添加精饲料或优质青贮、干草。

下列混合精饲料配方和日粮组成可供育成后期羊使用。

配方1：玉米44%，胡麻饼25%，葵花饼13%，麸皮15%，磷酸氢钙1%，添加剂1%，食盐1%。日粮组成：混合精饲料0.2千克，青贮饲料3千克，干草或稻草0.6千克。

配方2：玉米80%，胡麻饼8%，麸皮10%，添加剂1%，食盐1%。日粮组成：混合精饲料0.4千克，苜蓿干草0.5千克，玉米秸秆1千克。

（二）科学管理

1. 称重与分群

对育成羊要定期称重，检验饲养管理和生长发育情况，可以根据体重大小重新组群，对发育不良、增重效果不明显的育成羊可重新调整日粮配方和饲养量。

羔羊断奶后逐步进入育成阶段，该时期应按照性别、身体、大小、体质强弱进行科学地分群管理，及时转群饲养，并按照不同羊群的生长情况配制饲草饲料，保证饲料营养价值充分。

公、母羊在发育近性成熟时应分群饲养,进入越冬舍饲期,以舍饲为主、放牧为辅。冬羔由于初生早,断奶后正值青草萌发,可以放牧采食青草,有利于秋季抓膘。春羔由于出生晚,断奶后采食青草的时间不长即进入枯草期,这时要提前准备充足的优质青干草和混合饲料。

2. 防疫与驱虫

育成羊是实现羊育肥的重要生产资料,在养殖中一定要做好育成羊的科学免疫和预防驱虫工作。养殖场应结合当地动物疫病流行特点制订科学的免疫程序,选择恰当的疫苗进行预防接种。羔羊生长至90日龄后进行第1次驱虫和常规免疫接种,对于某些传染性疾病还需要在135日龄再进行1次免疫接种和第2次强化驱虫。

3. 科学搭配饲料

粗饲料搭配要保证多样化,每天日粮中蛋白质含量控制在15%~16%,平均精饲料投喂量每天控制在0.4千克,还应注重饲料中钙、磷、食盐、微量元素、维生素的补充。在牧草生长旺盛季节,可以使羊采食大量优质青草,保证羊每天有充足的日照和运动量,促进胃肠道消化系统生长发育。

4. 科学配种

对于非种用的羊,应及时进行育肥处理。对于种用的繁殖母羊应在生长至8~10月龄、体重达40千克以上,或者达到成年羊体质的65%以上时,及时进行配种。初次配种的母羊通常发情征兆不是很明显,在发情鉴定中可以观察羊的临床征兆,进行直肠检查,用种公羊进行试情等方法,提高配种率。

三、繁殖母羊的养殖

母羊是羊群发展的基础,饲养种母羊的主要任务是促进发情、排卵、泌乳,提高繁殖率。种母羊在一年中可分为空怀期、妊娠期和哺乳期3个生理阶段,应根据不同阶段进行合理地饲养。

(一)空怀期

空怀期即从哺乳期结束至配种受胎时段,约为3个月。此时母羊经过妊娠期和哺乳期,体质一般较差。此期的营养状况直接影响着下一个繁殖周期。营养好,体况佳,则母羊发情整齐,排卵数多,受孕率高。因而空怀期必须加强饲养管理,充分放牧,使之迅速恢复体况,促进正常发情、排卵和受孕。在配种前可实行短期优饲,使母羊达到配种时所需的体况膘情。方法为配种前10~15天,母羊日补饲混合精饲料0.2千克,补充适量的胡萝卜或维生素A,使羊群膘情一致,发情集中,便于配种,多产羔。

（二）妊娠期

1. 饲养

妊娠母羊除本身需要营养外，还供给胎儿生长发育所需营养，并储备一定的营养供产后泌乳，因此，要提高怀孕母羊的营养水平。怀孕前期3个月，胎儿发育较慢，其绝对增重只占初生重的10%。该阶段除配种后7～10天给予短期优饲外，其余时间的营养水平与配种前差不多，但要求营养更加全面。饲养时应予充分放牧，个别瘦弱母羊可适当补饲。怀孕后期2个月，胎儿生长加快，绝对增重占初生重的80%～90%，母羊需要大量的营养以供胎儿生长发育和备乳，营养标准应比平时高30%～40%饲料单位，可消化蛋白质应增加40%～60%，钙、磷需增加1～2倍。这一阶段饲料应营养充足、全价，如果此期营养不足会影响胎儿发育，羔羊初生重小，被毛稀疏，生理机能不完善，体温调节能力差，抵抗力弱，羔羊成活率低，易发病死亡。且母羊体质差，泌乳量降低，由此影响羔羊的健康和生长发育。因此，怀孕后期应在放牧的基础上，根据母羊的膘情合理补饲，每天可补饲混合精饲料0.45千克、优质青干草1～1.5千克、青贮饲料1千克，胡萝卜0.5千克。

2. 管理

（1）选择平坦的幼嫩草地放牧，防止走远路，以免过于疲劳。舍饲时应适当运动，以促进食欲，有利于胎儿发育和产羔。

（2）不喂腐败、发霉的饲料或易发酵的青贮饲料，放牧时避免吃霜冻草和寒露草，不饮冰渣水和污水。

（3）防止紧迫急赶、鞭打羊群、避免羊只斗架，出入圈时严防拥挤，草架、料槽及水槽数量要足够，防止喂饮时拥挤，否则易造成流产。临产前1个月，做到单栏饲养。如发现母羊流产，应将流产胎儿、胎盘、垫草及粪便扫出羊舍深埋，栏舍用石灰水消毒。

（三）哺乳期

这一阶段的主要任务是供给羔羊充足的乳汁，饲养上应根据母羊的泌乳规律和产后的生理情况进行饲养管理。哺乳期的长短取决于饲养方案，一般为90～120天。

母羊产后最初几天，其生理情况比较复杂，因产后腹压减小，胃肠空虚而表现较强的饥饿感，但身体虚弱，消化能力较差，必须加强护理。饲养上以舍饲为主，以优质嫩草、丁草为主要饲料，每天给3～4次清洁饮水，并在饮水中加少量的食盐、麸皮，或喂给米汤，让其自由饮用。母羊体况好，产羔少，乳汁充足可不补或少补精饲料。如乳汁不足，可给母羊补饲青绿多汁饲料和适量精饲料。

母羊产后15～20天已处于泌乳高峰期，这时母羊食欲旺盛，饲料利用率高，体内储存的养分不断消耗，体重下降，为了促进泌乳，使泌乳高峰期持续较长时间，提高羔羊的成活率和断奶重，应在充分放牧的基础上增加精饲料补饲，补饲量应根据母羊体况及哺乳的羔羊数而定。产单羔的母羊每天补精饲料 0.3～0.5 千克，青干草、苜蓿干草各 1 千克，多汁饲料 1.5 千克。产双羔母羊要在此基础上增加精饲料，每天可补 0.4～0.6 千克。补饲时间要适宜，过早补饲大量的精饲料往往会伤及肠胃，引起消化不良或导致乳腺炎，过晚则大量消耗体内营养，羊体迅速消瘦，影响泌乳。

母羊产后 2 个月为哺乳后期，以恢复体况为主，为下次配种作准备。此时羔羊的瘤胃功能已趋于完善，可以大量利用青草及粉碎精饲料，不再完全依靠母乳营养。当母羊泌乳量开始下降时，应视体况逐渐减少精饲料。

哺乳母羊的管理要注意保持栏舍干燥、清洁，并做到定期清粪、消毒。不要到灌木丛、荆棘中放牧，以免刺伤乳房。哺乳母羊因采食量大，常离群采食，放牧时应防止羔羊丢失。

四、种公羊的养殖

（一）种公羊的饲养

1. 饲养特点

据研究，每生产 1 毫升精液，需要可消化粗蛋白质 50 克，各种激素和腺体的分泌物以及生殖器官的组成也离不开蛋白质，同时维生素 A 和维生素 E 与精子的活力和精液品质有关。只有保证种公羊充足的营养，才能使其性欲旺盛，精子密度大、活力强，母羊受胎率高。平常按配种期饲养标准的 60%～70% 饲养，从配种预备期（配种前 1～1.5 个月）开始增加精饲料给量，然后逐渐增加至配种期的标准。同时在配种预备期采精 10～15 次，检验精液品质，以确定其利用强度。

在配种期内，体重 80～90 千克的种公羊，每天需要 2 千克以上饲料单位，250 克以上可消化蛋白质，并且根据日采精次数的多少，相应地调整常规饲料及其所需特殊饲料（如牛奶、鸡蛋等）的定额。一般可按混合精饲料 1.2～1.4 千克、青干草 2 千克、胡萝卜 0.5～1.5 千克、食盐 15～20 克、钙粉 5～10 克的标准喂给。

为进一步提高公羊的射精量和精液品质，可在配种前 1 个月，在精饲料中添加二氢吡啶，每天用量按 100 毫克／千克体重，一次性喂给，直至配种结束。

2. 非配种期种公羊的饲养

非配种季节要保证种公羊热能、蛋白质、维生素和矿物质等的充分供给以及足够的运动量。一般来说，在早春和冬季没有配种任务时，体重 80～90 千克的种公羊，每天需 1.5 千克左右的饲料单位，150 克左右的可消化蛋白质。就南方地区的山羊品种而言没有明显的配种与非配种期之分，普通饲养即可。

（二）种公羊管理

1. 舍饲

采用单独组群饲养的办法，设置种公羊舍，避免公母羊混群，并且要有运动场保证充足的运动量。每天上、下午分别赶到母羊圈栏外，达到试情、催情、发情鉴定，增加公羊运动量和性欲，对舍养种公羊进行刷拭、按摩、调教，防止种羊自淫和其他不良习惯。固定专人饲养，将饲养管理与采精列为一个岗位是必要的。

2. 放牧

公母比例及配置，一般每群30～50只母羊配置1头种公羊，阉割淘汰非种公羊，防止公羊争夺配偶权发生母羊流产，防止野交乱配，提高改良效果，并且公羊实行定期（一年）交换防止近亲繁殖。绵羊类种公羊还要定期剪出配种部位羊毛，保证配种效果。

3. 种公羊的采精检查

季节性繁殖的种公羊在配种前1个月开始采精，同时检查精液品质。配种前倒数第4周采精1次进行检查，倒数第3周检查两次，倒数第2周两天1次，到配种时每天可采1～2次，共进行10～15次采精检查。小于18月龄公羊配种期采精频率不得超过2次/天，且不要连续采精；两岁半以上的种公羊3～4次/天，最多5～6次/天，每次间隔在2小时左右，使种公羊有休息时间。对精液密度较低的种公羊要加强运动，每天早上可定时、定距、定速运动。特别是对精子活力较差的种公羊要加强运动，种公羊的具体管理日程，可根据各地具体情况安排。近年来，为保护动物福利，除非优质种羊，一般不主张羊人工授精，开展自然交配有利于提高受胎率和产羔率。

五、育肥羊的养殖

（一）选择育肥羊

1. 成年羊育肥

多用淘汰老、弱、乏、瘦羊、丧失繁殖机能、少量去势公羊进行育肥。要选择个体高大、精神、无病、毛色光亮的羊进行育肥，价格适中，没有传染病即可。

2. 驱虫健胃

由于羊采食粗饲料、牧草等而经常接触地面，因此，消化道内易感染各种线虫、吸虫、绦虫等，体外也易感染虱、螨、蜱、蝇蛆等寄生虫。所以在羊育肥之前首先要做的就是驱虫。简单的操作可用驱虫舔砖来进行常规驱虫。或用高效驱虫药左旋咪唑每千克体重8毫克兑水溶化，配成5%的水溶液作肌内注射，能驱除羊体内多种线虫，同时用硫双二氯酚按每千克体重80毫克，再加少许面粉兑水250毫升，喂料前空腹灌服，能驱除羊肝片吸虫和绦虫，这就避免了羊只额外的体内损失，对快速育肥和减少饲草料损耗均十分重要。羊只健胃一般采用人工盐和大黄苏打进行。要注意用药剂量，否则严重的会造成无效或中毒死亡。

（二）育肥方式和方法

1. 放牧育肥

（1）加强放牧管理，提高育肥效果　放牧育肥的羊要尽量延长每天放牧的时间。夏秋时期气温较高，要做到早出牧晚收牧，每天让羊充分采食，加快增重长膘。在放牧过程中要尽量减少驱赶羊群的次数，使羊能安静采食，减少体能消耗。中午阳光强烈、气温过高时，可将羊群驱赶到背阴处就近休息。

（2）适当补饲，加快育肥　在雨水较多的夏、秋两季，牧草含水量较多，干物质含量相对较少，单纯依靠放牧的育肥羊，有时不能完全满足快速增重的要求。因此，为了提高育肥效果，缩短育肥时期，增加出栏体重，在育肥后期可适当补饲混合精饲料，每天每只羊 0.2～0.3 千克，补饲期约 1 个月，育肥效果可明显提高。

补饲精饲料可参考下列配方。

配方 1：玉米 55%，油饼 35%，麸皮 8%，食盐、尿素各 1% 溶于水。

配方 2：玉米 50%，胡麻饼 30%，统糠 9%，麸皮 10%，食盐 1%。

2. 舍饲育肥

（1）建设羊舍　舍饲育肥肉羊首先要准备好合适的羊舍。羊舍要设在背风向阳、地势平坦、排水性好、附近水源充足的地方。

羊舍的面积要根据肉羊的饲养量来确定，一般每只羊的占地面积在 0.8～1.2 米^2，种羊的占地面积要相对地大一些，育成羊和羔羊的占地面积则相对地小一些。羊舍的高度一般在 2.5 米，门的宽度也不能小于 1.5 米，并且为了采光和通风良好，窗户与地面的高度也不能低于 1.5 米。每栋羊舍按照消防要求其跨度保持在 7～8 米，羊舍的长度不能超过 30 米。冬季羊舍为了保暖，需要搭建塑料暖棚，但是要在棚顶打孔排出湿气。羊舍内的设备设施要尽可能齐全，料槽和水槽的数量要配备充足，保证羊舍通风良好，因此要合理地设计羊舍的朝向，选择合适的材料建造羊舍，另外，还需要在舍内安装强制通风换气的装置，便于夏季降低舍温。

此外，还需要设置有运动场，运动场的面积一般为羊舍面积的 2～4 倍，在运动场的中间放置固定的水槽，四周放置固定的料槽。夏季还应搭设凉棚。

（2）品种选择　良好的饲养管理需要结合优良的品种，才能获得最佳的养殖经济效益，因此，舍饲肉羊还需要做好品种的选择工作。品种的选择要结合当地的实际情况来确定，要选择生产性能高、适应性强、肉质好、饲料利用率高、饲养周期短、经济效益高的优良品种。

目前我国饲养的品种主要是国外引进的优良品种与本地羊的杂交后代，一般常用的有夏洛莱、萨福克、美利奴羊等，与小尾寒羊或者是当地绵羊杂交的后代。在个体选择上一般选择幼龄羊，幼龄羊要比选择老龄羊增重速度快、育肥效果好。因此育肥首选4～6月龄的羔羊，这样的羊生长发育速度快、肉的品质好，也可以选择成年羊育肥，主要包括架子羊育肥和淘汰的成年羊育肥。

（3）备足饲料　舍饲肉羊需要准备充足的饲草和饲料，这是肉羊育肥的物质基础，肉羊有摄入充足的营养物质才能快速的生长发育和增重。因此，要做好饲料的贮备工作。

育肥羊的饲草饲料来源较为丰富，主要以当地的饲草资源为主，也可以种植牧草养羊，另一方面可以将收获的青绿饲料进行青贮或者微贮，以备冬春季节青绿饲料短缺时使用，确保肉羊全年获得充足的营养物质，用于调制成青贮饲料的饲料原料主要是农作物秸秆和一些牧草。另外还可以用糟渣类的副产品，如酒糟、豆腐渣等喂羊。除此之外，还需要准备充足的精饲料，包括玉米、豆粕等，还包括一些营养性饲料添加剂。

（4）育肥技术　①羔羊育肥技术。做好羔羊育肥的准备工作，羔羊在1.5月龄断奶前需要在前15天开始隔栏补饲的工作，补饲用的饲料应与断奶后的育肥羊相同，以让羔羊及早地适应育肥期的饲料。在最开始补饲时使用的饲料需要稍加破碎，待羔羊习惯后可以整粒饲喂。

羔羊的抗病能力较差，易感染病菌患多种疾病而发生死亡，因此要加强羔羊舍环境的管理工作，保持羔羊舍温暖、干燥、通风良好，做好疾病的预防工作。

到了羔羊育肥期，要给羔羊配制适宜的饲料，可以使用能量含量较高的玉米饲喂，并将多种饲料配合饲喂，这样的饲喂效果要比饲喂单一的饲料好。饲料中还需要加入适量的饲料添加剂。羔羊育肥时在饲喂时要让其自由采食，自由饮水，这样可以提高羔羊的采食量，促进生长发育和增重。一般羔羊的育肥期为50天，但是具体的时间还需要根据所选择的品种和实际的养殖情况来确定，但是要注意做到适时出栏，否则会造成饲料的浪费，还会影响到肉羊的品质。

②成年羊育肥技术。成年羊育肥需要选择健康无病、体躯较大、牙齿良好、精神状态良好、育肥潜质好的个体，并且要做好育肥前的准备工作，无论是选择架子羊育肥，还是选择淘汰羊育肥都要有一个过渡期，目的是让其适应新的环境、饲养管理方法和饲料，并在过渡期完成驱虫和健胃的工作，以使其顺利地进入育肥阶段。

进入育肥期的肉羊要根据实际的情况选择最合适的育肥方法，因为所选择的成年羊处于的生理期不同，对营养物质的需要和代谢也不同，所以应配制全混合口粮，合理饲喂，同时要提供充足的饮水，以达到最佳的育肥效果。

舍饲育肥的饲料参考配方如下。

配方1：玉米粉、草粉、豆饼各21.5%，玉米17%，葵花籽粉10.3%，麸皮6.9%，食盐0.7%，尿素0.3%，添加剂0.3%。前期20天每只羊日喂精饲料350克，中期20天每只400克，后期20天每只450克，粗饲料不限量，适量青绿多汁饲料。

配方2：玉米66%，豆饼22%，麸皮8%，磷酸氢钙1%，细贝壳粉0.5%，食盐1.5%，尿素1%，添加含硒微量元素和维生素 AD_3 粉。混合精饲料与草料配合饲喂，其比例为60∶40。一般羊4～5月龄时每天喂精饲料0.8～0.9千克，5～6月龄时喂1.2～1.4千克，6～7月龄时喂1.6千克。

3. 放牧加舍饲育肥

多适用于田多、地广的地方，白天放牧，晚上补料0.2千克，减少养殖成本，育肥期平均70天左右。

补饲精饲料参考配方如下。

配方1：玉米粉26%，麸皮7%，棉籽饼7%，酒糟48%，草粉10%，食盐1%，尿素0.6%，添加剂0.4%。混合均匀后，每天傍晚补饲300克左右。

配方2：玉米70%，豆饼28%，食盐2%。饲喂时加草粉15%，混合均匀拌湿饲喂。

第四节　奶山羊规模化生产

奶山羊的外貌特征，因品种和饲养地区不同而各有差异，其共同特点是：成年奶山羊的前躯较浅较窄，后躯较宽较深，整个体躯呈楔形。全身细致紧凑，各部位轮廓非常清晰，头小额宽，颈薄而细长，背部平直而宽，胸部深广。四肢细长强健，皮肤薄而富有弹性，毛短而稀疏。产奶量高的奶山羊，乳房呈扁圆形，丰满而体积大，没有粗毛，仅有很稀少而柔软的细毛。乳头大小适中，略倾向前方。

一、奶山羊的饲养

（一）羔羊培育

1. 合理利用初乳

奶羔羊作为未来奶畜群体，与普通羔羊的饲养管理有所不同。因为母羊挤奶销售商品奶，羔羊在7天后单独饲养。就母羊而言，由于奶山羊产奶量相对较高，最初7天的奶品，由于初乳营养成分的特殊性，是不可多得的优质商品，除羔羊饮用外，大量剩余初乳需要采用冰箱保鲜或者加温保鲜（类似酸奶保鲜），留着7天后羔羊食用和专业商品市场销售，有利于节约奶资源。初产母羊最初1周适度控制饲养，防止催奶不当引起乳房炎。

2. 羔羊调教人工哺乳

调教羔羊使用悬吊奶桶（或乳瓶奶嘴）自由吸吮，一方面防止母子同群相互纠缠骚扰母子休息，另外防止羔羊哺乳不当发生羔羊痢疾。羔羊出生后5～7天即应与母羊分开，改为人工哺乳，定时挤奶。羔羊离开母羊初，往往不会吸吮，因此事先须进行调教训练人工哺乳。人工哺乳的方法有瓶喂法和盆饮法。

（1）瓶喂法　将奶装入专用奶瓶，通过橡皮乳头喂饮。

（2）盆饮法　应固定羔羊头部，使其在盆中舔奶，以诱导吸食，要注意勿使鼻孔浸入奶盆中，以免误吸入鼻腔影响呼吸。如果小羊不饮奶，可把洗净的右手食指浸入奶中，诱使从手指上吮奶。训练羔羊吮奶，必须耐心，不可强行硬喂，一般羔羊经1～2天的训练，便可习惯人工哺乳。

人工哺乳要做到"五定"，即定时、定量、定温、定质、定器具。温度应与母羊体温相近或稍高（38～42℃），此外，所接触乳汁的用具要清洁、消毒，保持卫生。

3. 哺乳量及饲养方案

哺乳量随体重的增加而增加，体重8千克前母羔哺乳量按体重的20%，公羔按体重的25%控制。体重在8～13千克阶段，哺乳量不变，在此期间应尽量训练其采食草料，且要求草要柔嫩，料要炒香。体重达13千克以后，哺乳量渐减，草料渐增，体重达18～24千克时，可以断奶。整个哺乳期平均日增重，母羔不应低于150克，公羔不应低于180克。如日增重太高，平均250克以上，会影响将来产奶。

4. 补草补料

出生15天开始补草、20天开始补料的训练（不强调量）。根据生产需要，公羔40日龄直接育肥，40～80日龄母羔是奶草并重阶段，加强饲养管理和良种培育。羔羊可于80～120日龄断奶，值得提出的是母羔羊作为未来的高产奶畜来源，应注意精、粗饲料的配合和用量的控制。羔羊进入育成羊阶段，按育成羊饲养管理。

（二）育成羊的培育

日粮中如有优质精饲料，经常补充饲喂给断奶之后的育成羊，全身各系统和各种组织都在旺盛地生长发育。体重、躯体的宽度、深度与长度都在迅速增长，此时，如日粮配合不当，营养不能满足机体需求，会显著影响生长发育，形成体重小、四肢高、胸窄、躯干细的体型，并能严重影响其体质、采食量和将来的泌乳能力。

生后4～6个月，仍须注意精饲料的喂量，每日喂混合精饲料300克。其中可消化粗蛋白质的含量不可低于15%～16%。日粮中营养不足时，均应从不断增加干草和青草或青贮饲料中补充。

在育成羊培育阶段，严忌体态臃肿，肌肉肥厚，体格短粗，但仍要求增重快，体格大。饱满的胸腔是充足的营养和充分的运动锻炼育成的。满1岁之后，如青贮饲料质量高，喂量大，可以少给精饲料，甚至不给精饲料。实践经验证明，这样喂出的奶山羊，腹大而深，采食量大，消化力强，体质壮，泌乳量高。

（三）干奶期母羊的养殖

在一个泌乳期内，奶山羊的产奶量为其体重的15～16倍，而高产奶牛一般为10～12倍，因而奶山羊在泌乳高峰期的掉膘程度，要比奶牛严重得多，干乳期如不能将母羊体重增加20%～30%，不仅所生羔羊初生重小，而且还会影响下一个泌乳期的产奶量和乳脂率。在实际饲养中，应按日产奶1～1.5千克的饲养标准喂给。此期的日粮，应以优质干草（豆科牧草占有一定比例）和青贮饲料为主，适当搭配精饲料和多汁饲料。此期所喂的青贮饲料，切忌酸度过高；酒糟也应严格控制喂量，过量会影响胎儿的发育，可能引起流产。在矿物质方面，每日补饲15～20克钙粉和食盐，补饲定量的维生素E和硒，更有助于防止胎衣不下和乳房炎。

舍饲圈养的羊往往由于缺乏运动，影响食欲；腹下和乳房底部易出现水肿；分娩时收缩无力，易造成难产或胎衣不下。为此，要尽量创造运动和日光浴的条件，采取系留放牧或定时驱赶运动。此外，要严格执行各项保胎措施，以防流产或早产。

（四）泌乳期的饲料管理

1. 泌乳初期

母羊产后15天内为泌乳初期，它与初乳期概念不同。饲喂原则是以优质嫩干草为主，然后根据母羊体况肥瘦、乳房膨胀程度、食欲表现、粪便形状和气味，灵活掌握精饲料和多汁饲料的量。以后随泌乳量的增加，喂量相应逐渐加大。因此，最初1周母羊饲养原则按普通饲养，防止提前发奶，而羔羊饮不完、挤奶不当会发生乳房炎。

在产后1～3天，母羊消化力弱，不加料催奶，每天喂3～4次温水，并在温水中加少量的麦麸和食盐；产后4～7天，每日可喂麸皮0.1～0.2千克，青贮饲料0.3千克；产后7～10天，每日喂混合精饲料0.2～0.3千克，青贮饲料0.5千克，以准备发奶；产后10～15天，每日可喂混合精饲料0.3～0.5千克，青贮饲料0.7千克；产羔15天后，逐渐恢复到正常的饲养标准。

在饲养管理上注意添加精饲料和多汁饲料的喂量要由少到多，缓慢增加，否则会影响母羊体质和生殖器官的恢复，还易发生消化不良等胃肠疾病，轻则影响本胎次产奶量，重则伤害终生的生产性能，如发生产后酮血症、产后瘫痪、乳房炎。对于膘情好、乳房膨胀过大、消化不良者，应以饲喂优质青干草为主，不喂青绿多汁饲料，控制饮水，少给精饲料，以免加重消化障碍和乳房膨胀，延缓水肿的吸收；对体况较瘦，消化力弱，食欲不振和乳房膨胀不显著者，可适量补喂含淀粉的薯类饲料，多进行舍外运动，以增强体力。

2. 泌乳盛期

产后 15～180 天为泌乳盛期。此期奶山羊食欲旺盛，饲料利用率高，加强饲养管理，保证高产。每天除喂给相当于体重 2%～4% 的优质干草外，尽量多喂些青贮、青草、块根块茎类多汁饲料，不够的营养物质用混合精饲料补充。为刺激泌乳机能充分发挥，可采用超标准多喂一些饲料，如果超喂提高了产奶量，应调整原有日粮标准。

产后 20 天产奶量逐渐上升，一般奶羊在 35～45 天达到产奶高峰，高产奶羊产奶高峰出现迟（40～70 天），且高峰持续时间长。在泌乳盛期，高产奶山羊每日所食饲料达 10 千克以上，而胃肠容量有限，必须注意日粮的体积、适口性、营养性，提高消化能力，如进行适当的运动，增加采食次数，改善喂饲方法，定时定量，少给勤添，清洁卫生。在奶量稳定期，应尽量避免饲料、饲养方法以及工作日程的变动，使泌乳高峰保持较长时期，一旦泌乳高峰的产奶量下降，将很难重新恢复。

3. 泌乳后期

泌乳 180 天后，便进入泌乳后期。此阶段要准备配种、怀孕，既要恢复体重，又要维持产奶。应逐渐减少精饲料，尽量供应优质青干草和青绿多汁饲料，延长泌乳期，提高本胎次产奶量，保证胎儿的健康发育，为下一胎次的泌乳蓄积体力。

二、奶山羊的管理

（一）干奶

1. 干奶的方法

分为自然干奶法和人工干奶法两种。产奶量低、营养差的母羊，在泌乳 7 个月左右配种，怀孕 1～2 个月后产奶量迅速下降，而自动停止产奶，即自然干奶。产奶量高、营养条件好的母羊，自然干奶比较难，须人为采取措施，即人工干奶。人工干奶法分为逐渐干奶法和快速干奶法两种。逐渐干奶法是逐渐减少挤奶次数，打乱挤奶时间，停止乳房按摩，适当降低精饲料喂量，控制多汁饲料，限制饮水，加强运动，使羊在 7～14 天逐渐干奶。生产当中一般多采用快速干奶法。快速干奶法是利用乳房内压增大，抑制乳汁分泌的生理现象而干奶的。其方法是：在规定干奶的当天，认真按摩乳房，将奶挤净，然后擦干乳房，用 2% 的碘液浸泡乳头，再给乳头孔注入青霉素或金霉素软膏，并用火棉胶予以封闭。之后停止挤奶，7 天内乳房积乳逐渐被吸收，乳房收缩，干奶结束。

2. 干奶的天数

在正常情况下，干奶一般从怀孕第 90 天开始，即干奶 60 天左右。干奶天数究竟多少天合适，要根据母羊的营养状况、产奶量的高低、体质的强弱、年龄大小来决定，一般在 45～75 天。

3. 干奶时的注意事项

干奶初期，要注意圈舍、垫草和环境卫生，以减少乳房感染。平时要注意刷羊，因为此时最容易感染虱病和皮肤病。怀孕后期要注意保胎，严禁拳打脚踢、鞭打和惊吓羊只，出入圈舍谨防拥挤，严防滑倒和角斗。要坚持运动，但不能太过剧烈。对腹部过大或乳房过大行走困难的羊，可暂时停止驱赶运动，任其自由运动。一般情况下不能停止运动，因为运动对防止难产有着十分重要的作用。

（二）挤奶、去角

奶山羊的挤奶、去角等管理措施见本章第二节有关内容。

第七章　牛羊疫病防控

第一节　牛羊场的生物安全措施

建立良好的生物安全体系是牛羊群健康的基本保障，是所有疫病防控计划和措施有效实施的基础，也是牛羊场维持净化状态的最关键手段。牛羊场生物安全是指为降低外来病原体传入、场内病原体的场内传播以及向场外扩散风险所采取的一整套措施和行为。牛羊场生物安全是一个系统工程，包括相关的规章制度、组织机构、人员队伍、经费投入、必要的设施设备、安全计划、技术和措施等。规章制度、组织机构、人员队伍和经费投入是生物安全计划实施的基本保障，必要的设施设备是生物安全计划实施的基础。

牛羊场应有各自的生物安全计划，主要包括如下七大要素：一是做好来访人员、车辆、设备和野生动物的控制；二是做好病原和害虫媒介的控制；三是做好废弃物的处理和控制；四是做好病死动物、排泄物的隔离；五是做好生产、计划和记录；六是做好牛羊场生产管理；七是做好养殖场投入品的控制。每个要素都涉及具体的技术和措施，共同措施包括隔离和消毒。隔离包括新引入牛羊隔离、病牛羊的隔离、生产区各功能区间的隔离、粪污处理区的隔离、病死动物无害化处理区的隔离、净道和污道间的隔离等；消毒包括人员和车辆的消毒、牛羊舍内外环境的消毒，各种器械设备用具的消毒、水源与饲料的消毒以及排泄物、污染物和污染场地的消毒等。记录是评估生物安全计划实施效果的重要手段，所有措施行为都必须有记录。

一、牛羊场的选址与建设要科学合理

（一）确定牛羊场规模

依据牛羊个体大小、生产目的及饲养方式等差异，每头（只）牛羊占用的厩舍面积也不一样。一般地，每头育肥牛所需面积为 $1.6 \sim 4.6$ 米^2，通常有垫草的育肥牛每头牛占

地 2.3～4.6 米²，有隔栏的每头牛占地 1.6～2 米²；每只种公羊占地 1.5～2 米²，空怀母羊占地 0.8～1 米²，妊娠或哺乳母羊占地 2～2.3 米²，幼龄羊占地 0.5～0.6 米²。

目前小栏散养牛模式越来越普遍，有利于提高牛只福利和健康水平，一般按牛大小每栏 6～15 头，每头牛占有面积 4～5 米²。牛羊舍及其他房屋（牛羊场管理、职工生活及其他附属建筑物）面积为场地总面积的 15%～20%。

（二）场址选择

根据牛羊场规模选择场址，同时应进行水文、土壤和气象调查，不能在土壤微量元素缺乏或环境污染区，如重金属超标、农药和抗生素残留超标、水质差、噪声大等环境中选址。选择开阔整齐地形，地势最好为高燥、背风向阳，地下水位 2 米以下，多选沙壤土或沙土土质，易于牛羊舍及运动场的清洁与卫生干燥，有利于防止蹄病及其他疾病的发生。水源需充足且符合饮用水的卫生要求。交通、供电方便，周围饲料资源尤其是粗饲料资源丰富。

选址应符合兽医卫生和公共安全的要求。依照有关规定，牛羊场选择应距村庄居民点、医院、学校、饮用水源、公路铁路及化工厂等 1 500 米以上。同时，周围 3 000 米内无养殖场、屠宰场、畜产品加工厂、动物医院、动物隔离区、动物交易市场、农贸市场等潜在传染源的机构。

（三）场区合理布局

牛羊场布局应符合科学饲养和防疫的要求，统筹和合理安排。场区大门入口应设车辆消毒池和人员消毒室，消毒池和消毒室应是车和人的必经之路。场区内一般按功能分为 5 个区：生活区、管理区、生产区、病畜隔离区、粪尿污水处理区。区间建立最佳生产联系，保持合适间距，应考虑地势和主风向对防疫的影响。

（四）生产区

生产区是牛羊场的核心，对生产区的布局应给予全面细致的考虑。牛羊场经营如果是单一或专业化生产，其饲料、牛羊舍以及附属设施也应比较单一。与饲料贮存、加工配制和运输有关的建筑物，原则上应规划在地势较高处，并保证防疫卫生安全。在饲养过程中，应根据牛羊的生理特点进行分舍饲养，繁殖母牛、繁殖母羊和种公牛、种公羊应按群设运动场。肉牛肉羊繁殖场可分为母畜舍、产房、育肥舍等。奶牛、奶羊场分泌乳舍、挤奶厅、干奶舍、产房、青年后备舍等。

生产区门口应设车辆消毒池和更衣消毒室。人员进入生产区时，在消毒室换上洁净且消毒过的工作服（衣、裤、鞋、帽、口罩等），进行体表臭氧或消毒剂喷雾消毒等，喷雾消毒可用 0.2% 过氧乙酸溶液。消毒通道的地面宜铺设草垫或其他材料的吸水垫，内加 0.5% 次氯酸钠溶液，供鞋底消毒。工作前后应洗手并消毒，消毒可用 0.2% 过氧乙酸溶液或 75% 酒精。确保牛羊场内净、污道路分离不交叉，雨水与污水排放沟（管）分离。外来人员和车辆原则上不能进入生产区。牛羊舍应建在场内生产区中心，尽可能缩短运输路线。修建数栋牛羊舍时，方向应坐北朝南，以利于采光、防风和保温。牛舍超过 4 栋时，可 2 栋并列配置，前后对齐，相隔 10 米以上。牛羊舍应设牛床、饲槽、粪尿沟、通行道、工作室和值班室。牛羊舍前有运动场，内设自动饮水器、凉棚和饲槽等。牛羊舍四周和道路两旁应绿化，以调节小气候。

（五）粪尿污水处理区和病畜隔离区

粪尿污水处理和病畜隔离区设在生产区下风地势较低的地方，与生产区保持 300 米以上卫生间距。病牛羊区应便于隔离，单独通道，便于消毒及污物处理。防止污水、粪尿废弃物蔓延污染环境。牛羊场应根据牛羊数量设计安装相应处理能力的粪污处理设施设备。粪污处理区应划分明确，与生产区及病牛羊隔离区隔离。牛羊场粪污处理基础设施应建在牛羊场低位下风向，有固定的粪便堆放储存场所和设施。粪便储存堆放场所应有防雨棚，地面有防止粪污渗漏、溢流等措施，同时应有防止野生/流浪动物接近或接触的措施。

（六）生活区

职工生活区应在全场上风和地势较高的地段，以使牛羊场产生的不良气味、噪声、粪便和污水不致因风向与地表径流而污染生活环境，减少人兽共患性疾病的传播风险。同时，生活区也应有相应的卫生管理措施，包括生活垃圾、厨房泔水及厕所的管理，以减少相关人员和动物传染因子向生产区传播的风险。

（七）管理区

管理区包括经营管理、产品加工销售有关的建筑物。在规划管理区时，应有效利用原有道路和输电线路，充分考虑饲料和生产资料的供应、产品销售等。在牛羊场有加工项目时，应独立组成加工区，不应设在饲料生产区内。车库应设在管理区。除饲料仓库外，其他仓库也应设在管理区。管理区与生产区应加以隔离，保证 50 米以上距离，外来人员只能在管理区内活动，场外运输车辆严禁进入生产区。

二、加强场内投入品管理

牛羊场的投入品主要包括饲料及饲料相关产品（如原料、添加剂等）、水、兽药、垫料、冻精、胚胎及其他非常规物品等。在将投入品向牛羊场输入时，都有可能引入病原体。

第七章
牛羊疫病防控

采购投入品的整体原则：严禁从疫区采购；低风险区严禁从高风险区采购。所有从外购进的投入品均应有采购记录，主要包括产品名称、产地、批号、数量、保质期、许可证编号、质量检验信息、进货日期、生产企业或者供货者名称及其联系方式等。记录的保存期限不少于 3 年。

饲料及饲料相关产品、兽药等生产资料的采购须从有信誉、能够提供产品质量安全保障的大宗供应商处购买。要求供应商保证所供应商品不含病原体。禁止采购中华人民共和国国务院和农业行政主管部门公布的饲料原料目录、饲料添加剂品种目录和药物饲料添加剂品种目录以外的任何原料和产品。确保饲料原料及饲料添加剂等生产资料中不含有任何动物源性成分。饲料添加剂产品的使用应遵循产品标签所规定的用法与用量。确保饲料在有效期内使用，超过有效期的饲料应按要求处置。饲料及饲料相关产品应贮存在干燥和干净场地，妥善护盖，防止霉变和受潮，定期监测饲料，确保饲料符合使用要求；定期清洁料槽，防止污染；安全处理陈旧或被污染饲料，处理点须远离家畜并确保不被害虫和病原侵袭；对撒落的饲料要及时清除，以免随风或其他方式（车轮、衣服等）在牛羊场四处扩散。

确保不购买且不饲喂动物源性物质，并确保所有职工知晓这些规定。养殖场严禁参观者投喂家畜，禁止饲喂泔水。

牛羊饮用水应符合人饮用水的质量要求。水源是多种病原体生存的良好场所，同时也是传播病原体的良好媒介。牛羊场应定期监测水源并尽可能地遮盖水源，确保水源远离野生动物；水槽应有足够高度，减少牛羊粪便对水的污染；定期清洁水槽，不许长期贮水，防止招引昆虫和传播疾病的害虫；定期监测水塔，防止被野生动物损坏或被化学物质污染；确保水路畅通；必要时须对牛羊场饮用水进行消毒。饮用水消毒剂主要有氯制剂（漂白粉、二氯异氰尿酸钠、次氯酸钠和氯胺 T）、碘制剂和二氧化氯。二氧化氯消毒效果较好，但价格较高，因此目前多以漂白粉消毒为主。未过滤的水每立方米加入 25% 有效氯漂白粉 6～10 克，过滤过或用明矾沉淀过的清水加 2～4 克。

原则上牛羊场不允许饲养其他动物，如必须饲养，则须严格保证动物的健康，对该动物进行免疫及驱虫，如对犬进行狂犬病疫苗免疫和包虫病预防性驱虫等。

任何时候牛羊场都必须从可靠途径引入牛羊。应确保供应商提供牛羊健康声明和免疫检疫记录；详细记录牛羊来源，并在购买前检查和确认牛羊健康状况及免疫状况，必要时在起运 2 周前接种口蹄疫二价或三价疫苗。新购入牛羊进场前要在隔离区隔离 21 天以上，经检测无疫、进行必要疫苗接种和驱虫后方可并群。本场牛羊出场后又返还（如参加比赛、展销活动等）时应与新引进牛羊一样，确保运输工具进行完全地清洁消毒，在牛羊到达后检查健康状况，隔离 21 天以上确保无病后才能并群。

在引入其他投入性产品时，如果该物品可能会对养殖场造成风险，则需要检查该物品的来源，并确认无危害后方可使用。

三、重视输出品管理

牛羊场输出品主要包括活牛羊、胴体、废液和废物。当牛羊发病时不允许外运；确保所有装车的牛羊都是健康的，并记录运抵的地点，同时应提供健康证明。在确保动物健康方面，须专业兽医对牛羊健康做出准确评估。同时，运输车辆应彻底消毒。

当本场牛羊外出展销或市场销售时，如需重新返回群体时，按新引进动物处理。

每天及时清除牛羊舍内及运动场垫草、污物和粪便，并将粪污通过污道运送到堆积贮存处。收集的粪污应尽量避免有泥沙、石块等杂质。含有尿液和粪液的废水经收集后可进一步进行厌氧发酵，好氧处理。如果有沼气处理设施，冲洗污水通过专用排污管、沟进入沼气池。牛粪集中收集后，采用干湿分离机将水分和粪渣分离，粪渣堆积密闭 30 天后，即可作为有机肥使用。实施干粪堆积密闭发酵，控制相对湿度为 70% 左右，可杀灭病原微生物、寄生虫卵等，达到消毒杀菌的目的。

越来越多的企业使用生物发酵床或"床场一体化"的模式。以减少废物排放并实现资源化利用。"床场一体化"是一种新型养殖模式，是将牛羊床和运动场融为一体，结合现代微生物发酵处理技术而形成的一种环保、安全、有效的生态养殖技术。使用时应注意养殖密度，以保证牛羊排泄的粪尿被垫料全部吸收，实现粪尿零排放。

胴体、废液及废物（包括牛羊粪尿、污水、垫草垫料、饲料或饲草残渣、臭气、医疗垃圾和病死动物尸体等）须有专门的隔离处理点，避免污染物传播的可能，防止野生或家养动物进入。病死动物尸体和废物应在隔离区处理，并尽可能考虑对环境和公共安全的影响，控制废液，避免潜在疾病传播，必要时可通过种植作物或防风林减少废液的迁移。

病死牛羊尸体无害化处理主要有以下 4 种方法。

（一）掩埋法

掩埋法是指按照相关规定，将动物尸体及相关动物产品投入掩埋坑或化尸窖，通过覆盖、消毒，发酵或分解动物尸体及相关动物产品的方法。掩埋法是一种简单、经济、实用的无害化处理方法，在实践应用中，又可分为直接掩埋法和化尸窖掩埋法。

化尸窖又称密闭沉尸井，是指按照《畜禽养殖业污染防治技术规范》（HJ/T 81—2001）要求，在地面挖坑后，采用砖混结构施工建设的密封池。化尸窖处理技术，即以适量容积的化尸窖沉积动物尸体，让其自然腐烂降解的方法。化尸窖的类型从建筑材料上分为砖混结构和钢结构两种，前者为建在固定场所的地窖，后者则可移动。从池底结构上，地窖式化尸窖分为湿法发酵和干法发酵两种，前者的底部有固化，可防止渗漏，后者的底部则无固化。钢结构的化尸窖属于湿法发酵。

（二）焚烧法

焚烧法是指将病死动物尸体及相关动物产品堆放在足够的燃料物上或放在焚烧炉中，确保获得最大的燃烧火焰，在富氧或无氧条件下进行氧化反应或热解反应，在最短的时间内达到无害化的目的。焚烧应尽量减少新的污染物产生，避免造成二次污染。焚烧法可采用的方法有：开放式焚烧法、直接焚烧法和炭化焚烧法等。

（三）化制法

化制法处理是指将病死动物尸体投入密闭的高压容器内，在高温、高压等条件作用下，将病死动物尸体消解转化为无菌水溶液（以氨基酸为主）和干物质骨渣，同时将所有病原微生物彻底杀灭的过程。该方法借助于高温、高压，病原体杀灭率可达99.99%。化制法包括干化法、湿化法和碱解法。

（四）发酵法

发酵法是指将动物尸体及相关动物产品与稻糠、木屑等辅料按要求摆放，利用动物尸体及相关动物产品产生的生物热或加入特定生物制剂，发酵或分解动物尸体及相关动物产品的方法。传统的发酵法需时较长，一般1～3个月才能完成。随着一些嗜高温菌种的应用和工艺改进，处理时间可缩短至12～48小时。

四、不可忽视的人、车辆、设备和野生动物管理

原则上养殖场严禁外人参观，如必须进入，须经主管领导批准，并严格限制外来人员在养殖场范围内的行动路线，减少不必要的移动。

牛羊场内应尽量减少入口，并限制外来人员及车辆的进入。对于允许进入生产区的入口口，须设立"未经许可，禁止入内"的标识。原则上不允许车辆由高风险区向低风险区移动，如十分必要，则须对车辆、司机和随车人员进行严格消毒。车辆在进入场区前应对车身、车顶和底盘进行喷雾消毒，在消毒池中对轮胎进行浸渍消毒，消毒剂常用2%氢氧化钠（又称烧碱、火碱、苛性钠）溶液，每周更换2～3次，保证足量药液和药物有效浓度；兽医器械、配种器械等在使用前后进行彻底清洗、烘干、烘烤消毒或高压灭菌。

当来访者进入养殖区时，应穿防护服，进行个人清洁和消毒。在允许进入区，养殖场应为到达和离开人员及车辆提供清洁靴和消毒设备等相关设施。相关标识应设置在醒目之处，让来访者容易看到，以确保其了解牛羊场生物安全的要求及到达后须进行的操作。养殖场详细登记和监督来访者的活动。

养殖场应确保场内所有员工知晓各自在生物安全中的作用；保证所有负责牛羊饲

养管理的员工知晓如何识别病牛羊和受伤牛羊，并知晓在发生不同类型疾病时该如何反应及行动。

生产管理人员应减少场间和牛羊舍间互借设备或生产用具，对借出器具应确保用前、用后的清洁消毒。

牛羊场生产用具主要包括饲喂用具、料槽、车辆、兽医用具、助产用具和配种用具等。须定期用0.1%新洁尔灭溶液或0.2%～0.5%过氧乙酸溶液对饲喂用具、料槽等进行消毒。

牛羊场应严密监控和管理野生动物及流浪动物，防止传播疾病。牛羊场应防止家养动物、流浪动物和野生动物接触废物处理场，必要时采取措施清除野生和流浪动物。养殖场应定期进行核实和监测，并对可能产生的生物安全隐患进行评估，制订措施及时消除安全隐患。

五、生产行为管理

养殖场应培养员工养成良好的生产习惯，保证所有员工明白早期检测和报告疾病症状的重要性。如发现非正常发病或死亡牛羊，应尽早咨询兽医或当地兽医疾病防控人员。牛羊场应定期对场内牛羊进行健康状况的评估，定期检查重要牛羊病，如牛结核病、牛羊布鲁氏菌病等，确保早期检出发病或感染的动物。

牛羊场应对已知疾病实施防控措施，当有疫病暴发时，按规定隔离和治疗发病牛羊或易感牛羊，对病死牛羊尸体尽快进行无害化处理，同时兼顾环境和公共卫生安全。

牛羊场应保证所有员工对已知风险疾病进行疫苗免疫，必要时须对动物进行人兽共患病免疫。

工作人员要定期体检。人兽共患病患者，如结核病患者、肝炎患者、布鲁氏菌病患者等，不得进入生产区和从事养牛工作。

六、计划、培训、记录和评估

根据牛羊场面临的主要疾病风险，制订牛羊场的生物安全计划，计划应包括企业生物安全管理机构、人员职责、规章制度、疾病控制和净化目标、主要风险防控和具体措施。

养殖场应定期对场内所有员工进行生物安全培训，让员工熟知各项生物安全措施，并自觉实施。养殖场应详细记录各项措施的实施情况，定期评估计划实施效果与牛羊场生物安全状况，及时发现安全隐患，并采取相应控制措施。

牛羊场可根据生物安全计划自行设计评估内容，评估可分定性评估与定量评估，表7-1是养牛场新引入牛的生物安全定性评估表，可供参考。

表 7-1　养牛羊场新进牛羊的生物安全定性评估

序号	内容	参考文件	措施	是/否
1	所有新引进牛羊到场前进行过健康检查了吗？	供应商声明，动物健康声明	买前检测或兽医检测/证明	
2	供应商能提供所买牛羊的治疗和健康状况信息吗？	供应商声明，动物健康声明	向供应商索要动物健康相关信息	
3	所有新进牛羊都经历了隔离期吗？	动物接收和检测表	隔离数天（建议21天）	
4	未知健康状况的新进牛和原场内易感牛羊群（如幼年动物或妊娠动物）是隔离饲养吗？	场内记录	隔离数天（建议21天）	
5	所购牛羊在出场前有足够时间排空肠胃吗？	动物接收和检测表	应在产地维持24～48小时的胃肠排空时间	
6	所有新进牛羊都按照相关规定进行了身份证号的迁移与重新编号吗？	相关资料库	所有新进牛羊到达新场后应在48小时内完成身份证号的迁移和重新编号	

第二节　牛羊疫病的预防

牛羊病的预防是指防止疾病在健康场牛羊群中发生的一切措施。疾病是宿主、病因和环境三者相互作用的结果，因此牛羊病的预防应从以上3个方面综合考虑。具体措施包括：科学饲养、保持日粮营养平衡、供给优质饲草料，提高牛体健康水平和非特异性抵抗疾病的能力；保持适宜的温度、湿度、清洁度、光照和运动，减少各类应激性刺激，提供舒适的环境；减少甚至消灭物理、化学和生物性病因因素及其病因媒介。牛羊场应根据自身的主要疾病问题，制订本场特异性的控制和净化目标。在目标引领下，制订各种疾病的预防和控制措施，包括监测、免疫、诊断、治疗或扑杀等。如前所述，良好的生物安全体系是预防疾病的基础。因此，虽然免疫是预防疾病尤其是传染病的重要手段，但不是唯一手段，更不能有"接种疫苗，万事大吉"的思想。广义说来，牛羊病预防还包括阻止牛羊病跨区域甚至跨国界传播的一切措施，特别要预防重大和重要传染病，如预防牛海绵状脑病（又称疯牛病）等传入我国。

免疫接种是给动物接种各种免疫制剂（疫苗、类毒素及免疫血清），使动物个体和群体产生对相应传染病的特异性抵抗力。免疫接种是预防和控制传染病的主要手段，也是使易感动物群转化为非易感动物群的最有效手段。

一、免疫接种类型

根据免疫接种的时机不同,可分为预防接种和紧急接种两类。

(一)预防接种

预防接种是平时为了预防传染病流行,按计划和免疫程序进行的免疫接种。应根据传染病流行情况有针对性地制订接种计划、确定免疫制剂的种类和接种时间。接种时,先按推荐剂量接种少量动物,观察接种后动物的反应,确认安全后再大批接种。

(二)紧急接种

紧急接种是指传染病发生时,为了迅速控制和扑灭疫病而对疫区和受威胁区尚未发病的动物进行的应急性接种。应用疫苗进行紧急接种时,必须先对牛羊进行逐头(只)检查,只能对无任何临床症状的牛羊进行紧急接种,对患病牛羊和处于潜伏期的牛羊不能接种疫苗,应立即隔离治疗或按国家兽医防疫相关规定做相应处理,如扑杀和无害化处理等。

二、疫苗种类及其保存和运输条件

常见疫苗有灭活疫苗和弱毒疫苗,包括单价苗、二价苗、多价苗和联苗。牛羊场应根据疫病流行情况购买相匹配的疫苗。

不同疫苗的保存和运输条件不同,应遵照产品说明书的要求具体实施。温度是重要的保存条件。一般分为冷藏(2~8℃)和冷冻(-20℃以下),所有疫苗都必须避免高温和阳光直射。基层单位活疫苗运输可用带冰块的保温瓶或泡沫保温箱运送。灭活疫苗应在2~8℃下避光保存,严禁冻结,防止破坏疫苗乳化结构。弱毒疫苗常是冻干产品,须在-20℃以下保存。随着耐热保护剂与冻干工艺的改进,一些弱毒疫苗产品也可在冷藏(2~8℃)条件下保存。

三、牛羊常用免疫程序

免疫接种程序应视当地疫病流行情况而定,疫苗的具体使用方法以生产厂家的产品说明书为准。

(一)牛主要传染病常用免疫程序

表7-2提供的牛主要传染病常用免疫程序可供参考。

表 7-2　牛主要传染病常用免疫程序

免疫时间	疫苗种类	接种方法	预防疫病	免疫期
1 周龄以上	无毒炭疽芽孢苗、1 号炭疽芽孢苗、炭疽芽孢氢氧化铝佐剂疫苗等任选 1 种	皮下注射，每年 3—4 月免疫 1 次	牛炭疽	1 年
1~2 月龄	牛气肿疽灭活疫苗	皮下或肌内注射	牛气肿疽	6 个月
60~90 日龄	山羊痘活疫苗	尾根内侧或股内侧皮内注射。采用 5 倍免疫剂量，60~90 日龄首次免疫，之后每年免疫 1 次	牛结节性皮肤病	12 个月
3 月龄	牛口蹄疫疫苗（O 型、所有奶牛和种公牛和部分地区尚须接种 A 型）	皮下或肌内注射	牛口蹄疫	6 个月
3~8 月龄	布鲁氏菌基因缺失活疫苗（A19-ΔVirB12 株）或布鲁氏菌活疫苗（A19 株）	皮下注射，必要时可在 12~13 月龄（即第 1 次配种前 1 个月）再低剂量接种 1 次；以后可根据牛群布病流行情况决定是否再进行接种。不可用于孕畜	牛布鲁氏菌病	72 个月
4 月龄	牛口蹄疫疫苗（O 型、所有奶牛和种公牛和部分地区尚须接种 A 型）	加强免疫，皮下或肌内注射。以后每隔 4~6 个月免疫 1 次或每年 3—4 和 9—10 月各免疫 1 次，疫区可于冬季加强免疫 1 次	牛口蹄疫	6 个月
4~5 月龄	牛产气荚膜梭菌（旧称魏氏梭菌）病灭活疫苗	皮下或肌内注射，以后每年 3—4 月和 9—10 月各免疫 1 次	牛产气荚膜梭菌病	6 个月
4.5~5 月龄	牛多杀性巴氏杆菌病（B 型）灭活疫苗	皮下或肌内注射	牛出血性败血症	9 个月
6 月龄	牛气肿疽灭活疫苗	皮下或肌内注射，以后每年 3—4 月和 9—10 月各免疫 1 次	牛气肿疽	6 个月
成年牛	牛流行热灭活疫苗	皮下注射，每年 4—5 月免疫 2 次，每次间隔 21 天	牛流行热	6 个月
3—8 月龄	布鲁氏菌基因缺失活疫苗（A19-ΔVirB12 株）或布鲁氏菌活疫苗（A19 株）	皮下注射，必要时可在 12~13 月龄（即第 1 次配种前 1 个月）再低剂量接种 1 次；以后可根据牛群布病流行情况决定是否再进行接种。不可用于孕畜	牛布鲁氏菌病	

注：①自 2018 年 7 月 1 日起，在全国范围内停止亚洲 I 型口蹄疫免疫，停止生产销售含有亚洲 I 型口蹄疫病毒组分的疫苗。

②根据《国家动物疫病强制免疫指导意见（2022—2025 年）》要求，对全国有关畜种，根据当地实际情况，在科学评估的基础上选择适宜疫苗，进行 O 型和（或）A 型口蹄疫免疫：对全国所有牛、羊、骆驼、鹿进行 O 型和 A 型口蹄疫免疫；对全国所有猪进行 O 型口蹄疫免疫，各地根据评估结果确定是否对猪实施 A 型口蹄疫免疫。

（二）羊重要传染病免疫程序

表 7-3 提供的羊重要传染病免疫程序可供参考。

表 7-3　羊重要传染病推荐免疫程序

免疫时间	疫苗种类	接种方法	预防疫病	免疫期
规模场 3～6 月龄，散养户春秋集中免疫	布鲁氏菌活疫苗（S2 株）	皮下或肌内注射（不用于孕羊）或口服（灌服）（孕羊）。每年对 3～4 月龄健康羔羊实施免疫，以后每年可视免疫效果加强免疫 1 次	布鲁氏菌病	36 个月
	布鲁氏菌基因缺失活疫苗（M5-90Δ26 株）或布鲁氏菌活疫苗（M5 株）	母羊配种前的 2～3 月接种，腿部或颈部皮下注射。以后每年强化免疫 1 次。不可用于孕羊		
3 月龄后	小反刍兽疫活疫苗	规模场羔羊 3 月龄后免疫，之后根据疫苗保护期进行加强免疫。散养户春秋集中免疫，每月定期补免	小反刍兽疫	
3～4 月龄	羊棘球蚴病基因工程亚单位疫苗	首免后间隔 1 个月加强免疫，之后每年强化免疫 1 次	包虫病	12 个月

注：①根据《国家动物疫病强制免疫指导意见（2022—2025 年）》要求，对全国所有羊进行小反刍兽疫免疫。开展非免疫无疫区建设的区域，经省级农业农村部门同意后，可不实施免疫。

②对种畜以外的牛羊进行布鲁氏菌病免疫，种畜禁止免疫。各省份根据评估情况，原则上以县为单位确定本省份的免疫区和非免疫区。免疫区内不实施免疫的、非免疫区实施免疫的，养殖场（户）应逐级报省级农业农村部门同意后实施。各省份根据评估结果，自行确定是否对奶畜免疫；确须免疫的，养殖场（户）应逐级报省级农业农村部门同意后实施。免疫区域划分和奶畜免疫等标准由省级农业农村部门确定。

③内蒙古、四川、西藏、甘肃、青海、宁夏、新疆和新疆生产建设兵团等重点疫区对羊进行包虫病免疫。

第三节　牛常见传染病的防控

一、口蹄疫

（一）诊断要点

1. 病原及流行特点

由口蹄疫病毒引起。可感染多种动物，以偶蹄兽最易感，尤其是黄牛和奶牛。我国农业农村部将其定为一类动物疫病，其传播迅速，流行范围广。一年四季均可发病，但以春、秋两季易流行。

2. 临床症状及病理变化

病牛体温升高达 40～41℃，食欲不振，精神沉郁；流涎，1～2 天后，在唇内面、齿龈、舌面和颊部黏膜上发生蚕豆至核桃大的水疱并很快破裂，形成边缘整齐的红色糜烂，如继发细菌感染，即发生溃疡。在口腔发生水疱的同时，趾间和蹄冠皮肤红、肿，进而色苍白，形成水疱，水疱破溃后留下红色糜烂面，以后结痂，如有细菌感染，则发生化脓，蹄不能着地，甚至蹄壳脱落。乳头也常发生水疱，进而出现烂斑，有继发感染时，引起乳房炎，泌乳停止。犊牛症状不明显，主要表现出血性肠炎和心肌麻痹，病死率很高；死后剖检可见心内外膜出血，心肌质地松软，有淡黄色斑纹或见不规则斑点，俗称"虎斑心"。

羊口蹄疫症状与牛大致相同，但绵羊蹄部症状明显，口腔变化较轻；山羊多见弥漫性口腔炎，水疱发生于硬腭和舌面，蹄部病症较轻；羔羊表现胃肠炎和心肌炎。

3. 确诊

无菌抽取水疱液或剪取水疱皮，装于灭菌小瓶，冷藏保存，送有关部门鉴定；或者在康复后不久采取血清，进行补体结合试验或乳鼠血清保护试验、间接血凝试验、琼脂扩散试验等测定血清抗体。

（二）防控

1. 控制

（1）按照国家有关规定，采取紧急措施，防止疫情扩散　当发生疫情时，及时成立口蹄疫防治领导机构，统一指挥，动员各行各业全力以赴。本着"早、快、严、小"的原则，坚持采取"封锁隔离、检疫、消毒和预防注射"等综合措施。明确划定疫点、疫区、受威胁区、安全区的界线，及早做到封死疫点，封锁疫区，加强受威胁区和安全区的防范，严格控制疫情扩散。疫点内的疫情，应组织力量在短期予以扑灭。

（2）划定疫点、疫区和受威胁区　由所在地县级以上兽医防控管理部门划定疫点、疫区和受威胁区。疫点为家畜发病所在的地点，即应以发病的规模养殖场或户、市场、屠宰场及自然村寨为疫点。通常以疫点边缘向外延伸 3 000 米的范围为疫区，以疫区边缘向外延 5 000 米的范围为受威胁区，但可根据地理环境条件和受威胁的程度增减范围，为加强紧急预防接种提供区域。

（3）封锁疫区　由县级兽医行政管理部门向当地同级以上人民政府申请发布封锁令，对疫区进行封锁。封锁应根据口蹄疫的疫病性质，确定封锁疫区的起止时间，即从扑灭最后一头疫畜的时间算起，经紧急预防接种后的 21 天内没有新的疫畜发生为止，方可解除封锁。在这期间疫区的进出口必须安排值班人员进行 24 小时设卡把关，严密监视，不准动物及其产品出入。

（4）扑灭　将疑似病例进行无害化处理。将病牛排泄物以及栏圈被污染的垫料、饲料、粪便进行清理深埋、焚烧，粪便堆积发酵，并做无害化处理。

2. 预防

（1）定期注射疫苗　疫苗接种是防治策略中一个重要组成部分，通过提高牛群的整体免疫水平，降低口蹄疫暴发的影响和流行范围。疫苗接种分为常年计划免疫和疫点周围的环状免疫。

实施免疫接种应根据疫情、疫苗种类和防治政策选择疫苗种类、免疫方式、接种剂量和次数。疫苗选择时应注意疫苗毒株与流行毒株匹配，现在常用疫苗包括口蹄疫O型、A型和AsiaⅠ型三价灭活疫苗，O型、A型二价灭活疫苗，口蹄疫合成肽亚单位疫苗等。牛注射疫苗后14天产生免疫力并可维持4～6个月。免疫后应进行抗体检测和免疫效果评估，抗体合格率不达标时，应及时补注疫苗。我国目前正在进行口蹄疫AsiaⅠ型的全国性净化工作，由免疫无疫向非免疫无疫过渡。此外，疫苗接种应与生物安全措施紧密结合起来，尤其注意避免人感染牛，才能收到良好的预防效果。

（2）健全生物安全体系　严格做好生物安全的相关措施，尤其要做好引种、人员、车辆和物品交流等方面的隔离和消毒、与其他敏感动物的接触控制、病死动物的无害化处理等，杜绝传染源和传播途径。同时，加强管理，增强牛只抵抗力。注意观察牛的日常健康状态，对采食、活动等行为以及口腔及舌部健康状况进行日常观察，及时发现病症，尽早采取控制措施。

二、牛流行热

（一）诊断要点

1. 病原及流行特点

由牛流行热病毒引起，又称三日热或暂时热，我国农业农村部将其定为三类动物疫病。主要侵害黄牛和奶牛。多发于蚊蝇活动频繁的季节（6—9月）。

2. 临床症状及病理变化

病牛突然高热（40℃以上），一般维持2～3天；流泪，眼睑和结膜充血、水肿；呼吸急促，发出哼哼声，流鼻液；食欲废绝，反刍停止，多量流涎，粪干或下痢；四肢关节肿痛，呆立不动，呈现跛行；孕牛可流产；奶牛泌乳量下降或停止。发病率高，病死率低，常取良性经过，2～3天即可恢复正常。

部检可见上呼吸道黏膜充血、水肿和点状出血；间质性肺气肿以及肺充血、肺水淋巴结充血、肿胀、出血；真胃、小肠和盲肠黏膜肿胀、充血或出血。

3. 确诊

可于发热初期采血进行病毒分离鉴定；或采取发热初期和恢复期血清进行中和试验、补体结合试验测定抗体效价变化情况。

（二）防控

1. 治疗

无特效治疗药物，病牛应立即隔离并进行对症治疗，以缓解呼吸困难和关节疼痛，减少肺气肿和水肿造成的心肺循环压力、防止继发感染等。高热时解热镇痛，可肌内注射复方氨基比林注射液 20～40 毫升，或 30% 安乃近注射液 20～30 毫升。重症病例给予大剂量的抗生素，如青霉素、链霉素等控制继发感染；并用 5% 糖盐水 2 000～3 000 毫升，加维生素 C 2～4 克，5% 碳酸氢钠溶液 500～1 000 毫升，静脉注射；10% 安钠咖注射液 2～5 克，10% 安钠咖注射液 2～5 克，维生素 B_1 注射液，一次量 100～500 毫克，肌内注射。2 次/天。四肢关节疼痛，可静脉注射水杨酸钠溶液。强心利尿排毒，可用缓解气喘和呼吸困难；尼可刹米注射液 10～20 毫升，肌内注射。对卧地不起和瘫痪的病牛，可静脉注射生理盐水 1 000 毫升、10% 葡萄糖酸钙注射液 500 毫升、5% 葡萄糖注射液 1 000 毫升、10% 安钠咖注射液 10 毫升，维生素 C 10 克、维生素 B_1 1.5 克。对有肠胃臌胀和消化障碍的病牛，用酵母片 50～80 片、人工盐 100～200 克、碳酸钠 20～50 克、大黄末 20～60 克，加水 1 000 毫升灌服。

2. 预防

（1）免疫接种　对牛群计划接种疫苗是本病疫区预防该病发生的有效措施、在昆虫滋生季节前进行。推荐免疫程序：12 月龄以上成年牛，颈部皮下接种牛流行热灭活疫苗 4 毫升/头，隔 21 天进行第二次接种，方法、剂量同前；12 月龄以内的犊牛，进行 3 次免疫，即在正常的第 2 次免疫后 2～3 个月再进行 1 次加强免疫，每次免疫剂量均为 3 毫升/头。具体操作应按产品说明书使用。

（2）加强饲养管理　改善饲养条件、加强夏秋炎热季节的防暑降温管理，减少应激反应。加强环境卫生，消灭吸血昆虫。定期清理牛舍周围的杂草污物，保持牛舍及其周围环境的清洁；在吸血昆虫活动期，在牛舍、周围场地、下水道等定期用高效安全的杀虫剂、避虫剂、防虫网或使用生物发酵法等驱除昆虫。

（3）建立隔离和消毒制度　在该病多发季节，特别要加强隔离消毒工作，严禁外来人员进入牛舍，饲养员不要串场串户。每天认真观察牛群动态和牛个体健康状况，及早发现病牛。一旦发现疫情，要及时隔离病牛并进行治疗，限制向未发病地区（地域）转移牛只，增加对牛舍、运动场及周围环境的消毒频率。病死牛要进行无害化处理。

三、牛病毒性腹泻

（一）诊断要点

1. 病原及流行特点

由牛病毒性腹泻病毒引起，我国农业农村部将其定为三类动物疫病。不同品种、性别、年龄的牛均易感，多见于6～8月龄犊牛。常发生于冬、春季节，在老疫区以隐性感染和慢性病例为主，在新疫区传染迅速，突然发病，发病率和病死率变动较大。

2. 临床症状及病理变化

病牛体温升高（40～42℃），鼻、眼有浆液性分泌物，口流涎，呼吸有臭味；腹泻，带有胶冻样黏液和血液；跛行；孕牛发生流产，或产下先天性缺陷的犊牛，因小脑发育不全而呈现共济失调或盲目运动。

剖检，见鼻镜、齿龈、上腭、舌面、颊部黏膜糜烂，食道黏膜糜烂呈线形排列，胃黏膜糜烂、水肿，肠黏膜水肿、增厚，集合淋巴结肿胀、出血，小肠黏膜特别是空肠、回肠黏膜肿胀、出血、溃疡、坏死，黏膜脱落。蹄冠和趾间糜烂、溃疡。运动失调的犊牛出现小脑发育不全和两侧脑室积水。

（二）防控

1. 治疗

病牛及时隔离或急宰，对同群牛和可疑牛进行反复检疫，及时发现带毒牛；对持续感染牛应坚决淘汰。要严格消毒，并限制牛群活动，以防扩大传染。对病牛进行对症治疗（止泻、补液），防止继发感染。

2. 预防

引进种牛、种羊时，必须严格检疫，防止引进带毒牛、羊。流行区的牛可用黏膜病弱毒疫苗或猪瘟弱毒疫苗进行预防接种。

四、牛传染性鼻气管炎

（一）诊断要点

1. 病原及流行特点

由传染性鼻气管炎病毒引起，又称传染性脓疱外阴阴道炎，农业农村部将其定为二类动物疫病。各年龄、品种的牛均可感染发病，肉牛比奶牛易感，其中以20～60日龄牛最易感。主要在秋、冬季节流行，舍饲和密集饲养可促进本病的传播。

2. 临床症状及病理变化

呼吸道型表现高热，精神极度沉郁，拒食，鼻腔有大量黏液或脓性分泌物，鼻镜发红，眼流泪，咳嗽，呼吸高度困难。生殖道型出现尿频，从阴道流黏液脓性分泌物，外阴部肿胀，有散在多量的脓疱颗粒；公牛龟头、包皮、阴茎上发生脓疱，包皮肿胀及水肿。流产型主要以母牛流产为特征。脑膜脑炎型主要发生于犊牛，病初流涕流泪、呼吸困难，之后共济失调，沉郁、兴奋、惊厥，口吐白沫，倒地抽搐，角弓反张。肠炎型多见于犊牛，表现呼吸道症状，出现腹泻，排血便。结膜角膜型轻者结膜充血、眼睑水肿、流泪，重者表现为结膜出现灰色假膜，呈颗粒状外观，角膜呈云雾状，流黏脓性眼泪。

剖检，见鼻腔、咽喉、气管黏膜严重充血、肿胀，有浅溃疡，被覆黏脓性腐臭的渗出物，肺有成片的化脓灶；真胃黏膜充血、肿胀、有溃疡，大、小肠黏膜充血、肿胀、有黏液；流产胎儿皮下水肿，肝、脾有局灶性坏死。

（二）防控

1. 治疗

发病时，立即隔离、封锁，对孕牛以外的牛紧急接种弱毒疫苗，老疫区只对5～7月龄犊牛接种疫苗。病牛辅以抗生素或抗菌药物，防止继发感染。

2. 预防

引种时，隔离检疫3周，种公牛采精检疫，以确保健康；在无病区搞好一般性防疫措施，在疫区和受威胁区要用疫苗接种预防。

五、牛结节性皮肤病

牛结节性皮肤病又称牛结节疹、牛结节性皮炎或牛疙瘩皮肤病，2019年8月，我国首次在新疆伊犁哈萨克州确诊发生牛结节性皮肤病。临床表现为发热、皮肤（黏膜、器官）表面广泛性结节、消瘦、淋巴结肿大、皮肤水肿、奶牛产奶量急剧下降，甚至引发死亡。

（一）诊断要点

1. 病原及流行特点

病原为牛结节性皮肤病病毒，抵抗力强，耐受外界条件影响，在结痂里至少存活3个月以上，在未清洁、遮光的牛舍内存活数月；对热敏感，紫外线可以杀死该病毒。传染源主要为感染牛结节性皮肤病的牛。感染牛和发病牛的皮肤结节、唾液、精液等含有病毒。以吸血昆虫（蚊、蝇、蠓、虻、蜱）的机械传播为主，其次是直接接触传播或者医源性传播。可感染所有牛，黄牛、奶牛、水牛等易感，无年龄差异。

2. 临床症状及病理变化

《OIE陆生动物卫生法典》规定，其潜伏期为28天。在实验室条件下，潜伏期是4～14天，但是在野外条件下，自然感染动物的潜伏期可长达35天。发病率5%～45%，与牛的饲养条件、牛品种关系非常大，死亡率一般低于10%。感染发病牛愈后最终会把病毒清除，没有病毒携带者情况。

临床症状病程分为急性型、亚急性型2种，其中急性型临床症状比较明显，主要是肩胛下淋巴结或股前淋巴结肿大，体温升高至40.5℃以上，全身被结节覆盖，泌乳牛产奶量急剧下降，发热持续 1～2 周，流眼泪、流鼻涕，伴随病程深入，鼻腔分泌物会变成脓性、黏性。剖检，消化道和呼吸道表面有病灶，常见后遗症是肺炎。

3. 确诊

采集全血分离血清进行抗体检测，或采集皮肤结痂、口鼻拭子、抗凝血等进行病原检测。病毒核酸检测可采用 qPCR、PCR 等方法。病毒分离鉴定可采用细胞分离培养病毒、动物回归试验等方法。

（二）防控

该病在我国为外来病，首次传入我国。目前除暴发地点新疆伊犁外，尚未发现其他地区有确诊病例。我国农业农村部暂时将其确定为二类病和二类病原，对病牛采取扑杀和无害化处理措施，不予治疗。

养殖场（户）、兽医从业人员等都应高度重视该病防控工作，严格检疫监管，强化媒介控制，提升管理水平，做好被动监测，持续开展宣传工作，发现可疑病例要及时报告当地畜牧兽医机构，并隔离、限制牛只移动，防止疫病传播扩散。

疫苗免疫是防控该病传播最主要措施。省级农业农村部门可根据辖区内动物疫病流行情况，对牛结节性皮肤病实施强制免疫。目前已经有商品化的弱毒疫苗，如 Neethling 毒株，可产生良好保护，但产生短期副反应。异源性疫苗（如山羊痘和绵羊痘疫苗）发生副反应报道较少。

六、牛传染性角膜结膜炎

（一）诊断要点

1. 病原及流行特点

主要是由牛莫拉菌（又名牛嗜血杆菌）引起，俗称"红眼病"。多发于炎热潮湿的夏秋季节，传播迅速，呈地方流行性。

2. 临床症状及病理变化

病初多为单眼，然后发展为双眼。病初畏光，大量流泪，眼睑肿胀，其后角膜凸起，巩膜充血，瞬膜红肿，角膜上出现白色或灰色小点。严重者，角膜增厚，发生溃疡，形成痕，有时眼前房积脓或角膜破裂，晶状体脱落。一般无全身症状，可自愈，但往往失明。

3. 鉴别诊断

应与传染性鼻气管炎和恶性卡他热等鉴别。

（二）防控

1. 治疗

清洗眼部　常用浓度为 2%～4% 的硼酸溶液，待拭干之后，可在结膜囊内滴入浓度为 3%～5% 的弱蛋白银溶液，每日 2～3 次。也可将 80 万单位（或 160 万单位）的青霉素用生理盐水稀释，与地塞米松的配比为 5∶1，之后清洗。注意要控制地塞米松的用量，一般采用 1 毫升地塞米松，将青霉素稀释至 5 毫升，每只患眼用 2.5 毫升，每天 1 次，4 天为 1 个疗程。

如临床发现病牛有角膜混浊或角膜翳时，可涂抹 1%～2% 黄降汞软膏。

中药可用硼砂 6 克、白矾 6 克、荆芥 6 克、防风 6 克、郁金 3 克，水煎后去渣，用温液洗眼、每日 1 次至康复。

2. 预防

（1）检疫　在引进种牛过程中，避免带菌牛混入牛群。切勿从疫区引进牛、饲料及动物产品。引进的牛要隔离观察 3～7 天，严格消毒圈舍、器具，观察无病的方可入群。

（2）卫生消毒　坚持每天清扫圈舍，定期消毒，营造良好的养殖环境。消灭蚊虫，尤其是消灭各种吸血昆虫。加强环境护理，避免牛只接受强光刺激。

（3）加强免疫　国外有研究使用具有菌毛和血凝性的菌株研制的多价疫苗用于疾病防治，效果较好。在正常情况下，用于犊牛免疫注射，30 天后可产生很好的免疫效力。

（4）及时隔离　在日常饲养管理过程中，一旦有疑似病症出现，立即进行隔离治疗。发病区域立即划定为疫区，严禁疫区牛只随意出入。被污染区域立即进行全面、彻底、严格的消毒处理。病牛要早诊断、早治疗，避免强烈阳光刺激。

七、牛炭疽

（一）诊断要点

1. 病原及流行特点

由炭疽杆菌引起，属多种动物共患的二类动物疫病。呈地方性流行或散发，且以夏季多发。

2. 临床症状及病理变化

最急性型多见于流行初期，突然发病，行走摇摆，全身颤抖，呼吸困难，体温升高，眼结膜发紫，天然孔流血，猛然倒地，几小时死亡。

急性型最为常见，体温升高达 42℃ 左右，呼吸急促，心跳加快，眼结膜发紫，腹围膨胀，有的兴奋不安，哞叫，天然孔流血，后期精神高度沉郁、体温下降、痉挛而死，病程 1～2 天。

亚急性型症状类似急性型，病情较轻，病程较长，常于颈、胸、腰、直肠、外阴部水肿或发生炭疽痈，颈部水肿波及咽喉时，加重呼吸困难，病程 3～5 天。

疑似和确诊病例一般禁止解剖检查，可耳尖采血涂片、染色镜检，或从尸体左侧最后一根肋骨后侧小心切开取小块脾脏涂片、染色镜检，可见带有荚膜的单个、成双

或短链的粗大杆菌。必要时可在防止病菌散布条件下进行剖检，可见尸体迅速腐败、膨胀、尸僵不全，血液煤焦油样、凝固不良，皮下及浆膜下有出血性胶样浸润，脾脏显著肿大，松软青紫色。

（二）防控

1. 治疗

急性病例往往来不及治疗即死亡。病程稍长的病例，立即隔离进行治疗。青霉素肌内注射，4次/天，连用3天，也可配合静脉注射抗炭疽血清；链霉素肌内注射，2～3次/天。同时与青霉素、磺胺类药、抗血清配合使用，效果更好。此外，也可用尼考（甲砜素）、土霉素、四环素等治疗。

治疗痈型炭疽时，除静脉注射抗炭疽血清外，同时在肿胀部位给予分点注射，但不可对肿胀部位切开或乱刺。

2. 预防

禁止从疫区购买饲料，并注意牧场和水源的安全。常发生炭疽或二三年内曾发生过炭疽的地区，对全区所有易感动物每年进行炭疽疫苗预防注射。发生炭疽地区的健康动物应先用青霉素或抗炭疽血清预防，7天后接种炭疽疫苗；受威胁区的健康动物则只接种炭疽疫苗。

八、牛气肿疽

（一）诊断要点

1. 病原及流行特点

由气肿疽梭菌引起。多见于2岁以下的小黄牛，炎热潮湿季节多发，常呈地方流行性。

2. 临床症状及病理变化

突然发病，体温升高（41～42℃），食欲废绝、反刍停止，出现跛行。不久在腰、荐、肩等肌肉丰满部出现炎性气性水肿，并迅速向四周扩散；肿胀部初有热痛、后变冷行性，无痛；肿胀部皮肤干燥，呈暗红色或黑色，压之有捻发音，叩诊呈鼓音；肿胀破溃或切开后，流出污红色带泡沫的酸臭液体。呼吸困难，脉搏细弱。

切开肿胀部位，可见肌肉内有暗红色坏死，有小空隙，切面呈海绵状，有酸味；肝、肾暗黑色，有大小不等的坏死灶；淋巴结充血、水肿或出血。

3. 确诊

取肿胀部位肌肉、水肿液涂片或肝脏表面压片，染色镜检，可见单个或两个连在一起的无荚膜、有芽孢的气肿疽梭菌。

（二）防控

1. 治疗

早期大剂量使用抗菌药物，如青霉素肌内注射，4次/天，或10%磺胺嘧啶钠溶液脉注射，2次/天。必要时配合强心解毒疗法。

早期可在局部肿胀的周围分点注射0.25%普鲁卡因青霉素；如出现组织坏死，应进行外科手术切除，并用2%高锰酸钾或3%双氧水冲洗。

2. 预防

对疫区及受威胁区，每年春天给牛接种气肿疽菌苗，小牛长到6个月时再加强免疫1次。非疫区发病时，立即对全群进行检疫，健康牛注射疫苗并转移牧场；假定健康牛隔离观察，1周后再注射疫苗；病牛和可疑牛就地隔离治疗。

九、犊牛大肠杆菌病

（一）诊断要点

1. 病原及流行特点

由致病性大肠杆菌引起。多发于10日龄以内的犊牛，冬、春季节多发。气候骤变、阴冷潮湿、饲料和饲养条件变更、卫生不良、母乳过浓或不足，均可促进本病的发生与传播。

2. 临床症状及病理变化

败血型发生于2～3日龄的犊牛，呈急性经过，发热、沉郁，间有腹泻，迅速死亡；肠毒血型常突然死亡，但有的表现先兴奋，后沉郁甚至昏迷，腹泻；白痢型多发于1～2周龄的犊牛，初排黄色粥样稀便，后呈水样、灰白色，混有乳块、泡沫或血丝，恶臭，病末期肛门失禁，常腹痛，可继发肺炎和关节炎。

急性死亡的病犊剖检无明显病变。白痢型死亡者，见真胃内有凝乳块，黏膜充血、水肿、有出血点；小肠黏膜充血、出血及部分黏膜脱落，腔内有血液和气泡，肠系淋巴结肿大，切面多汁；心内膜出血；肝、肾苍白，有出血点；胆囊内充满黏暗绿的胆汁，病程长者，可见肺炎及关节炎的变化。

（二）防控

1. 治疗

大肠杆菌病的治疗主要采用抗菌治疗配合其他对症治疗，如适时止泻、强心补液和调整、改善胃肠功能。

（1）抗生素治疗　常用的药物有以下4种，为了在生产实际中更为有效地防治大肠杆菌病，建议尽可能先做药敏试验，然后有针对性地进行用药。

庆大霉素 1～1.5 毫克/千克体重，肌内注射，每日 2 次；磺胺甲基嘧啶 0.08～0.2 克/千克体重，口服，每日 2 次。或用链霉素 10 毫克/千克体重，肌内注射，每日 2 次。或用磺胺脒 0.1～0.3 克/千克体重，肌内注射，每日 2 次。

（2）补液 补液的剂量依据脱水的程度来定，若有食欲或能自吮，可以口服补液盐，不能自吮时静脉注射补液。口服补液盐的配方为氯化钠 3.5 克、氯化钾 1.5 克、碳酸氢钠 2.5 克、葡萄糖 20 克，加水 1 000 毫升，也可以购买商品补液盐，配成水溶液，全天自由饮用以防脱水。

病犊不能自食时可用 5% 糖盐水或复方氯化钠液 1 000～1 500 毫升，静脉注射。发生酸中毒时，可用 5% 碳酸氢钠注射液 80～100 毫升缓慢静脉注射。

（3）调整肠胃功能 用乳酸 2 克、鱼石脂 20 克，加水 90 毫升调匀，每次灌服 5 毫升，每日 2～3 次。也可口服保护剂和吸附剂，如次硝酸铋 5～10 克、白陶土 50～100 克、活性炭 10～20 克等，以保护肠黏膜，减少毒素吸收，促进早日康复。

（4）调整肠道微生态平衡 病情有所好转时，可停止应用抗菌药物，口服调整肠道微生态平衡的生态制剂。如促菌生 6～12 片，配合乳酶生 5～10 片，每日 2 次；或健复生 1～2 包，每日 2 次；或其他乳杆菌制剂。

2. 预防

保证牛舍和牛体的卫生，搞好产房的卫生和消毒；让犊牛尽早吃上初乳，防止接触粪便；断奶期避免突然改变饲料，要逐渐过渡。母牛怀孕期间要给予足够的营养，产前 1 个月时注射相应血清型的大肠杆菌菌苗，以提高初乳中特异性抗体的含量。保证水质清净，可让犊牛自由饮用 0.1%～0.5% 的高锰酸钾水。若发现牛患病，须及时隔离，地面和垫草用生石灰全面消毒，对患病犊牛及时进行有效治疗。

十、牛沙门氏菌病

牛沙门氏菌病俗称犊牛副伤寒，是由沙门氏菌属菌引起的一种临床上以败血症和肠炎为主要特征的传染病，主要侵害幼龄犊牛，有的可引起妊娠牛发生流产。

（一）诊断要点

1. 病原及流行特点

由鼠伤寒沙门氏菌和都柏林沙门氏菌引起。多见于 10～30 日龄犊牛，呈流行性，未喂初乳、乳汁不良、断奶过早、寒冷潮湿、寄生虫侵袭可诱发本病。

2. 临床症状及病理变化

病初体温升高（40～41℃），排黄色稀便，继而混有黏液、带血或纤维素性絮片；腹痛，脱水而死亡；未死亡者可能发生关节炎或支气管肺炎；成年牛多呈隐性感染，少数下痢、腹痛；孕牛可发生流产。

剖检，可见胃肠黏膜、浆膜出血斑，肠系膜淋巴结水肿、出血；脾肿大，质地坚硬如橡皮样，有散在坏死灶；肝脏有小坏死点；胆囊壁增厚；关节、腱鞘有胶样浸润。

（二）防控

1. 治疗

首选药物为氟苯尼考20毫克/千克体重，口服，4次/天，或剂量减半肌内注射；或庆大霉素1～1.5毫克/千克体重，肌内注射，每2次；或磺胺甲基嘧啶0.08～0.2克/千克体重，口服，每日2次；或链霉素10毫克/千克体重，肌内注射，每日2次；或磺胺脒0.1～0.3克/千克体重，肌内注射，每日2次。

在应用上述药物治疗的同时，可用药物配合调整肠胃功能。对流产母牛，还需用0.5%高锰酸钾溶液冲洗阴道和子宫。伴发子宫内膜炎时，可用长效土霉素子宫灌注。

对重症牛可配合中药治疗，采用黄连解毒汤加减白头翁汤。

2. 预防

（1）免疫接种　定期进行免疫接种，如肌内注射牛副伤寒氢氧化铝菌苗，1岁以下每次1～2毫升，2岁以上每次2～5毫升。

（2）加强饲养管理　加强母牛及犊牛的饲养管理，消除各种致病诱因。及时清扫牛舍，彻底清除舍内污物及粪便，定期组织消毒，破坏细菌滋生的外部条件。定期检查饮水及所用饲料质量状况，保证食源洁净卫生。

（3）及时饲喂初乳　保证犊牛尽早吃上初乳，尽快获得母源抗体，抵御疾病侵袭。

（4）加强检疫　加强疾病检疫工作，及时检出患病牛及带菌牛。根据疫病检疫结果，对有治疗价值的病牛，应进行隔离治疗。病重牛可予以淘汰，病死牛应进行无害化处理，深埋或焚烧，不能食用。

十一、布鲁氏菌病

布鲁氏菌病简称"布病"。是由布鲁氏菌引起的一种急性或慢性、多种动物共患的人兽共患传染病，在我国属二类传染病和优先控制净化病种。临床上以流产和发热为主要特征，主要影响家畜的生殖系统，致生殖器官和胎膜发炎，引起流产、不孕不育、关节炎、睾丸炎和各种组织的局部病灶。

（一）诊断要点

1. 病原及流行特点

由布鲁氏菌引起。多发于成年牛，犊牛有一定抵抗力。

2. 临床症状及病理变化

妊娠母牛主要表现流产，且多发生于妊娠6～8个月，流产前可发生阴道炎、排出污红色黏液，流产后多伴发胎衣不下或子宫内膜炎；流产胎儿多为死胎，若为活胎，则体质虚弱，行动不便，不久死亡；公牛常见睾丸炎、附睾炎。此外，也可见乳房炎、关节炎和滑液囊炎。

剖检，可见胎盘呈淡黄色胶样浸润，表面有豆腐渣样絮状物和脓汁；胎儿真胃中有黄色或白色絮状黏液，胸、腹腔积液，脾、淋巴结肿大、坏死；公牛精囊、睾丸、附睾可见坏死、化脓灶；关节肿胀，内有积液。

3. 确诊

取母牛阴道分泌物、胎衣、羊水，最好是胎儿胃内容物涂片，柯兹洛夫斯基（沙黄-孔雀绿）染色，镜检可见红色的球杆菌；也可取可疑牛的血清作凝集试验、补体结合反应及全乳环状试验等进行确诊。

（二）防控

2022年12月29日，中国动物疫病预防控制中心、中国疾病预防控制中心联合下发《布鲁氏菌病防控技术要点（第一版）》，从加强饲养卫生管理、规范免疫措施、畜间布病监测、畜间疫情报告和处置、开展布病净化和无疫建设、及时清理和消毒、严格报检和检疫、加强生物安全管理、做好人员防护、强化宣传教育、人间布病监测、人间布病疫情调查和处置、联防联控等13个方面，指导牛羊（牦牛、骆驼等易感动物）养殖等从业人员、基层动物防疫和疾控人员布病防控工作。

1. 规范免疫措施

《布鲁氏菌病防控技术要点（第一版）》对牛布鲁氏菌病的免疫及免疫程序，可选用布鲁氏菌基因缺失活疫苗（A19-ΔVirB12株）或布鲁氏菌活疫苗（A19株）对3~8月龄牛进行免疫，皮下注射，必要时可在12~13月龄（即第1次配种前1个月）再低剂量接种1次；以后可根据牛群布病流行情况决定是否再进行接种。不可用于孕畜。

对羊的免疫，布鲁氏菌活疫苗（S2株）推荐皮下或肌内注射免疫，口服（灌服）免疫也可，不推荐饮水免疫。口服（灌服）免疫可用于孕畜（包括牛），注射免疫不能用于孕畜（包括牛），小尾寒羊、湖羊等四季配种产羔的羊种慎用。每年对3~4月龄健康羔羊实施免疫，以后每年可视免疫效果加强免疫1次。对于调入调出羊只频繁的育肥场（户）、阳性率较高的自繁自养场（户）剔除阳性家畜后，可每年春季或秋季对所有存栏羊只实施整群免疫。布鲁氏菌基因缺失活疫苗（M5-90Δ26株）或布鲁氏菌活疫苗（M5株），用于3月龄以上的羊免疫，母羊可在配种前2~3个月期间接种，腿部或颈部皮下注射。以后每年接种1次。不可用于孕畜。

2. 畜间布病监测

动物疫病预防控制机构按照《国家动物疫病监测与流行病学调查计划》要求，规范开展家畜布病监测。对于免疫群，需要记录背景信息（包括动物种类、年龄、免疫时间、免疫途径、疫苗名称、疫苗厂家、调运情况等），牛免疫A19疫苗12个月后、羊免疫 S2 疫苗 6 个月后，可按监测要求进行疫病监测。对非免疫群，对大于 2 岁的所有牛群和大于 6 月龄的所有羊群，可按监测要求进行疫病监测。

同时，养殖场（户）要严格落实动物防疫主体责任，做好日常巡查，积极配合当地动物疫病预防控制机构做好布病监测工作。有条件的场户，可自行或委托兽医社会化服务组织对本场开展布病监测。

3. 畜间疫情报告和处置

规模养殖场（户）制订布病疫情报告和应急处置预案，当发生疑似病例时，根据规定向所在地农业农村主管部门或动物疫病预防控制机构报告。散养户发现流产等疑似病例时，及时报告村级防疫员或乡镇动物防疫人员，由其向当地动物疫病预防控制机构报告，或直接报告当地动物疫病预防控制机构。

接到报告后，相关机构应及时派专业技术人员到现场进行诊断和流行病学调查。确认畜间布病疫情的，按《布鲁氏菌病防治技术规范》要求严格处置，扑杀患病动物。开展流行病学调查，隔离饲养同群畜和有流行病学关联的畜群，加强临床排查，必要时开展应急监测。连续 2 次间隔 30 天检测为阴性的，解除隔离。

在养殖场生产区域下风口用 2 道栅栏或实体围墙隔离，设置阳性动物隔离区，与健康牛羊舍保持至少 5 米距离。隔离区内工作人员、车辆、用具等要相对固定，进出口设置专门消毒设施，对进出的人员和车辆等进行严格消毒。奶畜隔离区配备专门的挤奶设备和全密封巴氏高温杀菌设备，分区挤奶并对阳性动物产的鲜奶进行巴氏高温杀菌。

按照病死及病害动物无害化处理相关技术规范要求，或按照地方兽医管理部门规定，对病死、扑杀牛羊进行无害化处理，对日常检疫中发现的患病牛羊及其流产胎儿、胎衣、排泄物、乳、乳制品等进行严格彻底地无害化处理，对患病动物污染的场所、用具、物品严格进行消毒。由无害化处理公司统一处理的，一律收集后交由其进行处理；无统一处理条件的，设立专门的无害化处理池。污染的饲料、垫料和阳性动物粪便等，可采取深埋发酵或焚烧的方式无害化处理。

对阳性动物污染的牛羊舍、运动场、挤奶厅、运输设备、用具、物品等，要每天至少 2 次严格消毒，持续 2 周以上。阳性动物隔离区每天至少全面彻底消毒 2 次，直到隔离的阳性动物全部处置完毕为止。牛羊产后要对产房进行全面彻底消毒，对流产物污染的地方进行严格彻底消毒。

4. 开展布病净化和无疫建设

（1）开展布病场群净化和无疫建设　牛羊养殖场依据《动物疫病净化场评估技术规范》《无布鲁氏菌病小区标准》等技术指导文件，在各级动物疫病预防控制机构和相关机构的指导和帮助下，针对本场布病本底调查情况，并考虑自身条件和本场实际，"一场一册"制订相应净化或无疫小区建设方案。建立完善的防疫和生产管理等制度，优化生产结构和建筑设计布局，构建可靠的生物安全防护体系。采取严格的生

物安全措施，加强人流、物流管控，实行"自繁自养"生产模式，降低疫病水平传播风险。强化对引入种用动物和本场留种动物监测，降低疫病垂直传播风险。持续开展病原学监测和感染抗体监测，通过淘汰带菌动物、分群饲养等方法建立健康动物群，以布病阴性的生产核心群为基础，逐步扩大健康群，最终实现全场净化和无疫。

（2）开展布病区域净化和无疫建设 有条件的地区，可集中连片推进布病场群净化或无疫小区建设，以点带面，积极推广疫病监测、风险评估、分级防控、调运监管、生物安全管理等布病区域净化技术，在区域内开展本底调查和风险评估，制订实施监测净化或无疫建设方案，建立区域生物安全综合防控体系，强化家畜流动监管措施，统筹规模场和散养户，统筹畜间防控和人间防控，推进区域内养殖、运输、屠宰全链条防控，全方位强化区域内布病系统治理水平，实现区域布病净化和无疫。

十二、牛结核病

（一）诊断要点

1. 病原及流行特点

由牛分枝杆菌引起。以牛（特别是奶牛）最易感，多为散发，厩舍拥挤、卫生不良营养不足等均可诱使本病的发生与传播。

2. 临床症状及病理变化

由于牛分枝杆菌侵害部位不同，症状表现也有差异。肺结核以长期顽固的干咳为特点，清晨咳嗽明显、食欲正常、渐进性消瘦；乳房结核一般以乳房上淋巴结肿大、乳房出现局限性的或弥漫性的硬结为特点，硬结无热无痛，凸凹不平，泌乳量下降、乳汁变稀，严重者泌乳停止；肠结核以消瘦和持续性下痢或便秘下痢交替发生为特点，粪便中常带血、带脓汁、味腥臭；此外，牛分枝杆菌还可侵害其他器官而发生，如睾丸结核、子宫结核、脑结核、淋巴结核等。

剖检，可见肺、乳房、淋巴结、肠、脑等部位有小米粒大至鸡蛋大，灰白色或黄白色坚实干硬的结节，胸膜和腹膜有串状结节。

3. 确诊

采取病灶组织涂片、抗酸染色，镜检可见红色杆菌；也可用结核菌素作变态反应检查。

（二）防控

国家规定牛结核病采用"检疫—扑杀"策略进行控制和净化。具体包括定期检疫、扑杀阳性牛、消毒和移动控制等措施。

1. 定期检疫

牛结核一般在春、秋季进行两次检疫。具体检疫频率与流行率高低、控制和净化目标等因素有关。

根据牛结核病净化过程可将牛群分为 6 个阶段，即感染群、控制群、暂时清洁群、确定无疫群、认证无疫群、维持无疫群。犊牛 6 周龄以上就可以进行检测。感染群每 3～4 个月检疫 1 次，淘汰阳性牛。当获得一次全群阴性后，牛群即成为控制群，可将检测间隔延长至 6 个月，及时淘汰阳性牛。当 2 次全群阴性后，牛群成为确定清洁群，检测间隔延长至 6～12 个月。当第 3 次全群阴性时，达到确定无疫群阶段。认证抽检阴性，达到认证无疫群阶段。此后在保证生物安全和全群阴性条件下，检测间隔时间可进一步延长，确保维持无疫状态。

2. 严格引种

牛场进牛时，要严格进行隔离、检疫。引入牛隔离，间隔 30 天以上检疫 2 次，2 次全为阴性时确认无牛结核病，可进行混群饲养。在牛繁殖方面，要选用来源可靠、品质优良、无结核病牛群的精液或胚胎，避免输入性牛结核病的发生。

3. 严格隔离、消毒

对于阳性牛群要严格隔离，及时扑杀。结核病病牛要按规定进行无害化处理，防止疫情扩散。牛舍设计应符合环境卫生学要求；要做好消毒工作，每季度要进行大消毒，消毒液可用 10% 漂白粉溶液、3% 中性甲醛溶液和 3%～5% 来苏尔溶液。

十三、牛放线菌病

（一）诊断要点

1. 病原及流行特点

由多种放线菌引起。以 2～5 岁的牛易感。一般呈散发。

2. 临床症状及病理变化

病菌侵害颌骨时，上下颌骨肿大，界限明显，引起咀嚼、吞咽困难；侵害舌肌时，舌组织肿胀变硬、不灵活，流涎，咀嚼困难；侵害乳房时，出现硬块或整个乳房肿大、变形，排出黏稠、混有脓的乳汁；侵害肺脏时，多形成慢性肉芽肿。病程缓慢者皮肤破溃形成经久不愈的瘘管。

脓液呈乳黄色，其中有坚硬光滑的、黄白色的细小菌块，似硫黄样粒；肉芽肿呈圆形、隆起、黄褐色、蘑菇状，表面偶见溃疡。受损骨骼骨体肥大，骨质疏松。

3. 确诊

取脓汁中的"硫黄颗粒"，压片镜检，或取病变组织做成切片镜检即可确诊。

（二）防控

1. 治疗

硬结小者，在硬结周围注射一定量的青霉素和链霉素；硬结大者，外科手术切除，

若有瘘管形成要连同瘘管彻底摘除，创内撒布等量混合的碘仿和磺胺粉，然后缝合，创围注射10%碘仿醚或2%鲁戈尔氏液，同时内服碘化钾，成年牛5～10克/天，犊牛2～4克/天，连用2～4周；重症者，可静脉注射10%碘化钠，每次50～100毫升，每2天1次，共3～5次；若出现中毒现象，停用药5～6天。

骨骼受侵害时，由于骨质改变，难以治愈。

2. 预防

该病一般是从损伤的口腔黏膜侵入组织而致病的。预防该病发生，应注意清除饲料中的金属异物和硬的谷物芒刺等。舍饲时最好将干草、谷糠等饲草浸软后再饲喂，避免刺伤口腔黏膜。还要防止皮肤、黏膜发生损伤，如有伤口，应及时处置。发现病牛要立即隔离治疗，并对污染的用具进行消毒。此外，还应避免在低洼湿地放牧。

十四、钱癣

（一）诊断要点

1. 病原及流行特点

由皮肤真菌引起。冬季舍饲牛易发，幼龄牛比成年牛易感。潮湿、污秽、阴暗有利于该病在牛群中的传播。

2. 临床症状

在头、颈、肛门等处出现癣斑，初期见有豆粒大小的结节，逐渐向四周呈环状蔓延，呈现界限明显的秃毛圆斑，如古钱币。癣斑上被覆灰白色或黄色鳞屑，有时保留一些残毛。患牛瘙痒不安，日渐消瘦。

3. 确诊

在病、健交界处刮取一些毛根或少许鳞屑，放在载玻片上，加几滴10%氢氧化钠。在弱火焰上微热，待其软化透明后，覆以盖玻片，进行显微镜检查，可见菌丝及孢子。

（二）防控

1. 治疗

发现病牛后，进行全群检查，及时隔离病牛并治疗。局部剪毛，用5%克辽林洗去痂皮，涂擦10%碘酒，或10%水杨酸酒精，或5%～10%硫酸铜溶液等，初期1次/天，以后每2～3天1次，直至痊愈为止。

2. 预防

搞好牛体清洁卫生，经常刷洗被毛，对厩舍、用具经常性消毒，厩舍保持干燥和通风。

第四节 羊常见传染病防控

一、小反刍兽疫

(一) 诊断要点

1. 病原及流行特点

由小反刍兽疫病毒引起，我国农业农村部将其列为一类动物疫病。山羊、绵羊等小反刍动物易感，其中3～8月龄的山羊最易感；以多雨季节和干燥寒冷季节多发。

2. 临床症状及病理变化

患病动物多呈急性经过，体温升高达41℃以上，持续3～5天。初期精神沉郁，食欲减退，鼻镜干燥，流黏液脓性鼻液，呼出气体恶臭；口腔黏膜充血、溃疡、坏死，大量流涎。后期出现带血水样腹泻，严重脱水，消瘦；咳嗽、胸部听诊啰音、腹式呼吸。死前体温下降。幼年动物发病率和病死率都很高。

剖检，见口腔和鼻腔黏膜糜烂、坏死；鼻甲、喉、气管等处有出血斑；肺脏有暗红或紫色病变区，质地坚硬；皱胃出现规则的、有轮的糜烂，其创面呈红色；肠道糜烂或出血，尤其盲肠、结肠近端和直肠出现线状充血、出血，呈斑马状条纹；淋巴结特别是肠系膜淋巴结肿大；脾脏肿大、坏死。

(二) 防控

小反刍兽疫属于一类重大动物疫病，危害极其严重，必须进行科学处理和防范。一旦发现疫情，应立即按照《中华人民共和国动物防疫法》《重大动物疫情应急管理条例》和《小反刍兽疫防治技术规范》等法律法规，及时报告和确诊疫情，按照一类动物疫情处置方法立即划定疫点、疫区进行隔离封锁，对发病和感染动物进行扑杀、销毁，防止疫情继续扩散。对该病而言，没有特效药，防治最主要的方式还是以预防为主。从控制传染源、阻断传播途径、保护易感动物等方面进行防控。

1. 控制传染源

一旦有小反刍动物被确诊为小反刍兽疫的，应立即向当地兽医主管部门、动物疫病预防控制中心报告，由当地主管部门进行处理。对染疫的动物扑杀、消毒、进行无害化处理，对疫区和受威胁地区的动物进行紧急免疫接种，严格控制一切可能的传染源，禁止任何动物和相关动物产品进出疫区。同时，要禁止从发生过小反刍兽疫的国家和地区引进小反刍动物。

2. 阻断传播途径

切断传播途径最主要的方法就是消毒，酒精、酚类消毒剂、碘类消毒剂以及碳酸钠等碱类消毒剂对防控小反刍兽疫都有很好的效果。消毒前要清除被污染的饲料、饮用水、粪便等杂物。对不同的物品、场地等消毒要采取不同的消毒方式：对羊舍、车辆及屠宰加工等场所可以用消毒液清洗喷洒等方式消毒；对一些金属设备，可以采用火焰消毒和熏蒸消毒；对人员办公、居住的场所可以采用消毒液喷洒消毒方式。

3. 保护易感动物

一旦发生该病，必要时，经农业农村部批准，可以采取免疫措施。《国家动物疫病强制免疫指导意见（2022—2025年）》中规定，对全国所有羊进行小反刍兽疫免疫。开展非免疫无疫区建设的区域，经省级农业农村部门同意后，可不实施免疫。日常对易感动物进行免疫接种时，通常在6月之前对2～6月龄的羔羊进行免疫接种。目前，最常用的是小反刍兽疫弱毒疫苗，可经颈部皮下注射，2周左右即可产生免疫抗体。也可使用小反刍兽疫活疫苗和小反刍兽疫、山羊痘二联活疫苗，按说明书使用。

4. 加强饲养管理和检疫

平时搞好场区环境卫生，定期消毒，通风良好。同时，要避免从来源不明、风险较大的动物交易市场引进山羊或绵羊；及时对动物进行免疫，尤其是新生羔羊和刚引进的羊只。此外，经常检查动物的精神状态和临床表现，一旦发生可疑情况要及时上报相关部门，切忌私自解决，以免疫情进一步扩大。

二、绵羊痘和山羊痘

（一）诊断要点

1. 病原及流行特点

由痘病毒引起，我国为二类动物疫病。绵羊以细毛羊、羔羊易感，山羊痘少发。多发于冬末春初。

2. 临床症状及病理变化

绵羊痘和山羊痘的潜伏期一般为7～14天，感染初期表现为发热，精神、食欲渐差，经2～3天，当体温升至40℃以上时，即先在体表无毛或少毛部皮肤及可视黏膜上出现痘疹，随后在全身出现散在或密集的痘疹，进而形成痘肿，分典型痘肿和非典型痘肿。

典型（全经过型）痘肿：初起时，痘肿呈圆形皮肤隆起，皮肤呈微红色，边缘整齐，进而发展为皮下湿润、水肿、水泡、化脓、结痂等系列反应，同时，痘肿的质地由软变硬，皮肤颜色也由微红色逐渐变为深红紫红，严重的可成为"血痘"。患羊一般为全身发痘，并伴有全身性反应。

非典型（不全经过型）痘肿：痘肿在发生、发展，直至消退的全过程中，皮肤无明显红色，无严重水肿以及出现水疱、化脓、结痂等系列反应，痘肿较小，质地较硬及至有的成为"石痘"。患羊无严重的全身性反应。

随病程发展，有的病羊尚可见鼻炎、眼结膜炎，失明，浅表淋巴结肿大，喜卧不起，废食，呼吸困难，肺炎和继发感染等症状。严重的体温急剧下降，随后死亡。

存活病羊，可在痘肿结痂后1~2个月，因痂皮自然脱落，而在皮肤上留下痘痕（疤）。

病羊痘肿皮肤的主要病理变化表现为一系列的炎性反应，包括细胞浸润、水肿、坏死和形成毛细血管血栓等。尸体剖检，通常可见不同程度的黏膜坏死、全身淋巴结肿大，呼吸和消化器官上有大小、多少不等的痘斑、结节或溃疡。特别是在肺脏尤为明显。在肝、肾表面，偶能见到白斑。

3. 确诊

在皮肤或可视黏膜上有明显呈散在或密集痘疹、痘肿或病理变化明显的判为病羊。精神、食欲、体态有异常，皮肤或可视黏膜上有疑似痘疹、痕（疤）的判为可疑羊。可疑羊应继续观察或做血清学试验以及电镜检查或包涵体检查才能确诊。

（二）防控

1. 治疗

（1）清疮治疗　给病羊用药物治疗皮肤上的痘疮，用0.1%高锰酸钾溶液清洗，然后涂上碘甘油、紫药水，水疱或脓疱破裂后应先用3%来苏尔洗涤后，涂上紫药水。

（2）药物治疗　用注射青霉素钾80万~240万单位，柴胡注射液10~20毫升，配合地塞米松5毫克，肌内注射，2次/天，连用3天。

2. 预防

（1）疫苗预防　定期对羊群进行免疫预防，新生羔羊可经过初乳获得被动免疫。每年定期对流行地区的健康羊注射疫苗，不论羊只大小，一律在尾根内面或股内侧皮内注射弱毒疫苗，免疫期为1年。对重症病羊应用高免血清，可减轻症状，降低死亡率。

（2）加强饲养管理　做好四季补饲，注意防寒保暖，严禁到疫区放牧，搞好圈内卫生。加强疫情监测，一旦发生疫情，及时上报，并采取强有力的措施进行封锁和扑灭，严防疫情扩散，对发病山羊及其同栏羊全部扑杀后深埋，对病死山羊尸体进行消毒后深埋。对羊舍、运动场地及时清扫，将羊粪、垫草等污物集中运往指定地点，消毒后堆积发酵，对羊栏、器具、水槽、料槽、发病羊舍、通道和周围环境消毒。对附近的羊群进行普查，对假定健康羊群实行圈养，禁止放牧，并及时接种山羊痘弱毒疫苗，严格限制羊只及其产品运出，严格实行产地检疫，复检后若为阴性，数月后解除封锁。严禁从疫区引进羊和购入羊肉、皮毛制品。从非疫区买羊也要进行检疫和隔离观察，证实无病后再合群。

三、羊传染性脓疱皮炎

（一）诊断要点

1. 病原及流行特点

由羊口疮病毒引起。羔羊、幼羊（3～6月龄）最易感，呈流行性；成年羊发病较少，多为散发。主要通过损伤的皮肤、黏膜感染。

2. 临床症状及病理变化

病羊首先在唇、口角、鼻等皮肤上出现散在的小红斑，很快形成黄豆大小的结节，继而形成水疱和脓疱，脓疱破溃形成疣状硬痂。若是良性经过，经1～2周，痂皮脱落而自愈。严重病例，患部附近继续发生丘疹、水疱、脓疱、痂垢，并相互融合，形成大面积痂垢；有时整个口唇肿大外翻呈桑葚状隆起，影响采食。有些病例危害到口腔黏膜，病羊采食、咀嚼、吞咽困难。在绵羊，通常在蹄叉、蹄冠或系部皮肤上形成水疱、脓疱，破溃后形成覆脓的溃疡。在病羔吃乳时，还可使母羊的乳房皮肤发生丘疹、脓疱、烂斑和痂垢。此外，有时在阴唇及其附近的皮肤、阴鞘和阴茎上也可发生小脓疱和溃疡。

（二）防控

1. 治疗

发现病羊立即隔离治疗，对污染的羊舍、用具用2%氢氧化钠或10%石灰乳彻底消毒。治疗时先用水杨酸软膏将痂垢软化，除垢后再用0.1%高锰酸钾溶液冲洗创面，再涂2%龙胆紫、碘甘油或抗生素软膏，1～2次/天。蹄部损伤则先将蹄部置于5%～10%福尔马林溶液中浸泡1分钟，连泡3次；或隔日用3%龙胆紫溶液、1%苦味酸或抗生素软膏涂擦患部。

2. 预防

防止外伤，不从疫区引进羊及其产品，必须购进时，应隔离检疫2～3周，彻底清洗蹄部，并进行多次消毒；在经常发病的牧场，用羊传染性脓疱皮炎活疫苗，预防羊传染性脓疱皮炎，GO-BT冻干苗免疫期为5个月，HCE冻干苗为3个月。HCE冻干苗在下唇黏膜划痕免疫；GO-BT冻干苗在口唇黏膜内注射。适用于各种年龄的绵羊、山羊，免疫剂量均为0.2毫升。对于有该病流行的羊群，均可用羊传染性脓疱皮炎活疫苗股内侧划痕免疫，剂量为0.2毫升。

四、羊蓝舌病

（一）诊断要点

1. 病原及流行特点

由蓝舌病病毒引起，属多种动物共患的二类动物疫病。主要发生于绵羊，1岁左右的绵羊最易感，牛、山羊、羚羊等也可感染发病。发病与库蠓活动有关，具有严格的季节性和地区性，多发于湿热夏季、早秋以及池塘、河流较多的湿洼地区。

2. 临床症状及病理变化

病羊体温升高达 40～42℃，持续 6～8 天；精神沉郁，食欲废绝，上下唇水肿及充血；口、舌、颊黏膜表面溃疡；有的头、耳、颌间、咽喉水肿，使舌头动来动去，并轻微流涎，之后舌呈青紫色；鼻分泌物初为浆液性后呈黏脓性，并带血，结痂于鼻孔四周。有时头部症状好转时，乳房及蹄部上皮脱落，蹄冠蹄叶发炎而引起跛行。部分病例见胃肠道炎症，发生便秘或腹泻。病羊被毛易折，下肢或体躯两侧被毛大片脱落。孕羊可出现流产、死胎或胎儿先天异常（如脑积水、小脑发育不全等）。

剖检，可见颈部皮下胶样浸润，口腔黏膜溃烂、出血；呼吸道、胃肠道、泌尿系统黏膜均有出血点；各脏器及淋巴结充血、水肿和出血；乳房和蹄冠部上皮脱落但未见水疱；蹄叶发炎并常有溃烂。

（二）防控

1. 治疗

目前尚无有效治疗方法。对病羊应加强营养，精心护理，对症治疗。口腔用清水、食醋或 0.1% 高锰酸钾液冲洗；再用 1%～3% 硫酸铜、1%～2% 明矾或碘甘油涂糜烂面；或用冰硼散外用治疗。蹄部可先用 3% 来苏尔洗涤，再用木焦油凡士林（1∶1）、碘甘油或土霉素软膏涂拭，以绷带包扎。

2. 预防

控制该病的关键是免疫预防。目前，使用当地流行血清型灭活疫苗和减毒活疫苗，或使用二价苗、多价疫苗进行注射，也可以采用不同单价疫苗多次免疫。同时，要加强饲养管理，定期清扫，定期消毒，保证羊舍内环境卫生清洁。外出放牧不要到库蠓滋生的低洼处，定期做好羊舍的驱虫、杀蠓工作，消灭昆虫媒介。

要强化引种检疫。为了避免此病从疫区流传至无感染区域，要做好引进羊的检疫，严禁从疫区引进羊只。一旦有疾病传入，要严格根据《中华人民共和国动物防疫法》的相关规定，采取扑杀措施，扑灭所有被感染动物，而对于受疫病威胁动物要紧急进行预防接种。

五、羔羊大肠杆菌病

（一）诊断要点

1. 病原及流行特点

由致病性大肠杆菌引起。多发于数日至 6 周龄的羔羊，有时 3～8 月龄的羊也发生，呈地方流行性或散发。放牧季节少发，而冬、春舍饲期间常发。气候不良、营养不足和羊舍污秽可诱发。

2. 临床症状及病理变化

败血型主要发生于 2～6 周龄羔羊，体温升高达 41～42℃，全身虚弱，并出现明显的中枢神经系统紊乱症状，如步态失调、视力障碍、磨牙、角弓反张等。肠型主要发生于 7 日龄以内的羔羊，病羊排黄色、灰色、带有气泡或混有血丝的液体粪便。

死于败血型的病羊，病变可见体腔内大量积液，内有纤维蛋白絮状凝块；脑膜充血，有出血点；关节肿大。死于下痢的羔羊，剖检可见真胃和肠黏膜充血、出血，肠内混有血液和气泡，呈黄灰色，肠系膜淋巴结肿胀发红。

（二）防控

1. 治疗

病程缓慢的可选用土霉素 10～25 毫克/千克体重，口服，2～3 次/天，新生羔应加胃蛋白酶 0.2～0.3 克，或按 5～10 毫克/千克体重肌内注射，2 次/天，连用 3～5 天；或环丙沙星 2.5 毫克/千克体重，肌内注射，2 次/天，连用 3～5 天；或庆大霉素 2～4 毫克/千克体重，肌内注射，2 次/天，连用 3 天。同时注意对症疗法，补液可静脉注射 5% 葡萄糖生理盐水，强心选用 10% 安钠咖。

2. 预防

加强母羊的饲养管理，做好抓膘、保膘工作，护理新生羔羊；搞好环境卫生，定期消毒；选择符合当地血清型的大肠杆菌灭活疫苗进行预防接种。

六、羊快疫

（一）诊断要点

1. 病原及流行特点

由腐败梭菌引起。多发于 6～18 月龄营养中等以上的绵羊，山羊少见。

2. 临床症状及病理变化

病羊往往突然死亡，常在放牧时死在牧场或早晨发现死于圈内。病程稍长者，可见其精神沉郁，离群独处，不愿走动，继而磨牙抽搐，腹痛臌气，排粪困难或里急后重等，最后衰弱昏迷、口流带血泡沫、衰竭而死。

死尸迅速腐败膨胀，可视黏膜充血呈暗紫色；鼻孔流出血样带泡沫的液体，头颈部皮下可有血性胶样浸润，胸腹腔和心包积液；真胃黏膜有大小不等的出血斑块及坏死区，黏膜下组织水肿；心、内外膜有出血点；肝脏肿大变性；胆囊肿胀。

3. 确诊

取病死羊肝脏被膜触片，瑞氏染色后镜检，可见两端钝圆，单在或短链状的粗大菌体，或无关节的长丝状菌体。

(二) 防控

1. 治疗

病程短促，往往来不及治疗。病程长者，可选用青霉素肌内注射或内服磺胺嘧啶，或内服 10% 新鲜石灰乳，50～100 毫升/次，连服 1～2 次。病死羊只深埋，严禁剥皮吃肉。

2. 预防

加强饲养管理，防止严寒袭击，严禁吃霜冻饲料；疫区禁饮死水，改饮河水；常发区，应定期用羊快疫、猝狙、肠毒血症三联灭活疫苗或羊快疫、猝狙、羔羊痢疾、肠毒血症三联四防灭活疫苗等免疫接种。

七、羊猝狙

(一) 诊断要点

1. 病原及流行特点

由 C 型产气荚膜梭菌引起。主要发生于 1～2 岁的成年绵羊，呈地方流行性。

2. 临床症状及病理变化

病程短促，常未见症状即突然死亡；有时可见病羊掉群卧地，不安，衰弱或痉挛，常在数小时内死亡。

病死羊剖检，见十二指肠和空肠黏膜严重充血、糜烂，个别区段可见大小不等的溃疡灶；体腔积液；死后数小时可见骨骼肌间积聚血样液体，有气性裂孔。

(二) 防控

由于发病急，常来不及治疗，因而以预防为主。主要为禁止吃到霜冻饲草和霉变饲料，同时加强接种疫苗，流行区每年用羊快疫、猝狙、肠毒血症三联灭活疫苗，或羊快疫、猝狙、羔羊痢疾、肠毒血症三联四防灭活疫苗，或羊快疫、猝狙、羔羊痢疾、黑疫、肉毒梭菌（C 型）中毒症、破伤风七联干粉灭活疫苗等预防接种。

八、羔羊痢疾

(一) 诊断要点

1. 病原及流行特点

由 B 型产气荚膜梭菌引起。主要发生于 1 周内羔羊，尤以 2～5 日龄羔羊更易感。以纯种细毛羊发病率和病死率最高。

2. 临床症状及病理变化

病羊发热，腹痛，排黄绿、黄白色稀便，或暗红色、恶臭、粥样粪便，磨牙，哞叫。有的表现腹胀而不下痢或排少量血便，主要表现神经症状，四肢瘫痪，呼吸急促，口鼻流沫，最后昏迷而死。

尸体严重脱水；真胃内有未消化的凝乳块；小肠尤以回肠黏膜充血发红，可见到直径1～2毫米的溃疡，溃疡周围有一出血带环绕；肠系膜淋巴结充血肿胀或出血；后部皮下水肿，腹腔积液；心包积液，心内膜点状出血；肝肿大；肾稍柔软；肺有充血区或淤斑。

（二）防控

1. 治疗

病初用轻泻剂，如硫酸镁2～3克、福尔马林0.2～0.3毫升，溶于30～40毫升温水中，一次内服，6～8小时后，再用1%高锰酸钾溶液15～20毫升内服，首次使用时2次/天，以后1次/天，连用2～3天；土霉素0.2～0.3克加等量胃蛋白酶，加水内服2次/天；或用磺胺脒0.5克、鞣酸蛋白0.2克、次硝酸铋0.2克、碳酸氢钠0.2克，水调内服，3次/天；青霉素、链霉素联合肌内注射。同时，可进行对症疗法。补液可用5%葡萄糖盐水20～100毫升静脉注射，强心可用10%安钠咖1～5毫升，食欲不佳的可用人工胃液（胃蛋白酶10克，稀盐酸5毫升，水1升）10毫升，内服，1次/天。

2. 预防

增强孕羊体质，注意产羔季节的保暖；合理哺乳；做好消毒、隔离工作，定期注射羊快疫、猝狙、羔羊痢疾、肠毒血症三联四防灭活疫苗，或羊快疫、猝狙、羔羊痢疾、黑疫、肉毒梭菌（C型）中毒症、破伤风七联干粉灭活疫苗进行免疫防控。

九、羊黑疫

（一）诊断要点

1. 病原及流行特点

由B型诺维氏梭菌引起。一般发生于1岁以上的绵羊，以2～4岁、体况较好的绵羊多发，山羊也可发病。在春、夏季肝片吸虫流行的低洼潮湿地区多发。

2. 临床症状及病理变化

病程短促，突然死亡。少数病程稍长的病羊，表现不食，不反刍，呆立，行动不稳。呼吸困难，流涎，体温41.5℃左右，昏睡而死。

病羊死后尸体迅速腐败，皮下静脉严重淤血，羊皮外观呈暗黑色（故称羊黑疫）；胸部皮下水肿，体腔积液；肝脏表面和深层有大小不一的灰黄色坏死病灶，界限明显，周围有一鲜红的充血带环绕，切面呈半圆形；心内膜有出血点；脾肿大，呈紫黑色，真胃幽门部和小肠充血、出血。

3. 确诊

采集肝脏坏死灶边缘的组织涂片染色镜检，可见革兰阳性、粗大、两端钝圆的杆菌。

（二）防控

1. 治疗

病程稍长的病羊，肌内注射青霉素80万～160万单位，2次/天。

2. 预防

严格控制肝片吸虫的感染；流行地区可定期用羊黑疫、快疫二联灭活疫苗肌内或皮下注射，不论年龄大小，每只5毫升，免疫期12个月；或用羊快疫、猝狙、羔羊痢疾、黑疫、肉毒梭菌（C型）中毒症、破伤风七联干粉灭活疫苗预防。

十、羊炭疽

（一）诊断要点

1. 病原及流行特点

由炭疽杆菌引起，属多种动物共患的二类动物疫病。羊的易感性最高，多发生于炎热的夏季，呈散发或地方流行性。汛期是炭疽高发期，雨水冲刷导致疫源地土壤中的炭疽芽孢杆菌暴露地表，汛期家畜抵抗力下降，容易受到病原侵袭，炭疽流行和发生风险增大。

2. 临床症状及病理变化

病羊呈最急性经过，数分钟内突然发生抽搐和天然孔流血而死亡。病程稍长的，兴奋不安，行走不稳，呼吸加快，脉搏增速，黏膜发绀，全身痉挛，天然孔出血，数小时内死亡。

外观尸体迅速腐败，腹部极度膨胀，天然孔流血，血凝不良，呈黑色似煤焦油，尸僵不全。死于炭疽的羊，严禁解剖。

3. 确诊

生前采取静脉血、水肿液或血便，死后采取末梢血或脾，涂片，用瑞氏染液或美蓝染液染色，镜检可见带有荚膜的单个、成双或短链的粗大杆菌。

（二）防控

1. 治疗

在严格隔离的条件下可以进行治疗。对于病程短者，常来不及治疗。对病程稍长的，可采用特异血清疗法，注射抗炭疽血清30～60毫升，12小时后再注射1次，并结合药物治疗，选用青霉素肌内注射，1次/8小时，或用土霉素和磺胺类药物。

2. 预防

对原因不明的突然死亡羊，不要擅自剖检，更不能扒皮吃肉，待查明原因，再作处理；发生炭疽后，要上报疫情，划定疫区，实行封锁和其他兽医卫生防疫措施；对污染的用具、场地要彻底消毒，饲料要焚烧。

畜间免疫接种要注意以下几点：①根据疫情动态和风险评估结果制订重点地区免疫计划，适时开展家畜免疫。开展炭疽免疫接种情况核查，确保易感家畜处于有效免疫保护状态。对疫区内的所有易感动物进行紧急免疫接种。②使用符合国家质量标准的炭疽疫苗，并按免疫程序进行接种，建立免疫档案。③怀孕的动物或者 2～3 周要屠宰的动物不适合接种疫苗，动物接种疫苗前以及接种后 1～2 周不得使用抗生素。④疫苗接种后剩余的空瓶、使用的注射器和容器等须经高压灭菌后处理或彻底焚烧处理，严控生物安全风险。

第五节　牛羊常见寄生虫病的防控

一、毛圆线虫病

（一）诊断要点

1. 病原及流行特点

由毛圆线虫寄生于反刍动物的真胃和小肠引起。多发生于春季。

2. 临床症状

急性病例少见，多发生于羔羊，常呈突然发病、迅速发展的进行性贫血。慢性病例常见，以贫血和消化紊乱为主；患病动物被毛粗乱，消瘦，精神委顿，可视黏膜苍白，下颌间隙和体下部发生水肿；放牧时离群，常出现便秘，粪中带黏液，出现下痢的少见，最后多因极度虚弱而死亡。

3. 确诊

用饱和食盐水漂浮法检查粪便虫卵，可发现大量毛圆线虫卵。病死动物剖检可在第四胃、小肠发现大量毛圆线虫的成虫或幼虫。

（二）防控

1. 治疗

根据当地的流行情况给全群牛、羊进行驱虫，一般春、秋各进行 1 次。冬季可用高效驱虫药驱杀黏膜内的休眠幼虫，以消除春季排卵高潮；在转换牧场时应进行驱虫。可选用驱虫药有：左旋咪唑 8 毫克/千克体重，可混于饲料内喂给，也可作皮下注射；

或丙硫咪唑 10～15 毫克/千克体重，拌入饲料中喂服或配成 10% 混悬液灌服；或甲苯咪唑 10～15 毫克/千克体重，1 次口服；或伊维菌素 0.2 毫克/千克体重，皮下注射。

2. 预防

在严重流行地区，可将硫化二苯胺混于精饲料或食盐内自行舔服，持续 2～3 个月，有较好的预防效果。

尽可能避开潮湿草地和幼虫活跃时间放牧；建立清洁的饮水点，合理地补充精饲料和无机盐；全面规划牧场，有计划地进行分区轮牧，适时转移牧场，控制载羊量。

二、食道口线虫病（结节虫病）

（一）诊断要点

1. 病原及流行特点

由毛圆科食道口线虫的幼虫寄生于反刍动物肠壁（从幽门到直肠之间任何部位）引起，成虫主要寄生于大肠内。主要发生于春秋季节，主要侵害羔羊和犊牛。

2. 临床症状

羔羊初期的急性症状是顽固性下痢，粪便呈黑绿色，多黏液，有时混血，呈现伸展后肢、弓背、翘尾等腹痛症状。转为慢性时，变为间歇性下痢，逐渐消瘦，贫血，生长受阻，常因极度衰弱而死亡。

3. 确诊

粪便可检出虫卵，但食道口线虫卵和其他一些圆线虫卵很相似，不易鉴别。根据剖检时发现肠壁上有大量幼虫结节和肠腔内的多量虫体作出判断。

（二）防控

1. 治疗

驱虫参照毛圆线虫病。可用左旋咪唑、丙硫咪唑、伊维菌素、噻苯达唑等药驱虫，并对重症病羊进行对症治疗。

2. 预防

定期驱虫，加强营养。保护饲草、饮水清洁，粪便热处理，避免牛羊摄入大量感染性幼虫等。

三、仰口线虫病（钩虫病）

（一）诊断要点

1. 病原及流行特点

由仰口线虫寄生于牛、羊小肠内引起。

2. 临床症状

渐进性贫血，消瘦，下颌水肿，下痢，排黑色稀粪，体重下降，最后多因恶病质而死亡。

3. 确诊

可采用饱和食盐水浮集法检查粪便中的虫卵，但仰口线虫卵与其他圆线虫卵在形态上很难区别。因此，确诊主要根据死后剖检发现十二指肠和空肠中有大量虫体，黏膜发炎，有出血点和小啮痕。

（二）防控

1. 治疗

驱虫参照毛圆线虫病。可用左旋咪唑、丙硫咪唑、噻苯达唑、伊维菌素等药驱虫。

2. 预防

舍饲时应保持厩舍清洁干燥，严防粪便污染饲料和饮水，避免牛、羊在低湿地放牧或休息。

四、毛尾线虫病（鞭虫病）

（一）诊断要点

1. 病原及流行特点

由毛尾线虫寄生于反刍动物的盲肠引起，主要感染羊，牛、骆驼、鹿较少见，主要危害幼龄动物。

2. 临床症状

轻度感染时，有间歇性腹泻，轻度贫血，影响生长发育；严重感染时可出现下痢，贫血，消瘦，粪中常带黏液和血液，食欲不振，发育障碍等。

3. 确诊

采用饱和食盐水浮集法可检出粪便中的虫卵。剖检可见盲肠和结肠内有多量虫体，黏膜有出血性坏死、水肿和溃疡。

（二）防控

参考毛圆线虫病。还可选用羟嘧啶（驱除毛首线虫的特效药），每2～4毫克/千克体重，1次口服。

五、犊新蛔虫病

（一）诊断要点

1. 病原及流行特点

由牛新蛔虫寄生于犊牛小肠内引起。流行于我国南方各省份，主要危害 2～5 月龄犊牛。

2. 临床症状

出生后 2 周的犊牛症状严重，表现精神沉郁、嗜睡，食欲不振，吮乳无力或停止吮乳，贫血，消瘦，腹胀，排稀糊样、灰白色腥臭粪便，有时腹痛、血便，口腔发出刺鼻的酸味。

3. 确诊

采用饱和食盐水浮集法，可检出粪便中的蛔虫卵。

（二）防控

1. 治疗

在本病疫区，对出生 10 天的犊牛全部进行 1 次预防性驱虫；对 6 月龄以内的犊牛，全部进行普查，粪检发现蛔虫卵的犊牛全部进行 1 次驱虫。可选用枸橼酸哌嗪（驱蛔灵）200～250 毫克/千克体重，左旋咪唑 8 毫克/千克体重，混入饲料或饮水中给药；或丙硫咪唑 10～15 毫克/千克体重，混入饲料或配成混悬液给药，伊维菌素每千克体重 0.2 毫克，皮下注射或口服。

2. 预防

搞好环境卫生，及时清除粪便并堆肥发酵。

六、脑多头蚴病

（一）诊断要点

多头蚴是寄生于犬、狼、狐小肠内的多头带绦虫的幼虫，主要寄生于反刍动物（牛羊）的脑、脊髓。患病动物有特殊的强迫运动，如转圈、前冲、后退等，一般根据病羊旋回情况可初步判定病灶的部位和深浅，即"小圈浅，大圈深，低头前，仰头后，平头中"，以及痉挛症状；有视力减退或失明，视神经乳突有充血或萎缩；细心触诊头骨有变软和压痛部位。应注意与莫尼茨绦虫病、羊鼻蝇蚴病及其他脑病相鉴别。有些病例须剖检后才能确诊。

（二）防治

①犬应定期进行驱虫，尤其是牧羊犬。

②捕杀野犬、狼、狐等终末宿主；患病动物的脑和脊髓应予销毁，以防被犬吞食而感染多头绦虫病。

③可口服吡喹酮治疗，羊 50~70 毫克/千克体重，连用 3 天；还可用丙硫咪唑和羟溴酸槟榔碱。在头前部脑髓表层寄生的囊体可施行手术摘除。

七、棘球蚴病

对家畜和人的危害严重，被世界动物卫生组织（OIE）定为必须通报的动物疫病之一，我国农业农村部将其列为二类动物疫病。

（一）诊断要点

1. 病原及流行特点

棘球蚴病又名包虫病，是由棘球属绦虫的幼虫即棘球蚴（包虫）引起的一类重要人兽共患寄生虫病。在流行区，中间宿主（牛、羊等）与终末宿主（犬、狼、狐狸等）有接触史，终末宿主吞食过带有棘球蚴包囊的脏器是该病传播流行的主要途径。

2. 临床症状及病理变化

细粒棘球蚴寄生于羊肝脏严重时，腹部明显膨大，叩触有浊音，触诊和按压肝区时出现疼痛。寄生于羊肺部时咳嗽，咳后长久卧地不起。

细粒棘球蚴寄生于牛肝脏严重时，营养失调，反刍无力，消瘦，右腹部显著增大，触诊和按压检查时有疼痛感，叩诊有半浊音往往超过季肋。寄生于牛肺部严重时，呼吸困难和有微弱的咳嗽；听诊时在不同部位有局限性的半浊音灶，在病灶处肺泡呼吸音减弱或消失。

3. 确诊

生前诊断比较困难。在尸体剖检时发现肝、肺等脏器组织有棘球蚴，棘球蚴为一个近似球形的囊，由豌豆大至小儿头大，囊内充满囊液。家畜可应用皮内变态反应检查法，采取棘球蚴囊液作为抗原，给动物皮内注射 0.1~0.2 毫升，5~10 分钟后如出现 0.5~2 厘米的红斑并有肿胀时即为阳性，但常和牛囊尾蚴、羊多头蚴等发生交叉反应，具有 70% 左右的准确性。也可应用间接血球凝集试验和酶联免疫吸附试验，有较高的特异性和敏感性。

（二）防治

1. 治疗

可用吡喹酮 25~30 毫克/千克体重，1 次/天，连用 5 天；丙硫咪唑 90 毫克/

千克体重，连服2次。

2. 预防

扑杀野犬、狼、狐，严格管理家犬，定期驱虫，以消灭感染源。可应用吡喹酮或氢溴酸槟榔素进行驱虫。驱虫后的犬粪应深埋或堆肥发酵无害化处理。妥善处理患病动物脏器，只有在煮熟无害化处理后方可作为犬饲料。保持畜舍、饲草料和饮水卫生，防止被犬粪污染。

《国家动物疫病强制免疫指导意见（2022—2025年）》对包虫病免疫的要求是：内蒙古、四川、西藏、甘肃、青海、宁夏、新疆和新疆生产建设兵团等重点疫区对羊进行免疫；四川、西藏、青海等省份可使用5倍剂量的羊棘球蚴病基因工程亚单位疫苗开展牦牛免疫，免疫范围由各省份自行确定。

八、绦虫病

（一）诊断要点

1. 病原及流行特点

由绦虫的成虫寄生于牛、羊等动物的小肠引起。莫尼茨绦虫主要感染1.5～8月龄的羔羊或犊牛，无卵黄腺绦虫常见于成年牛、羊，曲子宫绦虫幼龄或成年动物均可感染。

2. 临床症状

严重感染时，幼龄动物消化不良，便秘，腹泻，慢性臌气，贫血，消瘦，最后衰竭而死。有时有神经症状，呈现抽搐和痉挛及旋回病样症状。有的由于大量虫体聚集成团，引起肠阻塞、肠套叠、肠扭转，甚至肠破裂。

3. 确诊

检查粪便中的绦虫节片，特别是在清晨清扫羊舍时，查看新鲜粪便，如在粪球表面发现孕卵节片即可确诊。用饱和食盐水浮集法检查粪便，有时可以发现莫尼茨绦虫卵。曲子宫绦虫和无卵黄腺绦虫卵较难检出。

（二）防治

1. 治疗

首选驱虫药丙硫咪唑，按5～6毫克/千克体重，口服，投药后灌服少量清水，驱虫前应禁食12小时以上，驱虫后留圈不少于24小时，以免污染牧地。农区放牧的羊，6月底至7月中旬驱虫1次，11月入冬前再驱虫1次；淘汰羊于当年8月驱虫1次；山区冬、夏牧场放牧的羊，应于第2年3月底至4月初转场前补驱虫1次。为防止长期应用产生抗药性，连续使用3年后可与吡喹酮（12毫克/千克体重）交替使用；也可应用硫双二氯酚，按60～80毫克/千克体重，口服；甲苯咪唑，牛10毫克/千克体重，羊15毫克/千克体重。

2. 预防

合理调整放牧时间,为避开清晨甲螨数量高峰,夏秋一般以太阳露头、牧草上露水消散时进入牧地;冬季、早春甲螨钻入腐殖层土壤中越冬,故可按常规时间放牧。充分利用农作物茬地和耕翻地放牧,逐步扩大人工牧地的利用,实行轮牧并建立科学的轮牧制度。

九、巴贝斯虫病

(一)诊断要点

1. 病原及流行特点

该病由巴贝斯虫(梨形虫)寄生于反刍动物红细胞内引起,其流行情况与传播媒介蜱的滋生和消长密切相关,有一定的地区性和季节性。

2. 临床症状及病理变化

临床多为急性型表现,体温高达 40~41.5℃,呈稽留热,精神沉郁,喜卧,食欲减退,肠蠕动及反刍弛缓,常有便秘现象。发病 2~3 天后,迅速消瘦、贫血、黄疸,排恶臭的褐色粪便及特征性的血红蛋白尿。

剖检,可见黏膜苍白、黄染,血液稀薄如水,肝、脾肿大,胆囊肿大,第三胃干硬,似足球状,膀胱内充满红色尿液。

3. 确诊

主要依据血液涂片检出虫体。体温升高后 1~2 天,耳尖采血涂片检查,可发现少量圆形和变形虫样的虫体;血红蛋白尿出现期、虫体较多,且大部分为梨籽形虫体。

(二)防治

1. 治疗

应尽量做到早确诊、早治疗。除应用特效药物杀灭虫体外,还应针对病情给予对症治疗,如健胃、强心、补液等。常用的特效药有:二丙酸咪多卡注射液,皮下注射,肉牛 0.85 毫克/千克体重(相当于每 100 千克体重,肉牛 1 毫升);预防用量为肉牛 2.125 毫克/千克体重(相当于每 100 千克体重,肉牛 2.5 毫升);或注射用三氮脒 3~5 毫克/千克体重,临用前配成 5%~7% 溶液,肌内注射;或盐酸吖啶黄注射液静脉注射,一次量,牛 3~4 毫克/千克体重,羊 3 毫克/千克体重;或青蒿琥酯片内服,一次量,牛 5 毫克/千克体重,2 次/天,首次量加倍,连用 2~4 天。

2. 预防

(1)灭蜱虫 根据流行地区蜱的活动规律,实施有计划、有组织的灭蜱措施,常用的灭蜱药有:1% 马拉硫磷、0.2% 辛硫磷、0.2% 杀螟松、0.2% 害虫敌、0.25% 倍硫磷乳剂或 25 毫克/升溴氰菊酯乳油剂。

（2）放牧改舍饲　牛羊群应避免到大量滋生蜱的牧场放牧，必要时可改为舍饲。

（3）预防性措施　流行地区放牧的牛、羊，在发病季节，可用二丙酸咪多卡注射液皮下注射；输入或外运牛羊必须进行检查，发现血液内有虫体时，应用抗梨形虫药进行治疗。

十、牛泰勒虫病

（一）诊断要点

1. 病原及流行特点

由泰勒虫（梨形虫）寄生于反刍动物的巨噬细胞、淋巴细胞和红细胞内引起。环形泰勒虫传播者残缘璃眼蜱生活在牛圈内，故环形泰勒虫病在舍饲条件下发生于6—8月，7月为高峰；瑟氏泰勒虫传播者长角血蜱生活在山野或农区，故瑟氏泰勒虫病在放牧条件下发生于5—10月，6—7月为高峰。

2. 临床症状及病理变化

临床表现体温升高至40℃以上，结膜和全身可视黏膜贫血、黄染及有粟粒到高粱粒大的出血点，异食癖，尤以体表淋巴结肿胀为本病特征。

剖检，见血液稀薄，全身性出血，脾、肝、肾肿大；全身淋巴结肿大，切面多汁、有暗红色病灶和灰白色结节；真胃黏膜充血、肿胀，有帽针头至黄豆大、黄白色或暗红色的结节，结节部上皮细胞坏死后形成糜烂或溃疡，具有诊断意义。

3. 确诊

血片、淋巴结穿刺涂片检查可发现虫体。

（二）防治

1. 治疗

参考巴贝斯虫病的治疗。对重危病例应根据临床症状给以强心、补液、止血、补血、健胃、缓泻、舒肝、利胆等对症治疗。

2. 预防

（1）杀灭蜱虫　根据环形泰勒虫传播者残缘璃眼蜱的生活习性，12月至翌年1月用杀虫剂消灭在牛体越冬的若蜱，4—5月用泥土堵塞圈舍墙缝，闷死在其中蜕皮的饱血若蜱，6—7月用杀虫剂消灭寄生在牛羊体的成蜱，8—9月可再用堵塞墙洞的方法消灭在其中产卵的雌蜱和新孵出的幼蜱。瑟氏泰勒虫传播者长角血蜱生长于山地农区，可参考巴贝斯虫病杀虫措施。

（2）药物预防　环形泰勒虫病可应用环形泰勒虫裂殖体胶冻细胞苗，接种后20天即产生免疫，但该虫苗对瑟氏泰勒虫病无交叉免疫保护作用。瑟氏泰勒虫病在发病季节可应用三氮脒进行药物预防，三氮脒3～5毫克/千克体重，临用前配成

5%～7%溶液，肌内注射。新鲜黄花青蒿，每日每头牛2～3千克，切碎，用冷水浸泡1～2小时，连渣分2次灌服，2～3天后染虫率下降。

十一、羊泰勒虫病

（一）诊断要点

1. 流行特点及临床症状

发生于4—6月，5月为高峰，1～6月龄羔羊发病率高，1～2岁羊次之，3%～4%羊很少发病。病羊精神沉郁，食欲减退，体温升高至40～42℃，稽留热4～7天，呼吸促迫，反刍及胃肠蠕动减弱或停止。有的病羊排恶臭稀粥样粪，混有黏液或血液。个别羊尿液浑浊或血尿。可视黏膜充血，继而出现贫血和轻度黄疸，有时有小点状出血。体表淋巴结肿大，有痛感。肢体僵硬，行走困难。

剖检，见尸体消瘦、血液稀薄、凝固不全、皮下脂肪胶冻样、有点状出血。全身淋巴结呈不同程度肿胀，以颈浅、肠系膜、肝、肺等处较为显著，切面膨隆多汁、充血、出血，有些淋巴结呈灰白色，有时在表面可见颗粒状突起。肝、脾及胆囊肿大。肾呈黄褐色，表面有结节和点状出血。真胃黏膜上有溃疡斑，肠黏膜上有少量出血点。

2. 确诊

血液涂片、淋巴结穿刺涂片或脾脏涂片可发现虫体。

（二）防治

1. 治疗

用注射用三氮脒，一次量，3～5毫克/千克体重，临用前配成5%～7%溶液，肌内注射；或咪唑苯脲每千克体重1.5毫克，配成10%溶液肌内注射，间隔1天再注射1次。

2. 预防

应做好灭蜱工作，在疫区，发病季节，对羔羊使用注射用三氮脒进行药物预防注射，5毫克/千克体重肌内注射，每隔10～15天注射1次。

十二、牛球虫病

（一）诊断要点

1. 病原及流行特点

由艾美耳属的球虫寄生于牛的小肠、盲肠和结肠引起。各品种的牛都有易感性。病牛和带虫牛是该病主要的传染源。被有感染性的卵囊污染的饲料、饮水和用具也可成为传染源，常因采食被球虫卵囊污染的饲料或饮水而感染，刚出生的犊牛常因吸入被卵囊污染的母牛乳汁而感染。主要呈散发或地方性流行，多发于春、夏秋季，特别是多雨连阴的季节，在低洼潮湿的地方放牧以及卫生条件差的牛舍，都易使牛感染球虫。冬季舍饲期间也有发病的可能，主要由于饲料、垫草、母牛乳房被粪便污染，使犊牛受到感染。一般潜伏期为2～3周，犊牛患病一般为急性经过，成年牛常呈隐性感染，病程10～15天。

2. 临床症状及病理变化

临床症状以半岁到2岁的犊牛较为明显，发病率、死亡率高。多取急性经过，病初主要表现为精神沉郁，减食，粪便表面附有数量不等的鲜红血液和血凝块，在肛门周围还残留有新鲜血液。约1周后表现消瘦，食欲废绝，反刍停止，排恶臭带血稀便，其中混有纤维素性薄膜样物。末期高度贫血，粪便黑色，几乎全为血液，最后因高度衰弱死亡。慢性型一般在发病后3～5天逐渐好转，下痢和贫血症状可能持续数月，粪便中常带少量血液，如饲养管理不良，可逐渐衰弱死亡。

剖检，见小肠和大肠广泛性卡他性炎症，小肠后段、盲肠和结肠内充满半流动性的血样内容物，肠黏膜肥厚，有广泛性出血性炎症，淋巴滤泡肿大突出，有白色和灰白色的小病灶，同时常常可见直径4～15毫米的溃疡，其表面覆有凝乳样薄膜。直肠内容物呈褐色，恶臭，有纤维素性薄膜和黏膜碎片。

3. 确诊

在病变部刮取物中发现有大量裂殖体、裂殖子或卵囊具有诊断意义。仅根据粪便检查有无卵囊作出判断是不确切的。急性球虫病一般发生在球虫的无性繁殖阶段，此时尚无卵囊形成，反之粪便中存在少量卵囊常常是隐性感染带虫者的特征。

（二）防治

1. 治疗

可内服磺胺二甲嘧啶片，犊牛每天100毫克/千克体重，连用5天；也可内服，一次量，首次量0.14～0.2克/千克体重，维持量0.07～0.1克/千克体重，1～2次/天，连用3～5天；或托曲珠利混悬液内服，一次量，3～5日龄犊牛15毫克/千克体重。临床上应结合止泻、强心和补液等对症治疗。

2. 预防

圈舍应保持干燥、通风，清除积水，勤于打扫，定期消毒。饲料和饮水应保持清洁，严防粪便污染。及时发现、隔离、治疗病牛。犊牛应与成年牛分开饲养，哺乳母牛的乳房要经常擦洗。

十三、牛皮蝇蛆病

（一）诊断要点

1. 病原及流行特点

由牛皮蝇和纹皮蝇的幼虫寄生于牛的背部皮下组织引起。

在每年的4—5月，皮蝇的成蝇开始出现，刚开始不叮咬牛只，经过5～6天之后雌雄蝇开始交配，然后雌蝇在牛的四肢上部和腹部等部位产卵，产卵完成之后死去，经第1期、第2期、第3期幼虫后成蛹，并羽化为成虫，整个发育过程大约需要1年时间。患病牛是该病的主要传染源。雌蝇在产卵的过程中会引起牛恐惧和不安，影响牛的休息和采食，甚至造成损伤和流产等后果。第一期幼虫可以钻入牛体内，引发疼痛和发痒的症状。第二期幼虫主要破坏牛只的组织。第三期幼虫主要造成皮下组织发炎，也可能出现继发感染，出现化脓和流出浆液。幼虫的数量不同和发育期不同对牛只产生的影响也存在差异性，但是都会影响牛的正常生长和发育，影响牛的生产性能，造成牛肉的品质下降。

2. 临床症状及病理变化

幼虫出现于背部皮下时易于确诊。最初可在背部摸到长圆形的硬结，过一段时间后可以摸到瘤状肿，瘤状肿中间有1小孔，可挤压出幼虫。此外，剖检时在食道浆膜下、皮下和脊椎管内可发现第一、二期幼虫。

（二）防治

1. 治疗

可用倍硫磷乳油，肌内注射，一次量，每100千克体重，牛0.4～0.6毫升（相当于每1千克体重4～6毫克）；外用，配成2%液状石蜡溶液。伊维菌素注射液，皮下注射，一次量，牛0.2毫克/千克体重。

2. 预防

消灭寄生于牛体的幼虫，尤其是第一、二期幼虫，在防治牛皮蝇蛆病上具有极重要的作用。

十四、羊鼻蝇蛆病

（一）诊断要点

1. 病原及流行特点

由羊鼻蝇的幼虫寄生于羊的鼻腔及其附近的腔窦内引起。羊鼻蝇成虫多在春、夏、秋出现，尤以夏季为多。成虫在6—7月开始接触羊群，雌虫在牧地、圈舍等处飞翔，钻入羊鼻孔内产幼虫。经3期幼虫阶段发育成熟后，幼虫从深部逐渐爬向鼻腔，当患羊打喷嚏时，幼虫被喷出，落于地面，钻入土中或羊粪堆内化为蛹，经1～2个月后成蝇。雌雄交配后，雌虫又侵袭羊群再产幼虫。

2. 临床症状及病理变化

患羊表现为精神萎靡不振，可视黏膜淡红，鼻孔有分泌物，摇头、打喷嚏，运动失调，头弯向一侧旋转或发生痉挛、麻痹，听力、视力降低，后肢举步困难，有时站立不稳，跌倒而死亡。

剖检在鼻腔及邻近腔窦发现羊鼻蝇幼虫而确诊。病羊呈现神经症状时应与单多头蚴病、莫尼茨绦虫病鉴别。

（二）防治

1. 治疗

确定适当的驱虫时间是防治的关键，应根据各地不同的气候条件，摸清羊狂蝇的生物学特性后确定（一般在每年11月用药）。

芬苯达唑粉（国产），内服，一次量，羊5～7.5毫克/千克体重；或芬苯达唑伊维菌素片内服，一次量，羊5.25～7.875毫克/千克体重。也可用氯硝柳胺片，内服，一次量，羊60～70毫克/千克体重。

2. 预防

在平时养羊时，结合羊舍实际情况，安排定期打扫卫生。特别是粪便，一定不要长时间堆积，有条件的可进行发酵处理。初春，对羊舍及其周围墙角等容易存在蛆蛹的地方，铺撒生石灰进行消杀，防止存在有幼虫滋生，在周围墙上喷洒灭蝇药，这样可以将羊舍内的幼虫给消灭掉。春季牧草旺盛，在放牧羊时建议在卫生环境好，羊鼻蝇成虫活动少的地方，气温越来越高时，尤其在高温天气建议在早晚凉爽时放牧。

十五、牛、羊螨病

（一）诊断要点

1. 病原及流行特点

牛、羊螨病是由痒螨、疥螨、蠕形螨寄生于牛羊皮肤而引起的一种慢性寄生虫性皮肤病，又称牛羊疥癣病。该病分布广泛，我国东北、西北、内蒙古地区比较严重。

牛羊螨病主要是通过病畜与健畜直接接触传播的。也可通过被螨及其卵污染的圈舍、用具造成间接接触感染。此外，饲养员、牧工、兽医的衣服和手也可能引起病原的播散。

该病主要发生于秋末、冬季和初春。因为这些季节日照不足，牛羊毛长而密，尤其是阴雨天气，圈舍潮湿，体表湿度较大，最适宜于螨的发育和繁殖。

夏季牛羊毛大量脱落，皮肤受光照射较为干燥，螨大部分死亡，只有少数潜伏下来，到了秋季，随气候条件的变化螨又重新活跃，引起螨病复发。

痒螨寄生于牛羊体表皮肤，本身具有坚韧的角质表皮，对环境中不利因素的抵抗力超过疥螨。如在6～8℃，85%～100%湿度条件下，在圈舍内能存活2个月，在牧场上能存活35天。

2. 临床症状及病理变化

绵羊痒螨病多发于背、臀部密毛部位,然后波及全身。在羊群中首先引起注意的是羊毛结成束和体躯下部泥泞不洁,而后看到零散的毛丛悬垂于羊体,好像披着破絮。

水牛痒螨病多发于角根、背部、腹侧及臀部。体表形成很薄的"油漆起爆"状的痂皮,此种痂皮薄似纸,干燥,表面平整,一端稍微翘起,另一端与皮肤紧贴,若轻轻揭开,则在皮肤相连端痂皮下,可见许多黄白色痒螨虫在爬动。

牛疥螨病常发生于牛的头部、颈部、尾根等被毛较短的部位,严重时可遍及全身。

绵羊疥螨病主要在头部明显,嘴唇周围、口角两侧、鼻孔边缘和耳根下面也有。发病后期病变部位形成坚硬白色胶皮样痂皮。

症状不够明显时,在患部与健部交界处用锐匙或外科刀刮取表皮,装入试管内,加入10%苛性钠(或苛性钾)溶液煮沸,待毛、痂皮等固形物大部分溶解后,静置20分钟,吸取沉渣,滴载玻片上,用低倍显微镜检查,有时还能发现幼螨、若螨和虫卵。

(二)防治

1. 治疗

(1)药浴 最常用于羊,既可用于治疗,也可用于预防。山羊在抓绒后、绵羊在剪毛后5~7天进行。

可根据具体条件选用木桶、旧铁桶、大铁锅、帆布浴池或水泥浴池进行药浴。药浴可选用500毫克/升辛硫磷,或250毫克/升二嗪农,或150~250毫克/升巴胺磷,或300~500毫克/升双甲脒,或50毫克/升溴氰菊酯等。大群药浴前应先做小群安全试验。药液温度应保持在36~38℃,最低不能低于30℃。大群药浴时,应随时补充药液,以免影响药效。应选择无风晴朗天气进行。老、弱、羔羊和病羊应分群分批进行。药浴前应让羊饮足水,以免误饮中毒,药浴时间为1分钟左右,注意浸泡羊头。药浴后应注意观察,发现羊只精神不好、口吐白沫,应及时治疗。如一次药浴不彻底,过7~8天后重复进行第2次。

(2)其他用药 伊维菌素片、伊维菌素溶液或伊维菌素氧阿苯达唑粉内服,一次量,羊0.2毫克/千克体重;或伊维菌素注射液皮下注射,一次量,牛、羊0.2毫克/千克体重;或伊维菌素浇泼剂背部浇泼,牛0.5毫克/千克体重。

2. 预防

药浴是预防该病的最佳办法。同时,要保持圈舍宽敞、干燥、透光、通风良好。引入家畜时事先了解有无疥螨病存在,经常注意畜舍中有无发痒、掉毛现象,发现问题及时处置。

主要参考文献

窦永喜，殷红，2023. 羊病图鉴 [M]. 北京：中国农业科学技术出版社.

郭爱珍，2021. 牛病图鉴 [M]. 北京：中国农业科学技术出版社.

国家畜禽遗传资源委员会，2011. 中国畜禽遗传资源志——牛志 [M]. 北京：中国农业出版社.

韩向敏，2003. 奶牛营养与饲料 [M]. 北京：中国农业大学出版社.

姜明明，2018. 牛羊生产与疾病防治 [M]. 2版. 北京：化学工业出版社.

李宏全，2016. 门诊兽医手册 [M]. 2版. 北京：中国农业出版社.

薛增迪，任建存，2012. 牛羊生产与疾病防治 [M]. 北京：化学工业出版社.

曾振灵，2021. 兽医临床用药指南 [M]. 北京：中国农业出版社.

曾振灵，2024. 兽药手册 [M]. 3版. 北京：化学工业出版社.

张金梦，胡婷婷，余思炅，等，2021. 物联网技术在奶牛养殖的应用现状及展望 [J]. 中国乳业（2）：25-29.

张卫宪，2006. 当代养牛与牛病防治技术大全 [M]. 北京：中国农业科学技术出版社.

中国兽药典委员会，2020. 中华人民共和国兽药典（2020年版）（一部，二部，三部）[M]. 北京：中国农业出版社.